工程建设理论与实践丛书

JIANZHU GONGCHENG
SHIGONG JISHU YU XIANGMU GUANLI

建筑工程
施工技术与项目管理

史　华　揭晓余　尧志明　骆　锋　主编

華中科技大學出版社
http://www.hustp.com
中国·武汉

图书在版编目(CIP)数据

建筑工程施工技术与项目管理/史华等主编. —武汉:华中科技大学出版社,2022.10
ISBN 978-7-5680-8715-5

Ⅰ. ①建… Ⅱ. ①史… Ⅲ. ①建筑工程-工程施工 ②建筑工程-工程项目管理
Ⅳ. ①TU74 ②TU712.1

中国版本图书馆 CIP 数据核字(2022)第 176776 号

建筑工程施工技术与项目管理
Jianzhu Gongcheng Shigong Jishu yu Xiangmu Guanli

史 华 揭晓余 尧志明 骆 锋 主编

策划编辑:周永华
责任编辑:周江吟
封面设计:王 娜
责任监印:朱 玢
出版发行:华中科技大学出版社(中国·武汉) 电话:(027)81321913
武汉市东湖新技术开发区华工科技园 邮编:430223
录 排:华中科技大学惠友文印中心
印 刷:武汉科源印刷设计有限公司
开 本:710mm×1000mm 1/16
印 张:20.5
字 数:368 千字
版 次:2022 年 10 月第 1 版第 1 次印刷
定 价:98.00 元

编　委　会

主　编　史　华（中铁建设集团有限公司）
揭晓余（北京城建集团有限责任公司）
尧志明（成都建工集团有限公司）
骆　锋（中国水电建设集团十五工程局有限公司）

副主编　姚进洪（东莞水乡投资控股有限公司）
姜壮壮（中国建筑一局（集团）有限公司）
黄　威（中交一公局集团建筑工程有限公司）

编　委　王晓娜（中建-大成建筑有限责任公司）
贺金红（中国十七冶集团有限公司）
王　珺（上海长宁建设项目管理有限公司）
吕志尧（中国水利水电第十一工程局有限公司）
刘　杨（首都医科大学附属北京安贞医院）

前　言

本书主要内容是研究建筑工程各分部分项工程的施工工艺流程、施工方法、技术措施和要求以及质量验收方法等。建筑施工技术涉及面广，综合性、实践性强，其发展又日新月异。同时大量采用新技术、新材料、新工艺，对施工管理和工种工序的协调要求较高。建设工程项目管理是一个复杂的管理过程，其有严格的工作范围、时间进度、成本预算、质量性能等方面的要求，单纯依靠个人根本解决不了问题，而必须借助团队合作的力量，项目管理的过程也是团队合作的过程。

本书以国家现行的建设工程标准、规范、规程为依据，根据编者多年来的工作经验编纂而成。本书对建筑工程施工工序、工艺、质量标准等进行了详细的阐述，突出适用性和实践性。全书共分14章，包括建筑施工准备与测量、地基与基础工程施工、脚手架工程施工、砌筑工程施工、混凝土结构工程施工、预应力混凝土工程施工、防水工程施工、装饰工程施工、暖通工程施工、机电工程施工、高层建筑施工、装配式建筑施工、绿色建筑与智能建筑、建筑工程施工项目管理。

本书可作为高等职业教育工程造价、工程管理、建筑经济、建筑安装等专业的教学用书，也可供建设单位经济管理者、建筑安装施工企业工程造价管理人员学习参考。

本书大量引用了有关专业资料，恕未一一在书中注明出处，在此对有关文献的作者表示感谢。由于编者水平有限，加之时间仓促，难免存在错误和不足之处，诚恳地希望读者批评指正。

目　　录

第1章　建筑施工准备与测量

1.1　施工前准备工作

1.1.1　施工准备工作的重要性

基本建设是人们创造物质财富的重要途径，是我国国民经济的主要支柱之一。基本建设工程项目总的程序是按照计划、设计和施工三个阶段进行。施工阶段又分为施工准备、装饰施工、设备安装、交工验收阶段。由此可见，施工准备工作的基本任务是为拟建工程的施工提供必要的技术和物质条件，统筹安排施工力量并布置施工现场。施工准备工作是施工企业搞好目标管理、推行技术经济承包的重要依据。同时施工准备工作还是装饰施工和设备安装顺利进行的根本保证。因此认真地做好施工准备工作，对于发挥企业优势、合理供应资源、加快施工速度、提高工程质量、降低工程成本、增加企业经济效益、赢得企业社会信誉、实现企业管理现代化等具有重要意义。实践证明，凡是重视施工准备工作，积极为拟建工程创造一切施工条件，其工程的施工就会顺利地进行；凡是不重视施工准备工作，就会给工程的施工带来麻烦和损失，甚至给工程施工带来灾难，其后果不堪设想。

1.1.2　施工前准备工作的内容分析

1. 资金方面

现在的工程规模大、投资也大，如果没有足够的资金准备，一旦工程正式启动，没有足够的资金跟上，将会造成非常严重的后果：轻则停工待料，因为大量的设备、周转材料的租金以及人工工资是一笔不菲的开支；重则完全停工，形成“烂尾楼”，造成恶劣的社会影响。

2. 技术方面

应在技术、人事制度上建立更有效、更科学的管理体制，明确每一个施工人员的目标责任，从而达到进一步提高管理水平的目的。根据建筑工程质量目标，制定相应的质量验收标准，严格把控材料质量；采购的材料要符合国家规范标准和设计要求，严格执行材料验收制度。确保主体结构质量。在施工装饰阶段做好细部处理，在装饰水准上要高标准、严要求，要有创新和特色。施工前技术准备工作主要指对本工程今后施工中所需要的技术资料、图纸资料、施工方案、施工预算资料、施工测量资料、技术组织资料等进行搜集、组织、编制、审查。

(1)技术资料的搜集。施工进场前，施工单位应组织相关人员踏勘现场，搜集施工场地、地形、地质、气象等资料，对周边环境，诸如附近建筑物、构筑物及道路交通、供水、供电、通信等情况仔细踏勘；了解现场可能影响施工的不利因素；了解当地资源，如河砂、石子、水泥、钢材、设备等的生产厂家、供应条件、运输条件等，为制定施工方案提供依据。

(2)熟悉和审查图纸。现场施工技术人员应熟悉图纸，了解设计意图和设计功能，掌握设计内容、技术条件；查明设计采用的新设备、新材料和新工艺；了解各项设计要求，包括拟建建筑物和地下构筑物、管线之间的关系；各专业会审图纸，核对图纸是否有尺寸、坐标、标高和说明不一致的地方，以及各专业图纸是否完全配套、有无遗漏。

(3)施工组织设计和施工方案的编制。施工组织设计和施工方案的编制是做好施工前准备工作的重要环节。施工组织设计是指导施工的纲领性文件，必须根据工程规模、结构特点、建设单位要求和国家关于工程建设的方针、政策、基本建设程序进行编制；遵循工艺和技术规律，坚持合理的施工程序；采用流水施工方法、网络计划技术等，组织有节奏、均衡、连续的施工；充分利用现有机械设备，提高机械化施工程度，改善劳动条件，提高工作效率；采用国内外先进的施工技术，科学地确定施工方案，提高工程质量，确保安全，缩短工期，降低成本；科学合理地布置施工平面，减少材料二次转运，由于安装材料种类繁多，性能、规格不同，必须做好合理的进场时间安排；合理利用周边已有设施，减少临时设施，节省费用。施工方案要有针对性，必须将施工单位在本工程的质量管理体系、施工目标、采取的施工方法及经济技术措施阐述清楚，做到对本工程施工有切实指导价值，同时应包括安全事故和质量事故的应急预案。施工方案一旦编制好并经审

定后，在工程施工中必须贯彻执行，不得随意更改。施工方案在施工过程中可根据具体情况作适当的调整，调整后的施工方案必须重新向甲方和监理申报并取得同意。

(4)施工预算的编制。预算的编制必须依据施工图纸、施工组织设计确定的施工方法进行。施工预算作为进度计划、材料供应计划和资金拨付计划编制的依据，因此要尽可能详细。详尽准确的施工预算能保证整个施工过程有序有节，指导资金筹措，确保投资计划。

(5)做好现场控制测量网。设置场区内永久性控制桩。做好记录和标记，建立工程控制网，将其作为工程轴线引测和标高控制的依据。

(6)技术和劳动力组织。根据工程规模、结构特点、复杂程度，建立现场领导机构，确定领导人选；协调配备工程所需各类专业技术人员和管理人员，特殊工种必须持证上岗。制定各种岗位责任制和质量检验制度，对要采用的新结构、新材料、新技术要进行研制、试验并请专家论证，达标后才能采用。

(7)层层进行安全和技术交底。各项安全技术措施、质量保证措施、质量标准、验收规范以及设计变更和技术核定、工作计划，务必做到人人心中有数。

(8)工程分包。对于本单位难以承担的复杂的专业性工程，要及早落实专业的施工单位分包，签订分包合同，约定质量、安全、工期保证措施。

1.2　施工现场的平面布置

1.2.1　施工平面布置的作用

施工平面布置的作用主要是确定生产要素的空间位置及各种设施的位置，在项目施工过程中，确保施工互不干扰、有序进行，使施工所需的各种资源及服务设施相互高效组合并安全进行，同时，减少场内物料的二次搬运费，降低了成本。施工现场平面布置图是现场平面管理的依据，现场调度指挥的标准。

1.2.2　施工平面布置设计

设计内容：总平面图上已建和拟建的地上、地下建筑物或构筑物以及各种管线的位置、尺寸，移动式起重机(包括有轨起重机)开行路线及垂直运输设施的位置，地形等高线、测量放线标桩的位置和取舍土方的地点，为施工服务的临时设施的布置，各种材料(包括水、暖、电、卫材料)、半成品、构件以及工业设备等仓库和堆场内的施工道路布置及引入铁路、公路和航道位置，临时的给水管线、供电线路、蒸汽及压缩空气管道等布置，一切安全及防火设施的位置。

1. 设计所需资料

建筑工程施工平面图应在施工设计人员踏勘现场、取得现场第一手资料的基础上，根据施工方案和施工进度计划的要求进行设计。

建设地区的原始资料：①自然条件调查资料，用来解决由于气候(冰冻、洪水、风、雹等)、运输等产生的相关问题，也用于布置地表水和地下水的排水沟，确定易燃、易爆及有碍人体健康的设施布置等；②建设地域的竖向设计资料和土方平衡图，用来解决水、电管线的布置，土方的填挖及弃土、取土位置；③建设单位及工地附近可供租用的房屋、场地、加工设备及生活设施，用来决定临时建筑及设施所需面积及其空间位置。

设计资料：①总平面图，用来确定临时建筑及其他设施位置，以及修建工地运输道路和解决排水等所需的资料；②一切已有和拟建的地下、地上管道位置，用来确定原有管道的利用或拆除以及新管线的敷设与其他工程的关系，并注意不能在拟建管道的位置上搭设临时建筑。

施工组织设计资料：①单位工程的施工方案、进度计划及劳动力、施工机械需要量计划等，用来了解各施工阶段的情况，以利于分阶段布置现场，根据各阶段不同的施工方案决定各种施工机械的位置、吊装方案与构件预制、堆场的布置；②各种材料、半成品、构件等的需用量计划，用来决定仓库、材料堆放场地位置、数量及场地的规划。

2. 设计依据

施工总平面图设计的依据主要如下。

(1)建筑工程总平面图，其中应标明一切拟建的和原有的建筑物与交通线路的平面位置，并标明地形变化的等高线。

(2)建筑工程各种已有的和拟建的地下管道布置图。

(3)施工总方案和总进度计划。

(4)工程所需材料、构件、设备等的种类、数量、运输方式与计划储备量。

(5)全部仓库和各种临时设施一览表，其中应包括各种建筑物和设施的数量、面积尺寸。

(6)制定单位工程施工平面图所需要的平面图与剖面图。

设计全工地性施工平面图的步骤，主要取决于大批材料的运输方式。当大批材料由铁路运来时，设计施工平面图应从布置铁路专用线引入工地的一边或两边。从工地中央引入会妨碍内部运输，只有当大型建筑工地可以把全部建设工程划分成若干个独立区域时，铁路从中央(区域交界处)引入才是最合适的。铁路专用线确定之后，即可沿着铁路边线布置仓库，以存放由铁路运入的材料物资。当大批材料由汽车运入时，可以考虑设置仓库和加工站(场)，使其位置最经济，然后再决定工地与主要干道的联系。

3. 设计原则

施工平面布置的原则如下。

(1)科学地规划施工平面可减少临时设施，从而达到降低成本的目的。

(2)临时道路的布置做到与永久道路相结合，并设置回车道，保证内外运输畅通，路面质量要达到晴雨无阻。

(3)工程分期施工时，施工平面布置要符合施工方案中安排的施工顺序。

(4)材料堆放要考虑运输、使用的方便，并尽量减少二次搬运的次数。即使需要场内搬运，也要确保距离短、不出现反向运输。

(5)临时设施修建标准要根据施工期长短及工程大小而定，力求费用最低。

具体操作如下。①临时房屋尽量利用工地附近已有的建筑物及施工界内须拆除的建筑物。②施工期长的临时房屋标准可以高些，以免工期长的工程采用标准低而增加维修费用，工期短的工程采用标准高而增加施工成本。③临时道路标准与工程工期长短、工程所在地域以及重车上坡的道路有关。工期长、雨季长且重车上坡的路面，相应标准高，必要时采用硬路面(混凝土路面)。在南方施工雨季长，运送土石方路程长、场内道路标准低，一方面影响车辆运行速度而直接影响工期，另一方面，车辆自身影响大，如轮、带磨损将增加车辆维修养护费用，从而增加成本。④临时房屋及设施符合劳动保护、技术安全和防火规范的要求。⑤材料、机械设备仓库及临时房屋的位置必须在较高的地方，以防止被洪水淹没。⑥火工材料库的位置要保证在人群安全的距离，既要保证人群和施工的安全，又要保证运输距离最短。⑦生产、生活、安全、消防、环保、市容、卫生、劳保应符合国家规定。

4. 设计注意事项

根据施工阶段，施工部位和起重机械的类型不同，材料、构件等堆场位置一般应遵循以下几点要求。

(1)当采用固定式垂直运输设备时，施工材料宜布置在垂直运输机械附近；当采用自行杆式起重机进行水平或垂直运输时，应沿起重机的开行路线来布置，且其位置应在起重臂的最大起重半径范围内；当采用塔式起重机进行垂直运输时，应布置在塔式起重机有效的起重幅度范围内。

(2)多种材料同时布置时，对大宗材料和先期使用的材料，尽可能在靠近使用地点或起重机附近布置；而后期使用的材料，则可布置得稍远一些。如砂、石、水泥等大宗材料可尽量布置在搅拌站附近，使搅拌材料至搅拌机的运距尽量短。

(3)按不同的施工阶段、材料的特点，在其相同的位置上可布置不同的材料。确定现场运输道路的布置，现场道路必须满足材料、构件等物品的运输及消防要求。

(4)现场的主要道路应尽可能利用永久性道路。现场道路布置时，单行道路宽不小于 5 m，双行道路宽在 6 m 以上，以保证现场车辆行驶畅通。为使运输工具有回转的可能性，道路应围绕单位工程环形布置，转弯半径要满足最长车辆拐弯的要求。路基要坚实，做到雨期不起泥污、不翻浆。道路两侧要设有排水沟，以利雨期排水。

(5)确定各类临时设施的位置。临时设施分为生产性临时设施(如砂浆搅拌棚和水泵房、木工加工房)和非生产性临时设施(如办公室、工人休息室、警卫室、食堂、厕所等)。

1.2.3 施工平面布置软件的应用

国内施工平面布置软件众多，比如清华斯维尔、品茗、筑业等。软件功能强大，智能化程度高，操作简单，可以在很短时间内完成施工现场平面布置图绘制，并且提供符合国家标准的各种专业图库，用户也可以自定义图标图例保存备用，完全能够满足绘制施工现场平面布置图、安全标志布置图的需要。软件不仅能绘制示意图，也可以精确定位图形的位置，完全满足精确绘图的需求。

1.3　建筑工程施工测量

1.3.1　建筑工程测量的定义

在建筑工程建设的设计、施工和管理各阶段中进行测量工作的理论、方法和技术，称为工程测量。建筑工程测量是测绘科学与技术在国民经济和国防建设中的直接应用。它综合性地应用测绘科学与技术，直接为建筑工程建设服务。

按照建筑工程建设的程序进行分类，建筑工程测量可分为规划设计阶段的测量、施工兴建阶段的测量和竣工后的运营管理阶段的测量。

规划设计阶段的测量主要是提供地形资料。取得地形资料的方法是，在建立的控制测量的基础上进行地面测图或航空摄影测量。

施工兴建阶段的测量的主要是按照设计要求在实地准确地标定建筑物各部分的平面位置和高程，作为施工与安装的依据。一般也要求先建立施工控制网，然后根据工程的要求进行各种测量工作。

竣工后的运营管理阶段的测量包括竣工测量以及为监视工程安全状况的变形观测与维修养护等测量工作。

1.3.2　建筑工程测量存在的问题

1. 测量人员的专业素质不合格，人员不足

很多的建筑工地现场没有专业的测量人员，测量工作都是由其他专业的人员承担的。这些人员不是专业的施工测量人才，其专业素质不到位，对于仪器、设备的各项性能指标不熟悉，对于测量现场出现的情况也没有足够的能力应对，测量得到的数据不能满足施工要求。

2. 测量人员流动性大，设备仪器管理比较混乱

一方面，工程测量都是在施工第一现场完成的，因此施工测量人员长期在野外工作，条件比较艰苦，人员的流动性大。另一方面，测量仪器的保养和使用等在实际使用过程中有时并没有严格按照标准操作，甚至在出现了比较严重的失误后才会处理，还有部分企业将设备仪器的保养、修护交给其他非专业部门操

作，测量仪器的管理混乱，导致测量数据不准确。

3. 测量的质量控制不足

建筑工程质量目前是由政府监理和社会监理共同监督，某些大型企业还会有自己单独的工程监督部门，可谓三管齐下。但是事实上，在工程施工途中和竣工验收的时候，监理单位可能更关注其他的施工质量的检查与控制，对于施工测量质量的检验重视程度不高。对于施工测量质量的检测，部分监理部门不会认真地用专业仪器设备进行复核，导致建筑施工管理人员低估了施工测量的重要性，从而忽视了对测量施工的重视，甚至导致工程出现质量问题。

4. 测量设备数量和质量有待提高

现在仍然有部分施工企业没有满足施工测量工作所需要的测量设备数量要求；另外，施工企业所拥有的部分测量仪器，在施工的实际中也并不能够满足施工测量的精度要求。施工的进度也会由于测量设备误差过大或者数量不足而有所滞后。

5. 测量人员与设计、技术部分沟通协调不畅

随着大型建筑工程项目的不断涌现，工程测量在先进仪器使用、精度要求上日益专业化，技术建筑工程师渐渐无法全面掌握施工放样、模板安装位置检查、隧道断面测量等工作，因此需要测量建筑工程师全程参与测控。

1.3.3 施工测量问题的应对措施

1. 认识到施工测量的重要性

改变观念，必须强化对建筑施工测量的监督、管理和投入，突出建筑施工测器在当前建筑施工中的重要作用。对于建筑工程，我们必须要立足长远，做百年工程，因此建筑工程的测量人员一定要坚决摒弃得过且过的心态，时刻有危机感和紧迫感。另外对于当前的施工测量领域，仪器设备的质量和数量达不到要求的问题，施工企业要加大投入，为保证建筑工程的质量要求做好充足的准备。

2. 强化施工测量的队伍建设

随着目前我国经济建设的高速发展，建筑行业投入越来越大，各个行业的施

工人员需求增大，但是当前从事施工测量的专业人员严重不足，必须改善目前施工测量人员的就业环境，并且逐步培养专业测量人员。鼓励建筑施工测量人员自学，或者组织专门的培训，提高专业素质。建筑工程的施工测量人员必须要有吃苦耐劳的品质，对施工工程的质量也要有很强的责任心，在任何条件下要有保证工程质量的决心。

3. 加强对建设工程监理的控制

对建筑工程施工测量进行检查和验收是建筑工程监理的职责所在，工程建设监理要切实将这些工作纳入日常之中。对于施工测量的质量监控，始终秉持“事前、事中控制”原则，加强对施工测量的控制力度，避免出现问题之后再处理。对于一些比较重要的测量工作，在测量之后再进行复核，防止出现问题。做好建筑施工测量的监控工作，能够避免工程质量事故，同时也可以提高施工测量人员的专业素质。

4. 完善管理制度

测量成果的交接、复测以及其他的一系列工作都要严格按照企业有关的施工测量管理条例和规范操作，避免错误的操作给工程质量造成不可挽回的损失。只有通过制度的约束，才能在最大程度上提高施工测量的精度，使得建筑工程的质量满足要求。

第2章　地基与基础工程施工

2.1　土方工程施工

2.1.1　土方工程施工方法

1. 场地平整施工

1)施工准备工作

(1)场地清理包括拆除施工区域内的房屋,拆除或改建通信和电力设施、上下水道及其他建筑物,迁移树木,清除含有大量有机物的草皮、耕植土、河塘淤泥等。

(2)修筑临时设施。临时设施主要包括生产性临时设施和生活性临时设施。生产性临时设施主要包括混凝土搅拌站、各种作业棚、建筑材料堆场及仓库等;生活性临时设施主要包括宿舍、食堂、办公室、厕所等。

开工前还应修筑好施工现场内的临时道路,同时做好现场供水、供电、供气等管线的架设。

2)场地平整施工方法

场地平整系综合施工过程,它由土方的开挖、运输、填筑、压实等施工过程组成,其中土方开挖是主导施工过程。

土方开挖,通常有人工、半机械化、机械化和爆破等方法。

大面积的场地平整,适宜采用大型土方机械,如推土机、铲运机或单斗挖土机等施工。

(1)推土机施工。

推土机是土方工程施工的主要机械之一,是在履带式拖拉机上安装推土铲刀等装置而成的机械。按铲刀的操纵机构不同,分为索式推土机和液压式推土机两种。索式推土机的铲刀借自重切入土中,在硬土中切土深度较小。液压式

推土机用液压操纵，能使铲刀强制切入土中，切入深度较大。同时，液压式推土机铲刀可以调整角度，具有更大的灵活性，是目前常用的一种推土机。

推土机操纵灵活，运转方便，所需工作面较小，行驶速度快，易于转移，能爬30°左右的缓坡，因此应用范围较广。它适用于开挖一至三类土，多用于挖土深度不大的场地平整，开挖深度不大于 1.5 m 的基坑，回填基坑和沟槽，堆筑高度在 1.5 m 以内的路基、堤坝，平整其他机械卸置的土堆；推送松散的硬土、岩石和冻土，配合铲运机进行助铲；配合挖土机施工，为挖土机清理余土和创造工作面。此外，将铲刀卸下后，还能牵引其他无动力的土方施工机械，如拖式铲运机、松土机、羊足碾等，进行土方其他施工过程。

推土机的运距宜在 100 m 以内，运距为 40～60 m 效率最高。为提高生产率，可采用下述方式。

①下坡推土。推土机顺地面坡势沿下坡方向推土，借助机械往下的重力作用，可增大铲刀切土深度和运土数量，可提高推土机能力和缩短推土时间，一般可提高生产率 30%～40%，但坡度不宜大于 15°，以免后退时爬坡困难。

②槽形推土。当运距较远、挖土层较厚时，利用已推过的土槽再次推土，可以减少铲刀两侧土的散漏，这样作业可提高效率 10%～30%。槽深 1 m 左右为宜，槽间土埂宽约 0.5 m。在推出多条槽后，再将土埂推入槽内，然后运出。

此外，推运疏松土壤且运距较大时，还应在铲刀两侧装置挡板，以增加铲刀前土的体积，减少土向两侧散失。在土层较硬的情况下，则可在铲刀前面装置活动松土齿，当推土机倒退回程时，即可将土翻松，这样便可减少切土时阻力，从而可提高切土运行速度。

③并列推土。对于大面积的施工区，可用 2～3 台推土机并列推土。推土时两铲刀相距 150～300 mm，这样可以减少土的散失，从而增大推土量，能提高生产率 15%～30%。但平均运距不宜超过 50～75 m，亦不宜小于 20 m；且推土机数量不宜超过 3 台，否则倒车不便，行驶不一致，反而影响生产率。

④分批集中，一次推送。若运距较远而土质又比较坚硬，由于切土的深度不大，宜采用多次铲土，分批集中，再一次推送的方法，使铲刀前保持满载，以提高生产率。

(2)铲运机施工。

铲运机是一种能够独立完成铲土、运土、卸土、填筑、整平的土方机械。按行走机构可分为拖式铲运机和自行式铲运机两种。拖式铲运机由拖拉机牵引，自行式铲运机的行驶和作业都靠本身的动力设备。

铲运机的工作装置是铲斗，铲斗前方有一个能开启的斗门，铲斗前设有切土刀片。切土时，铲斗门打开，铲斗下降，刀片切入土中。铲运机前进时，被切入的土挤入铲斗，铲斗装满土后，提起土斗，放下斗门，将土运至卸土地点。

铲运机对行驶的道路要求较低，操纵灵活，生产率较高。可在一至三类土中直接挖、运土，常用于坡度在20°以内的大面积土方挖、填、平整和压实，大型基坑、沟槽的开挖，路基和堤坝的填筑，不适于砾石层、冻土地带及沼泽地区。坚硬土开挖时要用推土机助铲或用松土机配合。

在土方工程中，常使用的铲运机的铲斗容量为2.5～8.0 m^3。自行式铲运机适用于运距800～3500 m的大型土方工程施工，以运距在800～1500 m的范围内的生产率最高；拖式铲运机适用于运距为80～800 m的土方工程施工，而运距在200～350 m时生产率最高。如果采用双联铲运或挂大斗铲运，其运距可增加到1000 m。运距越长，生产率越低，因此，在规划铲运机的运行路线时，应力求符合经济运距的要求。为提高生产率，一般采用下述方法。

①合理选择铲运机的开行路线。在场地平整施工中，铲运机的开行路线应根据场地挖、填方区分布的具体情况合理选择，这对提高铲运机的生产率有很大关系。铲运机的开行路线一般有以下几种。

a.环形路线。当地形起伏不大、施工地段较短时，多采用环形路线。环形路线每一循环只完成一次铲土和卸土，挖土和填土交替。挖填之间距离较短时，则可采用大循环路线，一个循环能完成多次铲土和卸土，这样可减少铲运机的转弯次数，提高工作效率。

b.“8”字形路线。施工地段较长或地形起伏较大时，多采用“8”字形开行路线。采用这种开行路线，铲运机在上下坡时斜向行驶，受地形坡度限制小；一个循环中两次转弯方向不同，可避免机械行驶时的单侧磨损；一个循环完成两次铲土和卸土，减少了转弯次数及空车行驶距离，从而缩短运行时间，提高生产率。

同时，铲运机应避免在转弯时铲土，否则铲刀受力不均易引起翻车事故。因此，为了充分发挥铲运机的效能，保证能在直线段上铲土并装满土斗，要求铲土区应有足够的最小铲土长度。

②下坡铲土。铲运机利用地形进行下坡推土，借助铲运机的重力，加深铲斗切土深度，缩短铲土时间。但纵坡不得超过25°，横坡不得超过于5°，铲运机不能在陡坡上急转弯，以免翻车。

③跨铲法。铲运机间隔铲土，预留土埂，这样在间隔铲土时由于形成一个土槽，减少向外的洒土量，铲土埂时，铲土阻力减小。土埂高度小于300 mm，宽度

不大于拖拉机两履带间净距。

④推土机助铲。地势平坦、土质较坚硬时，可用推土机在铲运机后面顶推，以加大铲刀切土能力，缩短铲土时间，提高生产率。推土机在助铲的空隙可兼作松土或平整工作，为铲运机创造作业条件。

⑤双联铲运法。当拖式铲运机的动力有富裕时，可在拖拉机后面串联两个铲斗进行双联铲运。对坚硬土层，可用双联单铲，即一个土斗铲满后，再铲另一斗土；对松软土层，则可用双联双铲，即两个土斗同时铲土。

⑥挂大斗铲运。在土质松软地区，可改挂大型铲土斗，以充分利用拖拉机的牵引力来提高工效。

(3)单斗挖土机施工。

单斗挖土机是基坑(槽)土方开挖常用的一种机械，按其行走装置的不同，分为履带式和轮胎式两类。根据工作需要，其工作装置可以更换。依其工作装置的不同，分为正铲、反铲、拉铲和抓铲 4 种。

①正铲挖土机。正铲挖土机的挖土特点：前进向上，强制切土。它适用于开挖停机面以上的一至三类土，且须与运土汽车配合完成整个挖运任务，其挖掘力大、生产率高。开挖大型基坑时须设坡道，挖土机在坑内作业，因此适宜在土质较好、无地下水的地区工作。当地下水位较高时，应采取降低地下水位的措施，把基坑土疏干。

根据挖土机的开挖路线与汽车相对位置不同，其卸土方式有侧向卸土和后方卸土两种。

a. 侧向卸土。即挖土机沿前进方向挖土，运输车辆停在侧面卸土(可停在停机面上或高于停机面)。此法挖土机卸土时动臂转角小，运输车辆行驶方便，故生产率高，应用较广。

b. 后方卸土。即挖土机沿前进方向挖土，运输车辆停在挖土机后方装土。此法挖土机卸土时动臂转角大，生产率低，运输车辆要倒车进入。一般在基坑窄而深的情况下采用。

挖土机的工作面是指挖土机在一个停机点进行挖土的工作范围。工作面的形状和尺寸取决于挖土机的性能和卸土方式。根据挖土机作业方式不同，挖土机的工作面分为侧工作面与正工作面两种。挖土机侧向卸土方式就构成了侧工作面，根据运输车辆与挖土机的停放标高是否相同又分为高卸侧工作面(车辆停放处高于挖土机停机面)及平卸侧工作面(车辆与挖土机在同一标高)。

在正铲挖土机开挖大面积基坑时，必须对挖土机作业时的开行路线和工作面进行设计，确定出开行次序和次数，称为开行通道。当基坑开挖深度较小时，可布置一层开行通道，基坑开挖时，挖土机开行3次。第一次开行采用正向挖土、后方卸土的作业方式，为正工作面。挖土机进入基坑要挖坡道，坡道的坡度为1∶8左右。第二、三次开行时采用侧方卸土的平测工作面。

当基坑宽度稍大于正工作面的宽度时，为了减少挖土机的开行次数，可采用加宽工作面的办法，挖土机按“之”字形路线开行。当基坑的深度较大时，则开行通道可布置成多层，即三层通道的布置。

②反铲挖土机。反铲挖土机的挖土特点：后退向下，强制切土。其挖掘力比正铲小，能开挖停机面以下的一至三类土（机械传动反铲只宜挖一至二类土）。无须设置进出口通道，适用于一次开挖深度在4 m左右的基坑、基槽、管沟，亦可用于地下水位较高的土方开挖。在深基坑开挖中，依靠止水挡土结构或井点降水，反铲挖土机通过下坡道，采用台阶式接力方式挖土也是常用方法。反铲挖土机可以与自卸汽车配合，装土运走，也可弃土于坑槽附近。反铲挖土机的作业方式可分为沟端开挖和沟侧开挖两种。

a.沟端开挖：挖土机停在基坑（槽）的端部，向后倒退挖土，汽车停在基槽两侧装土。其优点是挖土机停放平稳，装土或甩土时回转角度小，挖土效率高，挖的深度和宽度也较大。基坑较宽时，可多次开行开挖。

b.沟侧开挖：挖土机沿基槽的一侧移动挖土，将土弃于距基槽较远处。沟侧开挖时开挖方向与挖土机移动方向垂直，所以稳定性较差，而且挖的深度和宽度均较小，一般只在无法采用沟端开挖或挖土无须运走时采用。

③拉铲挖土机。拉铲挖土机的土斗用钢丝绳悬挂在挖土机长臂上，挖土时土斗在自重作用下落到地面切入土中。其挖土特点：后退向下，自重切土。其挖土深度和挖土半径均较大，能开挖停机面以下的一至二类土，但不如反铲动作灵活准确。适用于开挖较深较大的基坑（槽）、沟渠，挖取水中泥土以及填筑路基、修筑堤坝等。

④抓铲挖土机。机械传动抓铲挖土机是在挖土机臂端用钢丝绳吊装一个抓斗。其挖土特点：直上直下，自重切土。其挖掘力较小，能开挖停机面以下的一至二类土，适用于开挖软土地基基坑，特别是窄而深的基坑、深槽、深井。抓铲还可用于疏通旧有渠道以及挖取水中淤泥等，或用于装卸碎石、矿渣等松散材料。抓铲也有采用液压传动操纵抓斗作业，其挖掘力和精度优于机械传动抓铲挖土机。

⑤挖土机和运土车辆配套的选型。基坑开挖采用单斗（反铲等）挖土机施工

时，须用运土车辆配合，将挖出的土随时运走。因此，挖土机的生产率不仅取决于其本身的技术性能，还应与所选运土车辆的运土能力协调。为使挖土机充分发挥生产能力，应配备足够数量的运土车辆，以保证挖土机连续工作。

2. 土方开挖

1)定位与放线

土方开挖前，要做好建筑物的定位放线工作。

(1)建筑的定位。

建筑物定位是将建筑物外轮廓的轴线交点测定到地面上，用木桩标定出来，桩顶钉上小钉指示点位，这些桩称为角桩。然后根据角桩进行细部测试。

为了方便地恢复各轴线位置，要把主要轴线延长到安全地点并做好标志，称为控制桩。为便于开槽后施工各阶段中确定轴线位置，应把轴线位置引测到龙门板上，用轴线钉标定。龙门板顶部标高一般定在±0.000 m，主要是便于施工时控制标高。

(2)放线。

放线是根据定位确定的轴线位置，用石灰画出开挖的边线。开挖上口尺寸的确定应根据基础的设计尺寸和埋置深度、土壤类别及地下水情况，确定是否留工作面和放坡等。

(3)开挖中的深度控制。

基槽(坑)开挖时，严禁扰动基层土层，破坏土层结构，降低承载力。要加强测量，以防超挖。控制方法为在距设计基底标高 300～500 mm 时，及时用水准仪抄平，打上水平控制桩以作为挖槽(坑)时控制深度的依据。当开挖较浅的基槽(坑)时，可在龙门板顶面拉上线，用尺子直接量开挖深度；当开挖较深的基坑时，用水准仪引测槽(坑)壁水平桩，一般距槽底 300 mm，沿基槽每 3～4 m 钉设一个。使用机械挖土时，为防止超挖，可在设计标高以上保留 200～300 mm 土层不挖，而改用人工挖土。

2)土方开挖

基础土方的开挖方法有人工挖方和机械挖方两种。应根据基础特点、规模、形式、深度以及土质情况和地下水位，结合施工场地条件确定。一般大中型工程基坑土方量大，宜使用土方机械施工，配合少量人工清槽；小型工程基槽窄，土方量小，宜采用人工或人工配合小型挖土机施工。

(1)人工挖方。

①在基础土方开挖之前，应检查龙门板、轴线桩有无位移现象，并根据设计图纸校核基础灰线的位置、尺寸、龙门板标高等是否符合要求。

②基础土方开挖应自上而下分步分层下挖，每步开挖深度约 300 mm，每层深度以 600 mm 为宜，按踏步型逐层进行剥土；每层应留足够的工作面，避免相互碰撞出现安全事故；开挖应连续进行，尽快完成。

③挖土过程中，应经常按事先给定的坑槽尺寸进行检查，尺寸不够时对侧壁土及时进行修挖，修挖槽应自上而下进行，严禁从坑壁下部掏挖“神仙土”(即挖空底脚)。

④所挖土方应两侧出土，抛于槽边的土方距离槽边 1 m、堆高 1 m 为宜，以保证边坡稳定，防止因压载过大产生塌方。除留足所需的回填土外，多余的土应一次运至用土处或弃土场，避免二次搬运。

⑤挖至距槽底约 500 mm 时，应配合测量放线人员抄出距槽底 500 mm 的水平线，并沿槽边每隔 3～4 m 钉水平标高小木桩。应随时检查槽底标高，开挖不得低于设计标高。如在别处超挖，应用与基土相同的土料填补，并夯实到要求的密实度。或用碎石类土填补，并仔细夯实。如在重要部位超挖时，可用低强度等级的混凝土填补。

⑥如开挖后不能立即进行下一工序或在冬、雨期开挖，应在槽底标高以上保留 150～300 mm 不挖，待下道工序开始前再挖。冬期开挖每天下班前应挖一步虚土并盖草帘等保温，尤其是挖到槽底标高时，应保证地基土不受冻。

(2)机械挖方。

①点式开挖。厂房的柱基或中小型设备基础坑，因挖土量不大、基坑坡度小，机械只能在地面上作业，一般多采用抓铲挖土机或反铲挖土机。抓铲挖土机能挖一、二类土和较深的基坑；反铲挖土机适于挖四类以下土和深度在 4 m 以内的基坑。

②线式开挖。大型厂房的柱列基础和管沟基槽截面宽度较小，有一定长度，适于机械在地面上作业。一般多采用反铲挖土机。如基槽较浅，又有一定宽度，土质干燥时也可采用推土机直接下到槽中作业，但基槽需有一定长度并设上下坡道。

③面式开挖。有地下室的房屋基础、箱形和筏式基础、设备与柱基础密集，采取整片开挖方式时，除可用推土机、铲运机进行场地平整和开挖表层外，多采用正铲挖土机、反铲挖土机或拉铲挖土机开挖。用正铲挖土机工效高，但需有上

下坡道，以便运输工具驶入坑内，还要求土质干燥；反铲和拉铲挖土机可在坑上开挖，运输工具可不驶入坑内，坑内土潮湿也可以作业，但工效比正铲挖土机低。

3. 土方的填筑与压实

1)土料选择与填筑要求

为了保证填土工程的质量，必须正确选择土料和填筑方法。

填方土料应按设计要求验收后方可填入。如设计无要求，一般按下述原则进行：碎石类土、砂土(使用细、粉砂时应取得设计单位同意)和爆破石渣可用作表层以下的填料；含水量符合压实要求的黏性土，可用作各层填料；碎块草皮和有机质含量大于 8%的土，仅用于无压实要求的填方。含大量有机物的土容易降解变形而降低承载能力。含水溶性硫酸盐大于 5%的土，在地下水作用下，硫酸盐会逐渐溶解消失，形成孔洞，影响密实性。因此这两种土以及淤泥和淤泥质土、冻土、膨胀土等，均不能作为填土。

填土应分层进行，并尽量采用同类土填筑。如采用不同土填筑，应将透水性较大的土层置于透水性较小的土层之下，不能将各种土混杂在一起使用，以免填方内形成水囊。

碎石类土或爆破石渣作填料时，碎石最大粒径不得超过每层铺土厚度的 2/3，使用振动碾时，碎石粒径不得超过每层铺土厚度的 3/4；铺填时，大块料不应集中，且不得填在分段接头或填方与山坡连接处。

当填方位于倾斜的山坡上时，应将斜坡挖成阶梯状，以防填土横向移动。

回填基坑和管沟时，应从四周或两侧均匀地分层进行，以防基础和管道在土压力作用下产生偏移或变形。

回填以前，应清除填方区的积水和杂物，如遇软土、淤泥，必须进行换土回填。在回填时，应防止地面水流入，并预留一定的下沉高度(一般不得超过填方高度的 3%)。

2)填土压实方法

填土的压实方法一般有碾压、夯实、振动压实以及利用运土工具压实。对于大面积填土工程，多采用碾压和利用运土工具压实；对较小面积的填土工程，则宜用夯实机具进行压实。

(1)碾压法。

碾压法是利用机械滚轮的压力压实土壤，使之达到所需的密实度。碾压机械有平碾、羊足碾和气胎碾。

平碾又称光碾压路机，是一种以内燃机为动力的自行式压路机。平碾按重力等级分为轻型(30～50 kN)、中型(60～90 kN)和重型(100～140 kN)3种，适于压实砂类土和黏性土，适用土类范围较广。轻型平碾压实土层的厚度不大，但土层上部变得较密实，当用轻型平碾初碾后，再用重型平碾碾压松土，就会取得较好效果。如直接用重型平碾碾压松土，则由于强烈的起伏现象，其碾压效果较差。

羊足碾一般无动力而靠拖拉机牵引，有单筒和双筒两种。根据碾压要求，羊足碾可分为空筒、装砂、注水3种。羊足碾虽然与土接触面积小，但单位面积的压力比较大，土的压实效果好。羊足碾只能用来压实黏性土。

气胎碾又称轮胎压路机，它的前轮和后轮分别密排着4个或5个轮胎，既是行驶轮，也是碾压轮。由于轮胎弹性大，在压实过程中，土与轮胎都会发生变形，而随着几遍碾压后铺土密实度会提高，沉陷量逐渐减少，轮胎与土的接触面积逐渐缩小，接触应力则逐渐增大，最后使土料得到压实。由于轮胎在工作时是弹性体，其压力均匀，填土质量较好。

碾压法主要用于大面积的填土压实，如场地平整、路基、堤坝等工程。

用碾压法压实填土时，铺土应均匀一致，碾压遍数要一致，碾压方向应从填土区的两边逐渐压向中心，每次碾压应有150～200 mm的重叠；碾压机械开行速度不宜过快，一般平碾应不超过2 km/h，羊足碾控制在3 km/h之内，否则会影响压实效果。

(2)夯实法。

夯实法是利用夯锤自由下落的冲击力来夯实土壤，主要用于小面积的回填土或作业面受到限制的环境下的土壤压实。夯实法分人工夯实和机械夯实两种。人工夯实所用的工具有木夯、石夯等。机械夯实常用的有夯锤、内燃夯土机、蛙式打夯机、利用挖土机或起重机装上夯板后的夯土机等，其中蛙式打夯机轻巧灵活、构造简单，在小型土方工程中应用广泛。

(3)振动压实法。

振动压实法是将振动压实机放在土层表面，借助振动机构使压实机振动土颗粒，使其发生相对位移而达到紧密状态。用这种方法振实非黏性土效果较好。

目前，将碾压和振动结合起来而设计和制造了振动平碾、振动凸块碾等新型压实机械。振动平碾适用于填料为爆破碎石碴、碎石类土、杂填土或轻亚黏土的大型填方；振动凸块碾则适用于亚黏土或黏土的大型填方。当压实爆破石渣或

碎石类土时,可选用重 8～15 t 的振动平碾,铺土厚度为 0.6～1.5 m,先静压,后振动碾压,碾压遍数由现场试验确定,一般为 6～8 遍。

3)影响填土压实的主要因素

填土压实量与许多因素有关,其中主要影响因素为压实功、土的含水量以及每层铺土厚度。

(1)压实功的影响。

填土压实后的密度与压实机械在其上施加的功有一定关系。当土的含水量一定并开始压实时,土的密度急剧增加,待接近土的最大密度时,压实功虽然增加许多,但土的密度则变化甚小。实际施工中,砂土须碾压或夯实 2～3 遍,亚砂土须 3～4 遍,亚黏土或黏土须 5～6 遍。

(2)含水量的影响。

在同一压实功作用下,填土的含水量对压实质量有直接影响。较为干燥的土,土颗粒之间的摩阻力较大,因而不易压实。当土具有适当含水量时,水起了润滑作用,土颗粒之间的摩阻力减小,从而易压实。土在最佳含水量条件下,使用同样的压实功进行压实所达到的密度最大。

(3)铺土厚度的影响。

土在压实功作用下,其应力随深度增加而逐渐减小,超过一定深度后,则土的压实密度与未压实前相差极小。其影响深度与压实机械、土的性质和含水量等有关。铺土厚度应小于压实机械压土时的影响深度。因此,填土压实时每层铺土厚度应根据所选压实机械和土的性质确定,在保证压实质量的前提下,使土方压实机械的功耗最小。

4)填土压实的质量检查

填土压实后必须具有一定的密实度,以避免建筑物的不均匀沉陷。填土密实度以设计规定的控制干密度 ρ_d,或规定的压实系数 λ_c 作为检查标准。

$$\lambda_c = \frac{\rho_d}{\rho_{dmax}} \tag{2.1}$$

式中:λ_c 为土的压实系数;ρ_d 为土的实际干密度;ρ_{dmax} 为土的最大干密度。

土的最大干密度 ρ_{dmax} 由实验室击实试验或计算求得,再根据规范规定的压实系数 λ_c,即可算出填土控制干密度 ρ_d。填土压实后的实际干密度应有 90% 以上符合设计要求,其余不符合设计要求的最低值与设计值的差不得大于 0.08 g/cm^3,且应分散,不得集中。检查压实后的实际干密度通常采用环刀法取样。

2.1.2 基坑开挖与支护

1. 无支护结构基坑放坡开挖工艺

采用放坡开挖时，一般基坑深度较浅，挖土机可以一次开挖至设计标高，所以在地下水位高的地区，软土基坑采用反铲挖土机配合运土汽车在地面作业。如果地下水位较低，坑底坚硬，也可以让运土汽车下坑配合正铲挖土机在坑底作业。当开挖基坑深度超过 4 m 时，若土质较好、地下水位较低、场地允许、有条件放坡，边坡宜设置阶梯平台，分阶段、分层开挖，每级平台宽度不宜小于 1.5 m。

采用放坡开挖时，要求基坑边坡在施工期间保持稳定。基坑边坡坡度应根据土质、基坑深度、开挖方法、留置时间、边坡荷载、排水情况及场地大小确定。放坡开挖应有降低坑内水位和防止坑外水倒灌的措施。若土质较差且基坑施工时间较长，边坡坡面可采用钢丝网喷浆进行护坡，以保持基坑边坡稳定。

土方开挖或填筑的边坡可以做成直线形、折线形及阶梯形。边坡的大小与土质、开挖深度、开挖方法、边坡留置时间的长短、边坡附近的震动和有无荷载、排水情况等有关。土方开挖设置边坡是防止土方坍塌的有效途径，边坡的设置应符合下述要求。

当地质条件良好、土质均匀且地下水位低于基坑（槽）或管底面标高时，挖方边坡可做成直立壁不加支撑，但不宜超过下列规定。

(1)密实、中密的砂土和碎石类土（充填物为砂土），不超过 1.0 m。

(2)硬塑、可塑的轻亚黏土及亚黏土，不超过 1.25 m。

(3)硬塑、可塑的黏土和碎石类土（充填物为黏性土），不超过 1.5 m。

(4)坚硬的黏土，不超过 2.0 m。

挖方深度超过上述规定时，应考虑放坡或做直立壁加支撑。

2. 有支护结构的基坑开挖工艺

有支护结构的基坑开挖按其坑壁形式可分为直立壁无支撑开挖、直立壁内支撑开挖和直立壁拉锚（或土钉、土锚杆）开挖。有支护结构的基坑开挖顺序、方法必须与设计工况一致，并遵循“开槽支撑，先撑后挖，分层开挖，严禁超挖”和“分层、分段、对称、限时”的原则。

1)直立壁无支撑开挖工艺

直立壁无支撑开挖工艺是采用水泥土搅拌桩或粉喷桩等复合桩体，在适当

位置修建具有优异防水及挡土性能的重力式坝体结构。重力式坝体既挡土又止水,给坑内创造宽敞的施工空间和可降水的施工环境。

基坑深度一般在 5～6 m,故可采用反铲挖土机配合运土汽车在地面作业。采用止水重力坝,地下水位一般都比较高,因此很少使用正铲下坑挖土作业。

2)直立壁内支撑开挖工艺

在基坑深度大,地下水位高,周围地质和环境又不允许做拉锚和土钉、土锚杆的情况下,一般采用直立壁内支撑开挖形式。基坑采用内支撑,能有效控制侧壁的位移,具有较高的安全度,但减小了施工机械的作业面,影响挖土机械、运土汽车的效率,增加施工难度。

基坑开挖采用放坡无法保证施工安全或场地无放坡条件时,一般采用支护结构临时支挡,以保证基坑的土壁稳定。基坑支护结构既要确保坑壁稳定、坑底稳定、邻近建筑物与构筑物和管线的安全,又要考虑支护结构施工方便、经济合理、有利于土方开挖和地下工程的建造。

基坑土壁支护主要有横撑式支撑、锚碇式支撑及板桩支护等形式。横撑式土壁支撑根据挡土板的不同,分为水平挡土板和垂直挡土板,前者又分为断续式水平支撑、连续式水平支撑。对湿度小的黏性土,当挖土深度小于 3 m 时,可用断续式水平支撑;对松散、湿度大的土可用连续式水平支撑,挖土深度可达 5 m;对松散和湿度很高的土,可用垂直挡土板支撑。

3)直立壁土钉(或拉锚、土锚杆)开挖工艺

当周围的环境和地质允许进行拉锚或采用土钉和土锚杆时,应选用此方式,因为直立壁拉锚开挖使坑内的施工空间宽敞,提高挖土机械效率。在土方施工中,须进行分层、分区段开挖,穿插进行土钉(或土锚杆)施工。土方分层、分区段开挖的范围应和土钉(或土锚杆)的设置位置一致,满足土钉(土锚杆)施工机械的要求,同时也要满足土体稳定性的要求。

2.1.3　施工排水与降水

在基坑开挖前,应做好地面排水和降低地下水位工作。开挖基坑或沟槽时,土的含水层被切断,地下水会不断地渗入基坑。雨季施工时,地面水也会流入基坑。为了保证施工的正常进行,防止边坡塌方和地基承载力下降,在基坑开挖前和开挖时必须做好排水降水工作。基坑排水降水方法,可分为明排水法和地下水控制方法。

1. 明排水法

明排水法(集水井降水法)是采用截、疏、抽的方法来排水。即在开挖基坑时,沿坑底周围或中央开挖排水沟,再在沟底设置集水井,使基坑内的水经排水沟流向集水井内,然后用水泵将水抽出坑外。如果基坑较深,可采用分层明沟排水法,一层一层地加深排水沟和集水井,逐步达到满足设计要求的基坑断面和坑底标高。

为防止基底上的土颗粒随水流失而使土结构受到破坏,集水井应设置于基础范围之外,地下水走向的上游。根据地下水量、基坑平面形状及水泵的抽水能力,每隔 20～40 m 设置一个集水井。集水井的直径或宽度一般为 0.6～0.8 m,其深度随挖土的加深而加深,并保持低于挖土面 0.7～1.0 m。井壁可用竹、木等材料简易加固。当基坑挖至设计标高后,井底应低于坑底 1.0～2.0 m,并铺设碎石滤水层(0.3 m 厚)或下部砾石(0.1 m 厚)、上部粗砂(0.1 m 厚)的双层滤水层,以免抽水时间较长而将泥沙抽出,并防止井底的土被扰动。

明排水法设备少,施工简单,应用广泛。但是,当基坑开挖深度大,地下水的动水压力和土的组成可能引起流砂、管涌、坑底隆起和边坡失稳时,则宜采用地下水控制方法。

2. 地下水控制方法

地下水控制方法可分为井点降水、截水和回灌等方式,这些方式均可单独或组合使用。

1)井点降水

井点降水,就是在基坑开挖前,预先在基坑四周埋设一定数量的滤水管(井),利用抽水设备从中抽水,使地下水位降落到坑底以下,直至施工结束为止。这样,可使所挖的土始终保持干燥状态,改善施工条件,同时还使动力水压力方向向下,从根本上防止流砂,并增加土中有效应力,提高土的强度或密实度。因此,井点降水法不仅是一种施工措施,也是一种地基加固方法,采用井点降水法降低地下水位可适当改陡边坡以减少挖土数量,但在降水过程中,基坑附近的地基土壤会有一定沉降,施工时应加以注意。

井点降水法有轻型井点、喷射井点、电渗井点、管井井点及深井井点等,其中以轻型井点采用较广,下面作重点介绍。

轻型井点降低地下水位,是沿基坑周围以一定的间距埋入井点管(下端为滤

管)至蓄水层,在地面上用集水总管将各井点管连接起来,并在一定位置设置抽水设备,利用真空泵和离心泵的真空吸力作用,使地下水经滤管进入井管,然后经总管排出,从而降低地下水位。

轻型井点设备由管路系统和抽水设备组成。管路系统由滤管、井点管、弯联管及总管等组成。滤管是长 1.0～1.2 m、外径为 38 mm 或 51 mm 的无缝钢管,管壁上钻有直径为 12～19 mm 的星棋状排列的滤孔,滤孔面积为滤管表面积的 20%～25%。滤管外面包括两层孔径不同的滤网。内层为细滤网,采用 30～40 眼/cm^2 的铜丝布或尼龙丝布;外层为粗滤网,采用 5～10 眼/cm^2 的塑料纱布。为使流水畅通,管壁与滤网之间用螺旋形塑料管或铁丝隔开,滤管外面再绕一层粗铁丝保护,滤管下端为一铸铁头。

井点管用直径 38 mm 或 55 mm、长 5～7 m 的无缝钢管或焊接钢管制成,下接滤管,上端通过弯联管与总管相连。弯联管一般采用橡胶软管或透明塑料管,后者可以随时观察井点管出水情况。

集水总管为直径 100～127 mm 的无缝钢管,每节长 4 m,各节间用橡皮套管连接,并用钢箍箍紧,防止漏水。总管上装有与井电管连接的短接头,间距为 0.8 m 或 1.2 m。

抽水设备由真空泵、离心泵和水气分离器(又称为集水箱)等组成。

2)截水

井点降水会引起周围地层的不均匀沉降,但在高水位地区开挖深基坑必须采用降水措施以保证地下工程的顺利进展。因此,一方面要保证基坑工程的施工,另一方面又要防范对周围环境引起的不利影响。施工时一方面设置地下水位观测孔,并对临近建筑、管线进行监测,在降水系统运转过程中随时检查观测孔中的水位,发现沉降量达到报警值时应及时采取措施。同时如果施工区周围有湖、河等贮水体时,应在井点和贮水体之间设置止水帷幕,以防抽水造成贮水体穿通,引起大量涌水,甚至带出土颗粒,产生流砂现象。在建筑物和地下管线密集区等对地面沉降控制有严格要求的地区开挖深基坑,应尽可能采取止水帷幕,并进行坑内降水的方法,一方面可疏干坑内地下水,以利开挖施工;另一方面可利用止水帷幕切断坑外地下水的涌入,大大减小对周围环境的影响。

止水帷幕的厚度应满足基坑防渗要求,当地下含水层渗透性较强、厚度较大时,可采用悬挂式竖向截水与坑内井点降水相结合,或采用悬挂式竖向截水与水平封底相结合的方案。

3)回灌

场地外缘设置回灌系统也是减小降水对周围环境影响的有效方法。回灌系统包括回灌井点和砂沟、砂井回灌两种形式。回灌井点是在抽水井点设置线外4～5 m处,以间距3～5 m插入注水管,将井点中抽取的水经过沉淀后用压力注入管内,形成一道水墙,以防止土体过量脱水,而基坑内仍可保持干燥。这种情况下抽水管的抽水量约增加10%,可适当增加抽水井点的数量。回灌可采用井点、砂井、砂沟等。

2.1.4 基坑验槽

基坑(槽)开挖完毕后,应由施工单位、勘察单位、设计单位、监理单位、建设单位及质检监督部门等有关人员共同进行质量检验。

(1)表面检查验槽。根据槽壁土层分布,判断基底是否已挖至设计要求的土层,观察槽底土的颜色是否均匀一致,是否软硬不同,是否有杂质、瓦砾及古井、枯井等。

(2)钎探检查验槽。用锤将钢钎打入槽底土层内,根据每打入一定深度的锤击次数来判断地基土质情况,此法主要适用于砂土及一般黏性土。

2.2 地基处理与加固

地基是指建筑物荷载作用下的土体或岩体。常用人工地基的处理方法有换土、重锤夯实、强夯、振冲、砂桩挤密、深层搅拌、堆载预压、化学加固等。

2.2.1 换土地基

当建筑物基础下的地基比较软弱,不能满足上部荷载对地基的要求时,常用换土地基来处理。具体方法是挖去弱土,分层回填好土夯实。按回填材料不同分砂地基、碎(砂)石地基、灰土地基等。

1.砂地基和碎(砂)石地基

这种地基承载力强,可减少沉降,加速软弱土排水固结,防止冻胀,消除膨胀土的胀缩等。常用于处理透水性强的软弱黏性土,但不适用于湿陷性黄土地基和不透水的黏性土地基。

1)构造要求

其尺寸按计算确定,厚度 0.5～3 m,比基础宽 200～300 mm。

2)材料要求

土料宜用级配良好、质地坚硬的中砂、粗砂、砂砾、碎石等。

3)施工要点

(1)验槽处理。

(2)分层回填,应先深后浅,保证质量。

(3)降水及冬期施工。

4)质量检查

质量检查方法有环刀取样法、贯入测定法。

2. 灰土地基

灰土地基是将软土挖去,用一定体积比的石灰和黏性土拌和均匀,在最佳含水量情况下分层回填夯实或压实而成的处理地基。灰土最小干密度:黏土 1.45 t/m^3,粉质黏土 1.50 t/m^3,粉土 1.55 t/m^3。

1)构造要求

其尺寸按计算确定。

2)材料要求

石灰和黏性土的体积配合比一般为 2∶8 或 3∶7,土质良好,级配均匀,颗粒直径符合要求等。

3)施工要点

(1)验槽处理。

(2)材料准备,控制好含水量。

(3)控制每层铺土厚度。

(4)采用防冻措施。

4)质量检查

用环刀法检查土的干密度。质量标准用压实系数鉴定。

2.2.2　重锤夯实地基

重锤夯实地基是用起重机械将重锤提升到一定高度后,利用自由下落时的冲击力来夯实地基，适用于地下水位以上稍湿的黏性土、砂土、湿陷性黄土、杂填土等地基的加固处理。

1)机具设备

起重机械和夯锤。

2)施工要点

(1)试夯确定夯锤重量、底面积、落距、夯实遍数、最后下沉量、总下沉量等。

(2)每层铺土厚度以锤底直径为宜，一般铺设不少于两层。

(3)土以最佳含水量为准，且夯扩面积比基础底面积大 300 mm^2 以上。

(4)夯扩方法：基坑或条形基础应一夯接一夯进行；独基应先周边后中间进行；当底面不同高时应先深后浅；最后进行表面处理。

3)质量检查

检查施工记录应符合最后下沉量、总下沉量(以不小于试夯总下沉量 90%为合格)，详见《建筑地基基础工程施工质量验收标准》(GB 50202—2018)。

2.2.3 强夯地基

强夯地基是用起重机械将重锤(8～30 t)吊起使其从高处(6～30 m)自由落下，给地基以冲击和振动，从而提高地基土的强度并降低其压缩性，适用于碎石土、砂土、黏性土、湿陷性黄土及填土地基的加固处理。

1)机具设备

主要有起重机械、夯锤、脱钩装置。

2)施工要点

(1)试确定技术参数。

(2)场地平整、排水，布置航点、测量定位。

(3)按试航确定的技术参数进行。

(4)注意排水与防冻，做好施工记录等。

3)质量检查

质量检查采用标准贯入、静力触探等方法。

2.2.4 振冲地基

振冲地基可采用振冲置换法和振冲密实法两类。

1)机具设备

主要有振冲器、起重机械、水泵及供水管道、加料设备、控制设备等。

2)施工要点

(1)进行振冲试验,以确定水压、水量、成孔速度、填料方法、密实电流、填料量和留振时间。

(2)确定冲孔位置并编号。

(3)振冲、排渣、留振、填料等。

3)质量检查

(1)位置准确,允许偏差符合有关规定。

(2)在规定的时间内进行试验检验。

2.2.5　地基局部处理及其他加固方法

1. 地基局部处理

1)松土坑的处理

(1)当松土坑的范围在基槽范围内时,挖除坑中松软土,使坑底及坑壁均见天然土为止,然后用与天然土压缩性相近的材料回填。

当天然土为砂土时,用砂或级配砂石分层回填夯实;当天然土为较密实的黏性土时,用体积比为 3∶7 的灰土分层回填夯实;如为中密可塑的黏性土或新近沉积的黏性土,可用体积比为 1∶9 或 2∶8 的灰土分层回填夯实。每层回填厚度不大于 200 mm。

(2)当松土坑的范围超过基槽边沿时,将该范围内的基槽适当加宽,采用与天然土压缩性相近的材料回填;用砂土或砂石回填时,基槽每边均应按 1∶1 坡度放宽;用体积比为 1∶9 或 2∶8 的灰土回填时,基槽每边均应按 0.5∶1 坡度放宽。

(3)较深的松土坑(如深度大于槽宽或大于 1.5 m),槽底处理后,还应适当考虑加强上部结构的强度和刚度。

处理方法:在灰土基础上 1～2 皮砖处(或混凝土基础内)、防潮层下 1～2 皮砖处及首层顶板处各配置 3～4 根直径为 8～12 mm 的钢筋,跨过该松土坑两端各 1 m;或改变基础形式,如采用梁板式跨越松土坑、桩基础穿透松土坑等方法。

2)砖井或土井的处理

当井在基槽范围内时,应将井的井圈拆至地槽下 1 m 以上,井内用中砂、砂卵石分层夯填处理,在拆除范围内用体积比为 2∶8 或 3∶7 的灰土分层回填夯实至槽底。

3)局部软硬土的处理

尽可能挖除坚硬物,采用与其他部分压缩性相近的材料分层回填夯实,或将坚硬物凿去 300～500 mm,再回填土砂混合物并夯实。

将基础以下基岩或硬土层挖去 300～500 mm,填以中砂、粗砂或土砂混合物做垫层,或加强基础和上部结构的刚度来克服地基的不均匀变形。

2. 地基其他加固方法

1)砂桩法

砂桩法是利用振动或冲击荷载,在软弱地基中成孔后,填入砂并将其挤压入土中,形成较大直径的密实砂桩的地基处理方法,主要包括砂桩置换法、挤密砂桩法等。

2)水泥土搅拌法

水泥土搅拌法是一种用于加固饱和黏土地基的常用软基处理技术。该法将水泥作为固化剂与软土在地基深处强制搅拌,固化剂和软土产生一系列物理化学反应,使软土硬结成一定强度的水泥加固体,从而提高地基土承载力并增大变形模量。水泥土搅拌法从施工工艺上可分为湿法和干法两种。

3)预压法

预压法指的是为提高软土地基的承载力和减少构造物建成后的沉降量,预先在拟建构造物的地基上施加一定静载,使地基土压密后再将荷载卸除的压实方法。该法对软土地基预先加压,使大部分沉降在预压过程中完成,相应地提高了地基强度。预压法适用于淤泥质黏土、淤泥与人工冲填土等软弱地基。预压的方法有堆载预压和真空预压两种。

4)注浆法

注浆法指用气压、液压或电化学原理把某些能固化的浆液通过压浆泵、灌浆管均匀地注入各种裂缝或孔隙中,以填充、渗进和挤密等方式驱除裂缝、孔隙中的水分和气体,并填充其位置,硬化后将土体胶结成一个整体,形成一个强度大、

压缩性低、抗渗性高和稳定性良好的新的整体，从而改善地基的物理化学性质，主要用于节水、堵漏和加固地基。

2.3　浅基础施工

浅基础根据使用材料性能不同可分为无筋扩展基础（刚性基础）和扩展基础（柔性基础）。

无筋扩展基础一般指由砖、石、素混凝土、灰土和三合土等材料建造的墙下条形基础或柱下独立基础。其特点是抗压强度高，而抗拉、抗弯、抗剪性能差，适用于 6 层及 6 层以下的民用建筑和轻型工业厂房。无筋扩展基础的截面形状有矩形、阶梯形和锥形等。为保证无筋扩展基础内的拉应力及剪应力不超过基础的允许抗拉、抗剪强度，一般基础的刚性角及台阶宽高比应满足设计及施工规范要求。

扩展基础一般均为钢筋混凝土基础，按构造形式不同又可分为条形基础（包括墙下条形基础与柱下独立基础）、杯口基础、筏式基础、箱形基础等。

2.3.1　砖基础

砖基础用普通烧结砖与水泥砂浆砌成。砖基础砌成的台阶形状称为“大放脚”，有等高式和不等高式两种。等高式大放脚是两皮一收，两边各收进 1/4 砖长；不等高式大放脚是两皮一收与一皮一收相间隔，两边各收进 1/4 砖长。大放脚的底宽应根据计算确定，各层大放脚的宽度应为半砖宽的整数倍。在大放脚的下面一般做垫层。垫层材料可用体积比为 3∶7 或 2∶8 的灰土，也可用体积比为 1∶2∶4 或 1∶3∶6 的碎砖三合土。为了防止土中水分沿砖块中毛细管上升而侵蚀墙身，应在室内地坪以下一皮砖处设置防潮层。防潮层一般用体积比为 1∶2 的水泥防水砂浆，厚约 20 mm。

砖基础施工要点如下。

(1)基槽（坑）开挖：应设置好龙门桩及龙门板，标明基础、墙身和轴线的位置。

(2)大放脚的形式：当地基承载力大于 150 kPa 时，采用等高式大放脚，即两皮一收；否则应采用不等高式大放脚，即两皮一收与一皮一收相间隔，基础底宽应根据计算而定。

(3)砖基础若不在同一深度,则应先由底往上砌筑。在高低台阶接头处,下面台阶要砌一定长度(一般不小于基础扩大部分的高度)的实砌体,砌到上面后与上面的砖一起退台。

(4)砖基础接槎应留成斜槎,如因条件限制留成直槎,应按规范要求设置拉结筋。

2.3.2 砌石基础

在石料丰富的地区,可因地制宜利用本地资源优势,做成砌石基础。基础采用的石料分毛石和料石两种,一般建筑采用毛石较多,价格低廉、施工简单。毛石又可分为乱毛石和平毛石。

用水泥砂浆以铺浆法砌筑时,灰缝厚度为20～30 mm。毛石应分皮卧砌,上下错缝,内外搭接,砌第一层石块时,基底要坐浆。石块大面向下,基础最上一层石块宜选用平面较大较好的石块砌筑。

2.3.3 钢筋混凝土条形基础

墙下或柱下钢筋混凝土条形基础较为常见,工程中柱下基础底面形状很多情况是矩形的,我们称为柱下独立基础,它是条形基础的一种特殊形式,有时也统一称为条形基础或条式基础。条形基础的抗弯和抗剪性能良好,可在竖向荷载较大、地基承载力不高的情况下采用,因为高度不受台阶宽高比的限制,适用于"宽基浅埋"的场合,其横断面一般呈倒T形。

1)构造要求

(1)垫层厚度一般为100 mm。

(2)底板受力钢筋的最小直径不宜小于8 mm,间距不宜大于200 mm。当有垫层时钢筋保护层的厚度不宜小于35 mm,无垫层时不宜小于70 mm。

(3)插筋的数目与直径应和柱内纵向受力钢筋相同。插筋的锚固及柱的纵向受力钢筋的搭接长度,按国家现行设计规范的规定执行。

2)工艺流程

工艺流程:土方开挖、验槽→混凝土垫层施工→恢复基础轴线、边线,校正标高→基础钢筋,柱、墙钢筋安装→基础模板及支撑安装→钢筋、模板验收→混凝土浇筑、试块制作→养护、模板拆除。

3)施工要点

(1)混凝土浇筑前应进行验槽,轴线、基坑(槽)尺寸和土质等均应符合设计要求。

(2)基坑(槽)内浮土、积水、淤泥、杂物等均应清除干净。基底局部软弱土层应挖去,用灰土或砂砾回填夯实至基底相平。

(3)基槽验收合格后,应立即浇筑混凝土垫层,以保护地基。

(4)钢筋经验收合格后,应立即浇筑混凝土,混凝土浇筑方法可参见有关章节内容。

(5)质量检查。混凝土的质量检查,主要包括施工过程中的质量检查和养护后的质量检查。

2.3.4　杯口基础

杯口基础常用于装配式钢筋混凝土柱的基础,形式有一般杯口基础、双杯口基础、高杯口基础等。

1. 杯口模板

杯口模板可用木模板或钢模板,可做成整体式,也可做成两半形式,中间各加楔形板一块。

拆模时,先取出楔形板,然后分别将两个半杯口模板取出。为便于拆模,杯口模板外可包钉薄铁皮一层。支模时杯口模板要固定牢固。在杯口模板底部留设排气孔,避免出现空鼓。

2. 混凝土浇筑

混凝土要先浇筑至杯底标高,方可安装杯口内模板,以保证杯底标高准确,一般在杯底留有 50 mm 厚的细石混凝土找平层,在浇筑基础混凝土时,要仔细控制标高。

2.3.5　筏式基础

筏形基础是由整板式钢筋混凝土板(平板式)或由钢筋混凝土底板和梁(梁板式)两种类型组成,适用于有地下室或地基承载能力较低而上部荷载较大的基础。筏形基础在外形和构造上如倒置的钢筋混凝土楼盖,分为梁板式和平板式两类。

施工要点如下。

(1)根据地质勘探和水文资料,地下水位较高时,应采用降低水位的措施,使地下水位降低至基底以下不少于500 mm,保证在无水情况下进行基坑开挖和钢筋混凝土筏形施工。

(2)根据筏形基础结构情况、施工条件等确定施工方案。

(3)混凝土筏形基础施工完毕后,表面应加以覆盖和洒水养护,以保证混凝土的质量。

2.4 桩基础施工

2.4.1 钢筋混凝土预制桩施工

钢筋混凝土预制桩是在预制构件厂或施工现场预制,用沉桩设备在设计位置将其沉入土中,其特点:坚固耐久,不受地下水或潮湿环境影响,能承受较大荷载,施工机械化程度高,进度快,能适应不同土层施工。

钢筋混凝土预制桩有方形实心断面桩(方桩)和圆柱体空心断面桩(管桩)。

方桩截面边长多为250～550 mm,如在工厂制作,长度不宜超过12 m;如在现场预制,长度不宜超过30 m,桩的接头不宜超过2个。

管桩直径多为400～600 mm,壁厚80～100 mm,每节长度8～10 m,用法兰连接,桩的接头不宜超过4个,下节桩底端可设桩尖,亦可以是开口的。

目前较常用的预制桩是预应力混凝土管桩。它是一种细长的空心等截面预制混凝土构件,是在工厂经先张预应力、离心成型、高压蒸养等工艺生产而成。管桩按桩身混凝土强度等级的不同分为PC桩(C60、C70)和PHC桩(C80);按桩身抗裂弯矩的大小分为A型、AB型和B型(A型最大,B型最小);外径有300 mm、400 mm、500 mm、550 mm和600 mm,壁厚为65～125 mm,常用节长7～12 m,特殊节长4～5 m。

钢筋混凝土预制桩施工前,应根据施工图设计要求、桩的类型、成孔过程对土的挤压情况、地质探测和试桩等资料,制定施工方案。

1..打桩前的准备

桩基础工程在施工前,应根据工程规模的大小和复杂程度,编制整个分部工

程施工组织设计或施工方案。沉桩前，现场准备工作有处理障碍物、平整场地、抄平放线、铺设水电管网、沉桩机械设备的进场和安装以及桩的供应等。

1)处理障碍物

打桩施工前，应认真处理影响施工的高空、地上和地下的障碍物。必要时可与城市管理供水、供电、煤气、电信、房管等有关单位联系，对施工现场周围(一般为10 m以内)的建筑物、驳岸、地下管线等做全面检查，予以加固，采取隔振措施或拆除。

2)场地平整

施工场地应平整、坚实(坡度不大于10%)，必要时宜铺设道路，经压路机碾压密实，场地四周应设置排水措施。

3)抄平放线定位桩

依据施工图设计要求，把桩基定位轴线桩的位置在施工现场准确地测定出来，并作出明显的标志(用小木桩或洒白石灰点标出桩位，或设置龙门板拉线法确定桩位)。在打桩现场附近设置2～4个水准点，用以抄平场地和作为检查桩入土深度的依据。桩基轴线的定位点及水准点，应设置在不受打桩影响的地方。正式打桩之前，应对桩基的轴线和桩位复查一次，以免因小木桩挪动、丢失而影响施工。

4)进行打桩试验

施工前应做数量不少于2根桩的打桩工艺试验，用以了解桩的沉入时间、最终沉入度、持力层的强度、桩的承载力以及施工过程中可能出现的各种问题和反常情况等，以便检验所选的打桩设备和施工工艺，确定是否符合设计要求。

5)确定打桩顺序

打桩顺序直接影响到桩基础的质量和施工速度，应根据桩的密集程度(桩距大小)，桩的规格、长短，桩的设计标高、工作面布置、工期要求等综合考虑，合理确定打桩顺序。根据桩的密集程度，打桩顺序一般分为逐排打设、自中部向四周打设和由中间向两侧打设3种。当桩布置较密时(桩中心距不大于4倍桩的直径或边长)，应由中间向两侧对称施打或由中间向四周施打；当桩布置较疏时(桩中心距大于4倍桩的边长或直径)，可采用上述两种打法，或逐排单向打设。

根据基础的设计标高和桩的规格，宜按先深后浅、先大后小、先长后短的顺序进行打桩。但一侧毗邻建筑物时，应由毗邻建筑物处向另一方向施打。

6)其他准备

其他准备包括桩帽、垫衬和打桩设备机具准备。

2.桩的制作、运输、堆放

1)桩的制作

较短的桩多在预制厂生产，较长的桩一般在打桩现场附近或打桩现场就地预制。

桩分节制作时，单节长度的确定应满足桩架的有效高度、制作场地条件、运输与装卸能力的要求，同时应避免桩尖接近硬持力层或桩尖处于硬持力层中接桩，上节桩和下节桩应尽量在同一纵轴线上预制，使上下节钢筋和桩身减少偏差。

制桩时，应做好浇筑日期、混凝土强度、外观检查、质量鉴定等记录，以供验收时查用。每根桩上应标明编号、制作日期，如不预埋吊环，则应标明绑扎位置。

2)桩的运输

混凝土预制桩达到设计强度70%方可起吊，达到100%后方可进行运输。如提前吊运，必须验算合格。桩在起吊和搬运时，吊点应符合设计规定，如无吊环，设计又未作规定，绑扎点的数量及位置按桩长而定，应符合起吊弯矩最小的原则。钢丝绳与桩之间应加衬垫，以免损坏棱角。起吊时应平稳提升，吊点同时离地，如要长距离运输，可采用平板拖车或轻轨平板车。长桩搬运时，桩下要设置活动支座。经过搬运的桩，还应进行质量复查。

3)桩的堆放

桩堆放时，地面必须平整、坚实，垫木间距应根据吊点确定，各层垫木应位于同一垂直线上，最下层垫木应适当加宽，堆放层数不宜超过4层。不同规格的桩，应分别堆放。

3.锤击沉桩施工

混凝土预制桩的沉桩方法有锤击沉桩、静力压桩、振动沉桩等。锤击沉桩也称打入桩，是利用桩锤下落产生的冲击能量将桩沉入土中。锤击沉桩是混凝土预制桩常用的沉桩方法。

1)打桩设备及选择

打桩所用的机具设备主要包括桩锤、桩架及动力装置。

(1)桩锤:把桩打入土中的主要机具,有落锤、气锤(单动气锤和双动气锤)、柴油桩锤、振动桩锤等。桩锤的类型应根据施工现场情况、机具设备条件及工作方式和工作效率等条件来选择;桩锤的重量一般根据桩重和土质的沉桩难易程度选择,宜选择重锤低击。

(2)桩架:支持桩身和桩锤,在打桩过程中引导桩的方向及维持桩的稳定,并保证桩锤沿着所要求方向冲击桩体的设备。桩架一般由底盘、导向杆、起吊设备、撑杆等组成。

桩架的形式多种多样,常用的桩架有两种基本形式:一种是沿轨道行驶的多功能桩架,另一种是装在履带底盘上的履带式桩架。多功能桩架是由定柱、斜撑、回转工作台、底盘及传动机构组成。它的机动性和适应性很大,在水平方向可作 360°回转,导架可以伸缩和前后倾斜,底座下装有铁轮,底盘在轨道上行走。这种桩架可适用于各种预制桩及灌注桩施工。履带式桩架以履带式起重机为主机,配备桩架工作装置而组成。这种桩架操作灵活,移动方便,适用于各种预制桩和灌注桩的施工。

桩架的选用应根据桩的长度、桩锤的类型及施工条件等因素确定。通常,桩架的高度为桩长、桩锤高度、桩帽高度、滑轮组高度与桩锤位移高度的总和。

(3)打桩机械的动力装置:根据所选桩锤而定,主要有卷扬机、锅炉、空气压缩机等。当采用空气锤时,应配备空气压缩机;当选用蒸汽锤时,则要配备蒸汽锅炉和卷扬机。

2)打桩工艺

(1)吊桩就位。按既定的打桩顺序,先将桩架移至桩位处并用缆风绳拉牢,然后将桩运至桩架下,利用桩架上的滑轮组,由卷扬机提升桩。当桩提升至直立状态后,即可将桩送入桩架的龙门导管内,同时把桩尖准确地安放到桩位上,并与桩架导管相连接,以保证打桩过程中不发生倾斜或移动。桩插入时垂直偏差不得超过 0.5%。桩就位后,为了防止击碎桩顶,在桩锤与桩帽、桩帽与桩之间应放上硬木、粗草纸或麻袋等桩垫作为缓冲层,桩帽与桩顶四周应留 5～10 mm 的间隙。然后进行检查,使桩身、桩帽和桩锤在同一轴线上即可开始打桩。

(2)打桩。打桩时采用“重锤低击”可取得良好的效果,这样桩锤对桩头的冲击小,回弹也小,桩头不易损坏,大部分能量都用于克服桩身与土的摩阻力和桩尖阻力上,桩就能较快地沉入土中。

初打时地层软,沉降量较大,宜低锤轻打,随着沉桩加深(1～2 m),速度减慢,再酌情增加起锤高度,要控制锤击应力。打桩时应观察桩锤回弹情况,如经常回弹较大则说明锤击太轻，不能使桩下沉，应及时更换。根据实践经验，一般情况下，单动气锤桩锤的落距以 0.6 m 左右为宜，柴油锤桩锤的落距不超过 1.5 m 为宜，落锤桩锤的落距不超过 1.0 m 为宜。打桩时要随时注意贯入度变化情况，当贯入度骤减，桩锤有较大回弹时，表示桩尖遇到障碍，此时应将桩锤落距减小，加快锤击。如上述情况仍存在，则应停止锤击，查其原因进行处理。

在打桩过程中，如突然出现桩锤回弹、贯入度突增，锤击时桩弯曲、倾斜、颤动、桩顶破坏加剧等情况，则表明桩身可能已破坏。

打桩最后阶段，沉降太小时，要避免硬打，如难沉下，要检查桩垫、桩帽是否适宜，需要时可更换或补充软垫。

(3)接桩。预制桩施工中，由于场地、运输及桩机设备等限制，应将长桩分为多节进行制作。混凝土预制方桩接头数量不宜超过 2 个，预应力管桩接头数量不宜超过 4 个。接桩时要注意新接桩节与原桩节的轴线一致。目前预制桩的接桩工艺主要有硫磺胶泥浆锚法、电焊接桩和法兰螺栓接桩 3 种。前一种适用于软弱土层，后两种适用于各类土层。

(4)打入末节桩体。

①送桩。设计要求送桩时，送桩器(杆)的中心线应与桩身吻合一致方能进行送桩。送桩器(杆)下端宜设置桩垫，要求厚薄均匀。若桩顶不平可用麻袋或厚纸垫平。送桩留下的桩孔应立即回填密实。

②截桩。在打完各种预制桩开挖基坑时，按设计要求的桩顶标高将桩头多余的部分截去。截桩头时不能破坏桩身，要保证桩身的主筋伸入承台，长度应符合设计要求。当桩顶标高在设计标高以下时，在桩位上挖成喇叭口，凿掉桩头混凝土，剥出主筋并焊接接长至设计要求长度，与承台钢筋绑扎在一起，用桩身同强度等级的混凝土与承台一起浇筑接长桩身。

4. 静力压桩施工

静力压桩是在软土地基上，利用静力压桩机或液压压桩机用无振动的静压力(自重和配重)将预制桩压入土中的一种新工艺。静力压桩在我国沿海软土地基上广泛采用。与普通的打桩和振动沉桩相比，压桩可以消除噪声和振动的危害，故特别适用于医院和有防震要求部门附近的施工。

静力压桩机的工作原理：通过安置在压桩机上的卷扬机的牵引，由钢丝绳、滑轮及压梁，将整个桩机的重力(800～1500 kN)反压在桩顶上，以克服桩身下沉时与土的摩擦力，迫使预制桩下沉。桩架高度 10～40 m，压入桩长度已达 37

m，桩断面面积为400 mm×400 mm～500 mm×500 mm。

近年引进的WYJ-200型和WYJ-400型压桩机，是先进的液压操纵设备。静压力有2000 kN和4000 kN两种，单根制桩长度可达20 m。压桩施工，一般情况下都采取分段压入、逐段接长的方法。接桩的方法目前有焊接法、法兰接法和浆锚法3种。

焊接法接桩时，必须对准下截桩并确认垂直无误后，用点焊将拼接角钢连接固定，再次检查位置正确后方可正式焊接。施焊时，应两人同时对角对称地进行，以防止节点变形不匀而引起桩身歪斜。焊缝要连续饱满。

浆锚法接桩时，首先将上节桩对准下节桩，使4根锚筋插入锚筋孔中(直径为锚筋直径的2.5倍)，下落压梁并套住桩顶，然后将桩和压梁同时上升约200 mm(以4根锚筋不脱离锚筋孔为度)。此时，安设好施工夹箍(施工夹箍由4块木板，内侧用人造革包裹40 mm厚的树脂海绵块而成)，将熔化的硫磺胶泥注满锚筋孔内和接头平面，然后将上节桩和压梁同时下落，当硫磺胶泥冷却并拆除施工夹箍后，即可继续加荷施压。

为保证接桩质量，应做到锚筋应刷净并调直；锚筋孔内应有完好螺纹，无积水、杂物和油污；接桩时接点的平面和锚筋孔内应灌满胶泥；灌注时间不得超过2 min；灌注后停歇时间应符合有关规定。

5.其他沉桩方法

1)水冲沉桩法

水冲沉桩法是锤击沉桩的一种辅助方法。它是利用高压水流经过桩侧面或空心管内部的射水管冲击桩尖附近土层，便于锤击沉桩。一般是边冲水边打桩，当沉桩至最后1～2 m时停止冲水，用锤击至规定标高。水冲法适用于砂土和碎石土，有时对于特别长的预制桩，单靠锤击有一定困难时，可用水冲法辅助。

2)振动法沉桩法

振动法沉桩是利用振动机，将桩与振动机连接在一起，振动机产生的振动力通过桩身使土体振动，使土体的内摩擦角减小、强度降低而将桩沉入土中。此法在砂土中效率较高。

2.4.2　灌注桩施工

混凝土灌注桩是直接在施工现场的桩位上成孔，然后在孔内安装钢筋笼，浇筑混凝土成桩。与预制桩相比,灌注桩具有不受地层变化限制,不需要接桩和截桩,节约钢材,振动小、噪声小等特点,但施工工艺复杂,影响质量的因素多。灌注桩按成孔方法分为钻孔灌注桩、人工挖孔灌注桩、沉管灌注桩、爆扩成孔灌注桩等。

1. 灌注桩施工准备工作

1)确定成孔施工顺序

(1)对土没有挤密作用的钻孔灌注桩和干作业成孔灌注桩,应结合施工现场条件,按桩机移动的原则确定成孔顺序。

(2)对土有挤密作用和振动影响的冲孔灌注桩、沉管灌注桩、爆扩成孔灌注桩等,为保证邻桩不受影响,一般可结合现场施工条件确定成孔顺序;间隔 1 个或 2 个桩位成孔;在邻桩混凝土初凝前或终凝后成孔;5 根以上单桩组成的群桩基础,中间的桩先成孔,外围的桩后成孔;同一个桩基础的爆扩成孔灌注桩,可采用单爆或联爆法成孔。

(3)人工挖孔桩,当桩净距小于 2 倍直径且桩径小于 2.5 m 时,桩应采用间隔开挖。排桩跳挖的最小净距不得小于 4.5 m,孔深不宜大于 40 m。

2)桩孔结构的控制

桩孔结构要素是桩孔直径、桩孔深度、护筒的直径和长度及其与地下水位的对应关系。

(1)桩孔直径的偏差应符合规范规定,在施工中,如桩孔直径偏小,则不能满足设计要求(桩承载力不够);如直径偏大,则使工程成本增加,影响经济效益。对桩孔直径的检测,一般可用自制的一根长 3 m、外径等于桩直径的圆管或钢筋笼下入孔内。如果能顺利下入,则保证了孔径不小于设计尺寸,同时又检测了孔形,并保证了孔的垂直度误差。对于桩孔位偏差,在检测点和施工时,要从严控制,在施工开始、中间、终孔都应用经纬仪测定。

(2)桩孔深度应根据桩型来确定控制标准。对桩孔的深度,一般先以钻杆和钻具粗挖,再以标准测量绳吊铊测量。对孔底沉渣,常用的检测方法:用两根标准测绳,一根吊以 3 kg 的钢锥,另一根吊以平底铊,下入孔底,这两根测绳长度之差即为沉渣厚度。

(3)护筒的位置主要取决于地层的稳定情况和地下水位的位置。

3)钢筋笼的制作

(1)钢筋笼制作的准备工作。

①先对钢筋除污和除锈、调直。

②为便于吊装运输，钢筋笼制作长度不宜超过 8 m，如较长，应分段制作。两段钢筋笼的连接应采用焊接，焊接方法和接头长度应符合设计要求或有关规范的规定。

(2)钢筋笼的制作：制作钢筋笼，可采用专用工具，人工制作。首先计算主筋长度并下料，弯制加强箍和缠绕筋，然后焊制钢筋笼。先将加强箍与主筋焊接，再焊接缠绕筋。制作钢筋笼时，要求主筋环向均匀布置，箍筋的直径及间距、主筋的保护层、加强箍的间距等均应符合设计规定。焊好钢筋笼后，在钢筋笼的上、中、下部的同一横截面上，应对称设置 4 个钢筋"耳环"或混凝土垫块，并应在吊放前进行垂直校直。

(3)钢筋笼的运输、吊装：钢筋笼在运输、吊装过程中，要防止钢筋扭曲变形(可在钢筋笼上绑扎直木杆)。吊放入孔内时，应对准孔位慢放，严禁高起猛落，强行下放，防止倾斜、弯折或碰撞孔壁。为防止钢筋笼上浮，可采用叉杆对称地点焊在孔口护筒上。钢筋笼主筋保护层偏差：水下灌注混凝土时应为±20 mm，非水下灌注混凝土时应为±10 mm。

4)混凝土的配置

混凝土所用粗骨料可选用卵石和碎石，但应优先选用卵石。粗骨料最大粒径：对于钢筋混凝土桩不宜大于 50 mm，并不得大于钢筋最小净距的 1/3；对于素混凝土桩，粗骨料粒径不得大于桩径的 1/4，一般以不大于 70 mm 为宜。细骨料应选用级配合理、质地坚硬、洁净的中粗砂，每立方米混凝土的水泥用量不小于 350 kg。混凝土中可掺入外加剂，从而改善或赋予混凝土某些性能，但必须符合有关要求。混凝土坍落度的要求：用导管水下灌注混凝土宜为 160～220 mm，非水下直接灌注的混凝土宜为 80～100 mm，非水下素混凝土宜为 60～80 mm。

5)混凝土的浇筑

桩孔检查合格后，应尽快灌注混凝土。灌注桩可根据实际情况，选用如下几种浇灌方法：导管法，该法可用于孔内水下灌注；串筒法，该法用于孔内无水或渗水量较小时的灌注；混凝土泵，用于混凝土量大的灌注。

灌注混凝土时，桩顶灌注标高应超过桩顶设计标高 0.5 m 以上，混凝土充盈系数不得小于 1.0，在 1.0～1.3 较为合适。灌注时若环境温度低于 0 ℃，混凝土应采取保温措施。灌注过程中，应由专人做好记录。

桩身混凝土必须留有试件，直径大于 1 m 的深桩，每根桩应不少于 1 组试块，每个浇筑台板不得少于 1 组。做试块时，应进行反复插捣，使试块密实，表面应抹平。一般在养护 8～12 h 后即可脱模养护。冬天可放入地窖中，夏天可放入水池中。在施工现场养护混凝土试块时，难度较大，一定要加强养护。

2. 钻孔灌注桩

钻孔灌注桩是指利用钻孔机械钻出桩孔，并在孔中浇筑混凝土(或先在孔中吊放钢筋笼)而成的桩。根据钻孔机械的钻头是否在土壤的含水层中施工，钻孔灌注桩又分为泥浆护壁成孔和干作业成孔两种施工方法。

1)泥浆护壁成孔

灌注桩泥浆护壁成孔是利用原土自然造浆或人工造浆浆液进行护壁，通过循环泥浆将被钻头切下的土块排出孔外成孔，然后安装绑扎好的钢筋笼，利用导管法水下灌注混凝土成桩。此法不论对于地下水高低的土层都适用，但在岩溶发育地区慎用。

(1)施工准备。

①埋设护筒：护筒是用 4～8 mm 厚钢板制成的圆筒，其内径应大于钻头直径 100 mm，其上部宜开设 1～2 个溢浆孔。护筒的作用是固定桩孔位置，防止地面水流入，保护孔口，增高桩孔内水压力，防止塌孔，并在成孔时引导钻头方向。

埋设护筒时，先挖去桩孔处地表土，将护筒埋入土中，保证其位置准确、稳定。护筒中心与桩位中心的偏差不得大于 50 mm，护筒与坑壁之间用黏土填实，以防漏水。护筒的埋设深度，在黏土中不宜小于 1.0 m，在砂土中不宜小于 1.5 m。护筒顶面应高于地面 0.4～0.6 m，并应保持孔内泥浆面高出地下水位 1 m 以上，受水位涨落影响时，泥浆面应高出最高水位 1.5 m 以上。

②制备泥浆：泥浆由水、黏土、化学处理剂和一些惰性物质组成。泥浆在桩孔内吸附在孔壁上，将土壁上孔隙渗填密实，避免孔内壁漏水，保持护筒内水压稳定；同时，泥浆在孔外受压差的作用，部分水渗入地层，在地层表面形成一层固体颗粒的胶结物——泥饼。性能良好的泥浆，失水量小，泥饼薄而韧密，具有较强的黏结力，可以稳固土壁，防止塌孔；泥浆有一定黏度，通过循环泥浆可将切削碎的泥石渣屑悬浮后排出，起到携砂、排土的作用。同时，泥浆对钻头有冷却和润滑作用，保证钻头和钻具保持冷却和在孔内顺利起落。

制备泥浆方法：在黏性土中成孔时可在孔中注入清水，钻机旋转时，切削土屑与水拌和，用原土造浆，泥浆相对密度应控制在 1.1～1.2。在其他土中成孔时，泥浆制备应选用高塑性黏土或膨润土。在砂土和较厚的夹砂层中成孔时，泥浆相对密度应控制在 1.3～1.5。施工中应经常测定泥浆相对密度，并定期测定

黏度、含砂率和胶体率等指标。

(2)成孔。

桩架安装就位后,挖泥浆槽、沉淀池,接通水电,安装水电设备,制备要求相对密度的泥浆。

用第一节钻杆(每节钻杆长约 5 m,按钻进深度用钢销连接)接好钻机,另一端接上钢丝绳,吊起潜水钻对准埋设的护筒,悬离地面,先空钻然后慢慢钻入土中,注入泥浆,待整个潜水钻入土后,观察机架是否垂直平稳,检查钻杆是否平直,再正常钻进。

泥浆护壁成孔灌注桩成孔方法按成孔机械分类,有钻机成孔(回转钻机成孔、潜水钻机成孔、冲击钻机成孔)和冲抓锥成孔,其中以钻机成孔应用较多。

①回转钻机成孔。回转钻机是由动力装置带动钻机回转装置转动,再由其带动带有钻头的钻杆移动,由钻头切削土层,适用于地下水位较高的软、硬土层,如淤泥、黏性土、砂土、软质岩层。

回转钻机钻孔方式根据泥浆循环方式的不同,分为正循环回转钻机成孔和反循环回转钻机成孔。由空心钻杆内部通入泥浆或高压水,从钻杆底部喷出,携带钻下的土渣沿孔壁向上流动,由孔口将土渣带出,并流入泥浆池。泥浆带渣流动的方向与正循环回转钻机成孔的情形相反。反循环工艺的泥浆上流速度较高,能携带较大的土渣。

②潜水钻机成孔。潜水钻机是一种将动力、变速机构、钻头连在一起,加以密封,潜入水中工作的一种体积小而轻的钻机。这种钻机的钻头有多种形式,以适应不同桩径和不同土层的需要,钻头可带有合金刀齿,靠电机带动刀齿旋转切削土层或岩层。钻头靠桩架悬吊吊杆定位,钻孔时钻杆不旋转,仅钻头部分放置切削下来的泥渣通过泥浆循环排出孔外。

③冲击钻机成孔。冲击钻机通过机架、卷扬机把带刃的重钻头(冲击锤)提高到一定高度,靠自由下落的冲击力切削破碎岩层或冲击土层成孔。部分碎渣和泥浆挤压进孔壁,大部分碎渣用掏渣筒掏出。此法设备简单、操作方便,对于有孤石的砂卵石岩、坚质岩、岩层,均可成孔。

冲击钻头有十字形、工字形、人字形等,常用十字形冲击钻头。在钻头锥顶与提升钢丝绳间设有自动转向装置,冲击锤每冲击一次转动一个角度,从而保证桩孔冲成圆孔。

④冲抓锥成孔。冲抓锥锥头上有一重铁块和活动抓片,通过机架和卷扬机将冲抓锥提升到一定高度,下落时松开卷筒刹车,抓片张开,锥头便自由下落冲

入土中，然后开动卷扬机提升锥头，这时抓片闭合抓土。冲抓锥整体提升至地面上卸去土渣，依次循环成孔清孔。

(3)清孔。

成孔后，即进行验孔和清孔。验孔是用探测器检查桩位、直径、深度和孔道情况。清孔即清除孔底沉渣、淤泥浮土，以减少桩基的沉降量，提高承载能力。

泥浆护壁成孔清孔时，对于土质较好不易坍塌的桩孔，可用空气吸泥机清孔，气压为 0.5 MPa，管内形成强大高压使气流向上涌，同时不断地补足清水，被搅动的泥渣随气流上涌从喷口排出，直至喷出清水为止。对于稳定性较差的孔壁应采用泥浆循环法清孔或抽筒排渣，清孔后的泥浆相对密度应控制在 1.15～1.25；原土造浆的孔，清孔后泥浆相对密度应控制在 1.1 左右。清孔时，必须及时补充足够的泥浆，并保持浆面稳定。

(4)水下浇筑混凝土。

在灌注桩、地下连续墙等基础工程中，常要直接在水下浇筑混凝土。其方法是利用导管输送混凝土并使之与环境水隔离，依靠管中混凝土的自重，使管口周围的混凝土在已浇筑的混凝土内部流动、扩散，以完成混凝土的浇筑工作。

施工时，先将导管放入孔中(其下部距离底面约 100 mm)，用麻绳或铅丝将球塞悬吊在导管内水位以上 0.2 m(塞顶铺 2～3 层稍大于导管内径的水泥纸袋，再散铺一些干水泥，以防混凝土中骨料卡住球塞)，然后浇入混凝土，当球塞以上导管和承料漏斗装满混凝土后，剪断球塞吊绳，混凝土靠自重推动球塞下落，冲向基底，并向四周扩散。球塞冲出导管，浮至水面，可重复使用。冲入基底的混凝土将管口包住，形成混凝土堆。同时不断地将混凝土浇入导管中，管外混凝土面不断被管内的混凝土挤压上升。随着管外混凝土面的上升，导管也逐渐提高(到一定高度，可将导管顶段拆下)。但不能提升过快，必须保证导管下端始终埋入混凝土内，其最大埋置深度不宜超过 5 m。混凝土浇筑的最终高程应高于设计标高约 100 mm，以便清除强度低的表层混凝土(清除应在混凝土强度达到 2～2.5 MPa 后方可进行)。

导管由每段长度为 1.5～2.5 m(脚管为 2～3 m)、管径 200～300 mm、厚 3～6 mm 的钢管用法兰盘加止水胶垫用螺栓连接而成。承料漏斗位于导管顶端，漏斗上方装有振动设备以防混凝土在导管中阻塞。提升机具用来控制导管的提升与下降，常用的提升机具有卷扬机、电动葫芦、起重机等。球塞可用软木、橡胶、泡沫塑料等制成，其直径比导管内径小 15～20 mm。

每根导管的作用半径一般不大于 3 m，所浇混凝土覆盖面积不宜大于 30

m^2,当面积过大时,可用多根导管同时浇筑。混凝土浇筑应从最深处开始,相邻导管下口的标高差应不超过导管间距的1/20,并保证混凝土表面均匀上升。

导管法浇筑水下混凝土的关键:一是保证混凝土的供应量大于导管内混凝土必须保持的高度和开始浇筑时导管埋入混凝土堆内必需的埋置深度所要求的混凝土量;二是严格控制导管提升高度,且只能上下升降,不能左右移动,以避免造成管内返水事故。

2)干作业成孔

干作业钻孔灌注桩是先用钻机在桩位处进行钻孔,然后在桩孔内放入钢筋骨架,再灌注混凝土而成桩。

干作业成孔一般采用螺旋钻机钻孔。螺旋钻机根据钻杆形式不同可分为整体式螺旋、装配式长螺旋和短螺旋3种。螺旋钻杆是一种动力旋动钻杆,使钻头的螺旋叶旋转削土,土块由钻头旋转上升而带出孔外。

螺旋钻头外径分别为400 mm、500 mm、600 mm,钻孔深度相应为12 m、10 m、8 m。适用于成孔深度内没有地下水的一般黏土层、砂土及人工填土地基,不适用于有地下水的土层和淤泥质土。

干作业钻孔灌注桩的施工工艺:螺旋钻机就位对中→钻进成孔、排土→钻至预定深度、停钻→起钻,测孔深、孔斜、孔径→清理孔底虚土→钻机移位→安放钢筋笼→安放混凝土溜筒→灌注混凝土成桩→桩头养护。

钻机就位后,钻杆垂直对准桩位中心,开钻时先慢后快,减少钻杆的摇晃,及时纠正钻孔的偏斜或位移。钻孔时,螺旋刀片旋转削土,削下的土沿整个钻杆螺旋叶片上升而涌出孔外,钻杆可逐节接长直至钻到设计要求规定的深度。在钻孔过程中,若遇到硬物或软岩,应减速慢钻或提起钻头反复钻,穿透后再正常进钻。在砂卵石、卵石或淤泥质土夹层中成孔时,这些土层的土壁不能直立,易造成塌孔,这时,钻孔可钻至塌孔下1~2 m,用低强度等级细石混凝土回填至塌孔1 m以上,待混凝土初凝后,再钻至设计要求深度。也可用3∶7夯实灰土回填代替混凝土处理。

钻孔至规定要求深度后,孔底一般都有较厚的虚土,需要进行专门处理。清孔的目的是将孔内的浮土、虚土取出,减少桩的沉降。常用的方法是采用25~30 kg的重锤对孔底虚土进行夯实,或投入低坍落度素混凝土,再用重锤夯实;或是钻机在原深处空转清土,然后停止旋转,提钻卸土。

用导向钢筋将钢筋骨架送入孔内,同时防止泥土杂物掉进孔内。钢筋骨架就位后，应立即灌注混凝土，以防塌孔。灌注时，应分层浇筑、分层捣实，每层厚度 50～60 cm。

3. 人工挖孔灌注桩

人工挖孔灌注桩是采用人工挖掘方法成孔，然后放置钢筋笼，浇筑混凝土而成的桩基础。其施工特点是设备简单，无噪声、无振动、不污染环境，对施工现场周围原有建筑物的影响小。

施工速度快，可按施工进度要求决定同时开挖桩孔的数量，必要时各桩孔可同时施工；土层情况明确，可直接观察到地质变化，桩底沉渣能清除干净，施工质量可靠。尤其当高层建筑选用大直径的灌注桩，而施工现场又在狭窄的市区时，采用人工挖孔比机械挖孔具有更大的适应性。但其缺点是人工耗量大、开挖效率低、安全操作条件差等。

施工时，为确保挖土成孔施工安全，必须考虑预防孔壁坍塌和流砂现象发生的措施。因此，施工前应根据地质水文资料，拟定出合理的护壁措施和降排水方案。护壁方法很多，可以采用现浇混凝土护壁、沉井护壁、喷射混凝土护壁等。

1)现浇混凝土护壁

现浇混凝土护壁法施工即分段开挖、分段浇筑混凝土护壁，既能防止孔壁坍塌，又能起到防水作用。

桩孔采取分段开挖，每段高度取决于土壁直立的能力，一般 0.5～1.0 m 为一施工段，开挖井孔直径为设计桩径加混凝土护壁厚度。

护壁施工即支设护壁内模板（工具式活动钢模板）后浇筑混凝土，模板的高度取决于开挖土方施工段的高度，一般为 1 m，由 4～8 块活动钢模板组合而成，支成有锥度的内模。内模支设后，吊放用角钢和钢板制成的两半圆形合成的操作平台入桩孔内，置于内模板顶部，用以放置料具和浇筑混凝土。混凝土的强度一般不低于 C15，浇筑混凝土时要注意振捣密实。

当护壁混凝土强度达到 1 MPa（常温下约 24 h）时可拆除模板，开挖下段的土方，再支模浇筑护壁混凝土，如此循环，直至挖到设计要求的深度。

当桩孔挖到设计深度，并检查孔底土质是否已达到设计要求后，再在孔底挖成扩大头。待桩孔全部成型后，用潜水泵抽出孔底的积水，然后立即浇筑混凝土。当混凝土浇筑至钢筋笼的底面设计标高时，再吊入钢筋笼就位，并继续浇筑桩身混凝土而形成桩基。

2)沉井护壁

当桩径较大、挖掘深度大、地质复杂、土质差(松软弱土层),且地下水位高时,应采用沉井护壁法挖孔施工。

沉井护壁施工是先在桩位上制作钢筋混凝土井筒,井筒下捣制钢筋混凝土刃脚,然后在筒内挖土掏空,井筒靠其自重或附加荷载来克服筒壁与土体之间的摩擦阻力,边挖边沉,使其垂直下沉到设计要求深度。

3)沉管灌注桩

沉管灌注桩是利用锤击打桩设备或振动沉桩设备,将带有钢筋混凝土的桩尖(或钢板靴)或带有活瓣式桩靴的钢管沉入土中(钢管直径应与桩的设计尺寸一致),形成桩孔,然后放入钢筋骨架并浇筑混凝土,随之拔出套管,利用拔管时的振动将混凝土捣实,便形成所需要的灌注桩。利用锤击沉桩设备沉管、拔管成桩,称为锤击沉管灌注桩;利用振动器振动沉管、拔管成桩,称为振动沉管灌注桩。

沉管灌注桩在施工过程中,对土体有挤密作用和振动影响,施工中应结合现场施工条件,考虑成孔的顺序,即间隔一个或两个桩位成孔;在邻桩混凝土初凝前或终凝后成孔;一个承台下桩数在 5 根以上者,中间的桩先成孔,外围的桩后成孔。

为了提高桩的质量和承载能力,沉管灌注桩常采用单打法、复打法、反插法等施工工艺。单打法又称一次拔管法,拔管时每提升 0.5～1.0 m,振动 5～10 s,然后再拔管 0.5～1.0 m,这样反复进行,直至全部拔出;复打法是在同一桩孔内连续进行两次单打,或根据需要进行局部复打,施工时应保证前后两次沉管轴线重合,并在混凝土初凝之前进行。反插法是钢管每提升 0.5 m,再下插 0.3 m,这样反复进行,直至拔出。施工时,注意及时补充套筒内的混凝土,使管内混凝土面保持一定高度并高于地面。

(1)锤击沉管灌注桩。

锤击沉管灌注桩适宜于一般黏性土、淤泥质土和人工填土。

锤击沉管灌注桩施工要点如下。

①桩尖与桩管接口处应垫麻(或草绳)垫圈作为缓冲层,以防地下水渗入管内。沉管时先用低锤锤击,观察无偏移后再正常施打。

②拔管前,应先锤击或振动套管,在测得混凝土确已流出套管时方可拔管。

③桩管内混凝土尽量填满,拔管时要均匀,保持连续密锤轻击,并控制拔管

速度，一般土层以不大于 1 m/min 为宜；软弱土层与软硬交界处应控制在 0.8 m/min 以内为宜。

④在管底未拨到桩顶设计标高前，倒打或轻击不得中断，注意使管内的混凝土略高于地面，直到全管拔出为止。

⑤桩的中心距在 5 倍桩管外径以内或小于 2 m 时，均应跳打施工；中间空出的桩须待邻桩混凝土达到设计强度的 50%以后方可施打。

(2)振动沉管灌注桩。

振动沉管灌注桩采用激振器或振动冲击沉管。其施工过程如下。

①桩机就位：将桩尖活瓣合拢对准桩位中心，利用振动器及桩管自重把桩尖压入土中。

②沉管：开动振动箱，桩管即在强迫振动下迅速沉入土中。沉管过程中，应经常探测管内有无水或泥浆，如发现水、泥浆较多，应拔出桩管，用砂回填桩孔后方可重新沉管。

③上料：桩管沉到设计标高后停止振动，放入钢筋笼，再上料斗将混凝土灌入桩管内，一般应灌满桩管或略高于地面。

④拔管：开始拔管时，应先启动振动箱 8～10 min，并用吊锤测得桩尖活瓣确已张开，混凝土确已从桩管中流出以后，卷扬机方可开始抽拔桩管，边振边拔。拔管速度应控制在 1.5 m/min 以内。

2.5 地下连续墙施工

2.5.1 构造处理

1. 混凝土强度及保护层

现浇钢筋混凝土地下连续墙，其设计混凝土强度等级不得低于 C30，考虑到在泥浆中浇筑，施工时要求提高到不得低于 C35。

混凝土保护层厚度，根据结构的重要性、骨料粒径、施工条件及和水文地质条件而定。

根据现浇地下连续墙是在泥浆中浇筑混凝土的特点，对于正式结构，其混凝土保护层厚度应不小于 70 mm；对于用作支护结构的临时结构，则应不小于 40 mm。

2. 接头设计

常用的施工接头有以下几种形式。

1)接头管(亦称锁口管)接头

这是目前地下连续墙施工中应用较多的一种接头形式。

2)接头箱接头

接头箱接头可以使地下连续墙形成整体接头,是一种可用于传递剪力和拉力的刚性接头,接头的刚度较好,施工方法与接头管接头相似,只是以接头箱代替了接头管。

U 形接头管与滑板式接头箱施工的钢板接头,是另一种整体式接头的做法。它是在两相邻单元槽段的交界处利用 U 形接头管放入开有方孔且焊有封头钢板的接头钢板,以增强接头的整体性。

3)隔板式接头

隔板按形状可分为平隔板、榫形隔板和 V 形隔板。由于隔板与槽壁之间难免有缝隙,为防止新浇筑的混凝土渗入,要在钢筋笼的两边铺贴化纤布。化纤布可把单元槽段钢筋笼全部罩住,也可以只有 2～3 m 宽。要注意吊入钢筋笼时不要损坏化纤布。

带有接头钢筋的榫形隔板式接头,能使各单元墙段形成一个整体,是一种较好的接头方式。但插入钢筋笼较困难,且接头处混凝土的流动亦受到阻碍,施工时要特别加以注意。

4)结构接头

地下连续墙与内部结构的楼板、柱、梁、底板等连接的结构接头,常用的有预埋连接钢筋法、预埋连接钢板法和预埋钢筋锥螺纹接头法。这些做法是将预埋件与钢筋笼固定,浇筑混凝土后将预埋钢筋弯折出墙面或使预埋件外露,然后与梁、板等受力钢筋进行焊接连接。但近年来结构接头利用较多的方法是预埋锥(直)螺纹套筒,将其与钢筋笼固定,要求位置十分准确,挖土露出后即可与梁、板受力钢筋连接。

2.5.2　地下连续墙施工

1. 施工前的准备工作

在进行地下连续墙设计和施工之前,必须认真调查现场情况和地质、水文等情况，以确保施工的顺利进行。

2.施工工艺

在现浇钢筋混凝土地下连续墙的施工工艺中，修筑导墙、泥浆护壁、挖深槽、清底、钢筋笼的加工与吊放以及混凝土浇筑是地下连续墙施工中的主要工序。

1)修筑导墙

导墙是地下连续墙挖槽之前修筑的临时结构，对挖槽起重要作用。导墙的作用：主要为地下连续墙定位置、定标高；成槽时为挖槽机定向；储存和排泄泥浆，防止雨水混入；稳定泥浆；支承挖槽机具、钢筋笼和接头管、混凝土导管等设备的施工重量；保持槽顶面土体的稳定，防止土体塌落。

现浇钢筋混凝土导墙施工顺序：平整场地→测量定位→挖槽及处理弃土→绑扎钢筋→支模板→浇筑混凝土→拆模并设置横撑→导墙外侧回填土（如无外侧模板，不进行此项工作）。

2)泥浆护壁

地下连续墙的深槽是在泥浆护壁下进行挖掘的，泥浆在成槽过程中的作用有护壁、携渣、冷却和润滑作用。

3)挖深槽

挖槽的主要工作包括单元槽段划分，挖槽机械的选择与正确使用，制定防止槽壁坍塌的措施和特殊情况的处理方法等。

(1)单元槽段划分。地下连续墙施工时，预先沿墙体长度方向把地下墙划分为多个某种长度的“单元槽段”。单元槽段的最小长度不得小于一个挖掘段，即不得小于挖掘机械的挖土工作装置的一次挖土长度。

(2)挖槽机械选择。在地下连续墙施工中常用的挖槽机械，按其工作机理主要分为挖斗式挖槽机、回转式挖槽机和冲击式挖槽机三大类。

①挖斗式挖槽机。挖斗式挖槽机是以斗齿切削土体，切削下来的土体收容在斗体内，再从沟槽内提出地面开斗卸土，然后又返回沟槽内挖土，如此重复循环作业进行挖槽。

为了保证挖掘方向，提高成槽精度，可采用以下两种措施：一种是在抓斗上部安装导板，即国内常用的导板抓斗；另一种是在挖斗上装长导杆，导杆沿着机架上的导向立柱上下滑动，即液压抓斗，这样既保证了挖掘方向，又增加了斗体自重，提高了对土的切入力。

②回转式挖槽机。这类挖槽机是以回转的钻头切削土体进行挖掘，钻下的土渣随循环的泥浆排出地面。按照钻头数目，回转式挖槽机分为单头钻和多头钻，单头钻主要用来钻导孔，多头钻用来挖槽。

③冲击式挖槽机。目前，我国使用的主要是钻头冲击式挖槽机，它是通过各种形状钻头的上下运动，冲击破碎土层，借助泥浆循环把土渣携出槽外。它适用于黏性土、硬土和夹有孤石等较为复杂的地层情况。钻头冲击式挖槽机的排土方式有正循环方式和反循环方式两种。

4)清底

在挖槽结束后清除槽底沉淀物的工作称为清底。

清除沉渣的方法常用的有砂石吸力泵排泥法、压缩空气升液排泥法、潜水泥浆泵排泥法、抓斗直接排泥法。清底后，槽内泥浆的相对密度应在1.15以下。

清底一般安排在插入钢筋笼之前进行，对于以泥浆反循环法进行挖槽的施工，可在挖槽后紧接着进行清底工作。另外，单元槽段接头部位附着的土渣和泥皮会显著降低接头处的防渗性能，宜用刷子刷除或用水枪喷射高压水流进行冲洗。

5)钢筋笼加工与吊放

钢筋笼根据地下连续墙墙体配筋图和单元槽段的划分来制作。单元槽段的钢筋笼应装配成一个整体。必须分段时宜采用焊接或机械连接，接头位置宜选在受力较小处，并相互错开。

6)混凝土浇筑

混凝土配合比的设计与灌注桩导管法相同。地下连续墙的混凝土浇筑机具可选用履带式起重机、卸料翻斗、混凝土导管和储料斗，并配备简易浇筑架，组成一套设备。为便于混凝土向料斗供料和装卸导管，还可以选用混凝土浇筑机架进行地下连续墙的浇筑，机架可以在导墙上沿轨道行驶。

第3章　脚手架工程施工

3.1　脚手架的基本分类

脚手架是建筑施工中不可缺少的临时设施。它是为建筑物高部位施工而专门搭设的支架，用作操作平台、施工作业平台和运输通道，并能临时堆放施工用材料和机具。因此，脚手架在砌筑工程、混凝土工程、装修工程中有着广泛的应用。

3.1.1　按照与建筑物的位置关系划分

（1）外脚手架：外脚手架沿建筑物外围从地面搭起，既可用于外墙砌筑，又可用于外装饰施工。其结构形式有多立杆式、框式、桥式等。多立杆式应用广泛，框式次之，桥式应用较少。

（2）里脚手架：里脚手架搭设于建筑物内部，每砌完一层墙后，即将其转移到上一层楼面，进行新一层砌体砌筑，它可用于内外墙的砌筑和室内装饰施工。里脚手架用料少，但装拆频繁，故要求轻便灵活、装拆方便。其结构形式有折叠式、支柱式和门架式等多种。

3.1.2　按照支承部位和支承方式划分

（1）落地式：搭设（支座）在地面、楼面、屋面或其他平台结构上的脚手架。

（2）悬挑式：采用悬挑方式支固的脚手架，具体有以下三种。

①架设于专用悬挑梁上。

②架设于专用悬挑三角桁架上。

③架设于由撑拉杆件组成的支挑结构上。支挑结构有斜撑式、斜拉式、拉撑式和顶固式等多种。

（3）附墙悬挂脚手架：在上部或中部挂设于墙体挑挂件上的定型脚手架。

（4）悬吊脚手架：悬吊于悬挑梁或工程结构之下的脚手架。

(5)附着升降式脚手架(简称“爬架”):附着于工程结构、依靠自身提升设备实现升降的悬空脚手架。

(6)水平移动脚手架:带行走装置的脚手架或操作平台架。

3.1.3　按照所用材料划分

可分为木脚手架、竹脚手架和金属脚手架。

3.1.4　按照结构形式划分

可分为扣件式、碗扣式、门式、方塔式、升降式脚手架等。

3.2　外脚手架、里脚手架与满堂脚手架

3.2.1　外脚手架

1. 扣件式钢管脚手架

扣件式钢管脚手架是多立杆式外脚手架中的一种。其特点:杆配件数量少;装卸方便,利于施工操作;搭设灵活,搭设高度高;坚固耐用,使用方便。多立杆式外脚手架由立杆、大横杆、小横杆、斜撑、脚手板等组成。每步架高可根据施工需要灵活布置,取材方便,钢、木、竹等均可应用。多立杆式脚手架分为双排式和单排式两种。双排式沿墙外侧设两排立杆,小横杆两端支承在内外两排立杆上,当房屋高度超过 50 m 时,须专门设计。单排式沿墙外侧仅设一排立杆,小横杆与大横杆连接,另一端支承在墙上,仅适用于荷载较小、高度较低(≤25 m)、墙体有一定强度的多层房屋。

1)构造要求

扣件式钢管脚手架是由标准的钢管杆件和特制扣件组成的脚手架,由骨架与脚手板、连墙件、底座等组成,是目前一种常用的脚手架。

(1)钢管杆件。

钢管杆件包括立杆、大横杆、小横杆、剪刀撑、斜杆和抛撑(在脚手架立面之外设置的斜撑)。

钢管杆件一般采用外径 48 mm、壁厚 3.5 mm 的焊接钢管或无缝钢管，也可以采用外径 50～51 mm、壁厚 3～4 mm 的焊接钢管或其他钢管。用于立杆、大横杆、剪刀撑和斜杆的钢管最大长度为 4～6.5 m，最大承载力不宜超过 250 N，以便人工操作。用于小横杆的钢管长度宜在 1.8～2.2 m，以适应脚手板宽的需要。

(2)扣件。

扣件为钢管杆件的连接件，有可锻铸铁铸造扣件和钢板压制扣件两种。扣件的基本形式有三种。

直角扣件：用于两根钢管呈垂直交叉的连接。

旋转扣件：用于两根钢管呈任意角度交叉的连接。

对接扣件：用于两根钢管的对接连接。

(3)脚手板。

脚手板一般用厚 2 mm 的钢板压制而成，长 2～4 m，宽 250 mm，表面应有防滑设计。也可采用厚度不小于 50 mm 的杉木板或松木板，长 3～6 m，宽200～250 mm；或者采用竹脚手板，有竹笆板和竹片板两种形式。脚手板的材质应符合规定，且脚手板不得有超过允许的变形和缺陷。

(4)连墙件。

连墙件将立杆与主体结构连接在一起，可用钢管、型钢或粗钢筋等。

每个连墙件抗风荷载的最大面积应小于 40 m^2。连墙件须从底部第一根纵向水平杆处开始设置，附件墙与主体结构的连接应牢固，通常采用预埋件连接。

连墙杆每三步五跨设置一根，不仅可防止脚手架外倾，还可增加立杆的纵向刚度。

(5)底座。

扣件式钢管脚手架的底座用于承受脚手架立柱传递下来的荷载，底座一般采用厚 8 mm、边长 150～200 mm 的钢板做底板，上焊 150 mm 高的钢管。底座形式有内插式和外套式两种，内插式底座的外径比立杆内径小 2 mm，外套式底座的内径比立杆外径大 2 mm。

2)搭设要求

(1)扣件式钢管脚手架搭设范围内的地基要夯实找平，做好排水处理，防止积水浸泡地基。

(2)大横杆步距和小横杆间距可按规定选用，最下一层步距可放大到 1.8 m，便于底层施工人员通行和材料运输。

(3)立杆底座须在底下垫木板或垫块。杆件搭设时立杆应垂直,竖立第一节立柱时,每六跨应暂设一根抛撑(垂直于大横杆,一端支承在地面上),直至固定件架设好后方可根据情况拆除。

(4)剪刀撑设置在脚手架两端的双跨内和中间每隔 30 m 净距的双跨内,仅在架子外侧与地面成 45°角布置。搭设时将一根斜杆扣在小横杆的伸出部分,同时随着墙体的砌筑,设置连墙杆与墙锚拉,扣件要拧紧。

3)拆除

脚手架的拆除按由上而下,逐层向下的顺序进行,严禁上下同时作业。严禁将整层或数层固定件拆除后再拆脚手架。严禁抛扔,卸下的材料应集中。严禁行人进入施工现场,要统一指挥,上下呼应,保证安全。

2. 碗扣式钢管脚手架

1)构造要求

碗扣式钢管脚手架是我国参考国外经验自行研制的一种多功能脚手架,杆件节点处采用碗扣连接(碗扣固定在钢管上),构件全部轴向连接,力学性能好,连接可靠,组成的脚手架整体性好,不存在扣件丢失问题。

碗扣式钢管脚手架由立杆、横杆、碗扣接头等组成。其基本构造和搭设要求与扣件式钢管脚手架类似,不同之处主要在于碗扣接头。

碗扣接头是该脚手架系统的核心部件,由上碗扣、下碗扣、横杆接头和上碗扣的限位销等组成。

上碗扣、上碗扣的限位销按 60 cm 间距设置在钢管立杆之上,其中下碗扣和限位销直接焊在立杆上。组装时,将上碗扣的缺口对准限位销后,把横杆接头插入下碗扣内,压紧和旋转上碗扣,利用限位销固定上碗扣。横杆接头可同时连接 4 根横杆,可以互相垂直或偏转一定角度。

2)搭设要求

碗扣式钢管脚手架立柱横距为 1.2 m,纵距根据脚手架荷载可为 1.2 m、1.5 m、1.8 m、2.4 m,步距为 1.8 m、2.4 m。搭设时立杆的接长缝应错开,第一层立杆用长 1.8 m 和 3 m 的立杆错开布置,往上均用 3 m 长杆,至顶层再用 1.8 m 和 3 m 两种长度找平。高度 30 m 以下,脚手架垂直度应在 1/200 以内;高度 30 m 以上,脚手架垂直度应控制在 1/600～1/400;全高垂直度偏差应不大于 100 mm。

3. 门式脚手架

1)构造要求

门式脚手架由门式框架、剪刀撑和水平梁架或脚手板构成基本单元,将基本单元连接起来即构成整片脚手架。

2)搭设要求

门式脚手架又称多功能门式脚手架,是一种工厂生产、现场搭设的脚手架,是目前国际上普遍应用的脚手架之一。

门架跨距应符合有关规定,并与交叉支撑规格配合:门架立杆离墙面净距不宜大于150 mm;大于150 mm时应采取内设挑架板或其他隔离防护的安全措施。

门架的内外两侧均应设置交叉支撑,并应与门架立杆上的锁销锁牢;上、下门架的组装必须设置连接棒及锁臂,连接棒直径应小于立杆内径1～2 mm。在脚手架的操作层上应连续满铺与门架配套的挂扣式脚手板,并扣紧挡板,防止脚手板脱落和松动。

不论脚手架多高,水平架均应在脚手架的转角处、端部及间断处一个跨距范围内每步一设,并在其设置层面内连续设置;当脚手架高度超过20 m时,应在脚手架外侧每隔四步设置一道水平加固杆,并宜在有连墙件的水平层设置;设置纵向水平加固杆应连续,并形成水平闭合圈;在脚手架的底部门架下端应设封口杆,门架的内外两侧应设通常扫地杆;水平加固杆应采用扣件与门架立杆扣牢。

施工中应注意不配套的门架与配件不得混合使用于同一脚手架。门架安装时应自一端向另一端延伸,并逐层改变搭设方向,不得相对进行。搭完一步架后,应检查并调整其水平度与垂直度。脚手架应沿建筑物周围连续、同步搭设升高,在建筑物周围形成封闭结构;如不能封闭,应在脚手架两端增设连墙件。

3)搭设与拆除

门式脚手架搭设程序:铺放垫木(板)→拉线、放底座→自一端起立门架并随即装剪刀撑→装水平梁架(或脚手板)→装梯子→需要时,装通长的纵向水平杆→装连墙杆→按上述步骤,逐层向上安装→装加强整体刚度的长剪刀撑→装顶部栏杆。

搭设门式脚手架时,基底必须先整平夯实。外墙脚手架必须通过连墙管与

墙体拉结，并用扣件把钢管和处于相交方向的门架连接起来。整片脚手架必须适量放置水平加固杆(纵向水平加固杆)，前三层要每层设置，三层以上则每隔三层设一道。

在架子外侧面设置长剪刀撑。使用连墙管或连墙器将脚手架与建筑物连接。高层脚手架应增加连墙点布设密度。

门式脚手架架设超过10层，应加设辅助支撑，一般在高8～11层门式框架之间、宽5个门式框架之间加设一组，使部分荷载由墙体承受。

4. 附着升降式脚手架

1)自升降式脚手架

自升降式脚手架的升降运动是通过手动或电动倒链交替对活动架和固定架进行升降来实现的。从升降架的构造来看，活动架和固定架之间能够进行上下相对运动。当脚手架工作时，活动架和固定架均用附墙螺栓与墙体锚固，两架之间无相对运动；当脚手架需要升降时，活动架与固定架中的一个架子仍然锚固在墙体上，使用倒链对另一个架子进行升降，两架之间便产生相对运动。通过活动架和固定架交替附墙，互相升降，脚手架即可沿墙体上的预留孔逐层升降。

(1)施工前的准备。

按照脚手架的平面布置图和升降架附墙支座的位置，在混凝土墙体上设置预留孔。预留孔尽可能与固定模板的螺栓孔结合布置，孔径一般为40～50 mm。为使升降顺利进行，预留空中心必须在一条直线上。脚手架爬升前，应检查墙上预留孔位置是否正确，如有偏差，应预先修正。墙面突出严重时，也应预先修平。

(2)安装。

自升降式脚手架的安装在起重机配合下按脚手架平面图进行。先把上、下固定架用临时螺栓连接起来，组成一片，附墙安装。一般每2片为一组，每步架上用4根$\phi48\times3.5$钢管作为大横杆，把2片升降架连接成一跨，组装成一个与邻跨没有牵连的独立升降单元体。附墙支座的附墙螺栓从墙外穿入，待架子校正后，在墙内紧固。对壁厚的筒仓或桥墩等，也可预埋螺母，然后用附墙螺栓将架子固定在螺母上。脚手架工作时，每个单元体共有8个附墙螺栓与墙体锚固。为了满足结构工程施工，脚手架应超过结构一层的安全作业需要。在升降脚手架上墙组装完毕后，用$\phi48\times3.5$钢管和对接扣件在上固定架上面再接高一步。最后在各升降单元体的顶部扶手栏杆处设临时连接杆，使之成为整体，内侧立杆用钢管扣件与模板支撑系统拉结，以增强脚手架整体稳定性。

(3)爬升。

爬升可分段进行,视设备、劳动力和施工进度而定,每个爬升过程提升1.5～2 m,分2步进行。

解除脚手架上部的连接杆,在一个升降单元体两端升降架的吊钩处各配置1只倒链,将倒链的上、下吊钩分别挂入固定架和活动架的相应吊钩内。操作人员位于活动架上,倒链受力后卸去活动架附墙支座的螺栓,活动架即被倒链挂在固定架上,然后在两端同步抽动倒链,活动架即呈水平状态徐徐上升。活动架爬升到达预定位置后,将活动架用附墙螺栓与墙体锚固,卸下倒链,活动架爬升完毕。

同爬升活动架相似,在吊钩处将倒链的上、下吊钩分别挂入活动架和固定架的相应吊钩内,倒链受力后卸去固定架附墙支座的螺栓,固定架即被倒链挂吊在活动架上,然后在两端同步抽动倒链,固定架即徐徐上升。爬升至预定位置后,将固定架用附墙螺栓与墙体锚固,卸下倒链,固定架爬升完毕。

至此,脚手架完成了一个爬升过程。待爬升一个施工高度后,重新设置上部连接杆,脚手架进入工作状态,以后按此循环操作,脚手架即可不断爬升,直至结构顶。

(4)下降。

与爬升操作顺序相反,顺着爬升时用过的墙体预留孔倒行,脚手架即可逐层下降,同时把留在墙面上的预留孔修补完毕,最后脚手架返回地面。

(5)拆除。

拆除时设置警戒区,有专人监管,统一指挥。先清理脚手架上的垃圾杂物,然后自上而下逐层拆除。拆除升降架可用起重机、卷扬机或倒链。升降机拆下后要及时清理整修和保养,以利于重复使用,运输和堆放均应设置地楞,防止变形。

2)互升降式脚手架

互升降式脚手架分为甲、乙两个单元,通过倒链交替对甲、乙两个单元进行升降。当脚手架需要工作时,甲单元与乙单元均用附墙螺栓与墙体锚固,两架之间无相对运动;当脚手架需要升降时,一个单元仍然锚固在墙体上,使用倒链对相邻一个单元进行升降,两架之间便产生相对运动。通过甲、乙两个单元交替附墙,相互升降,脚手架即可沿墙体上的预留孔逐层升降。

互升降式脚手架的特点:①结构简单,易于操作控制;②架子搭设高度低,用料省;③操作人员不在被升降的架体上,提高了操作人员的安全性;④脚手架结

构刚度较大，附墙的跨度大。互升降式脚手架适用于框架剪力墙结构的高层建筑、水坝、筒体等施工。

(1)施工前的准备。

施工前应根据工程设计和施工需要绘制设计图，编制施工组织设计，编订施工安全操作规程。在施工前还应将互升降式脚手架所需要的辅助材料和施工机具准备好，并按照设计位置预留附墙螺栓孔或设置好预埋件。

(2)安装。

互升降式脚手架的组装有两种方式：①在地面组装好单元脚手架，再用塔吊吊装就位；②在设计爬升位置搭设操作平台，在平台上逐层安装。爬架组装固定后的允许偏差应满足：沿架子纵向垂直偏差不超过30 mm；沿架子横向垂直偏差不超过20 mm；沿架子水平偏差不超过30 mm。

(3)爬升。

脚手架爬升前应进行全面检查，检查的主要内容：预留附墙连接点的位置是否符合要求，预埋件是否牢靠；架体上的横梁设置是否牢固；升降单元的导向装置是否可靠；升降单元与周围的约束是否解除，升降有无障碍；架子上是否有杂物；所适用的提升设备是否符合要求等。

当确认以上各项都符合要求后，脚手架方可爬升，提升到位后，应及时将架子同结构固定；然后用同样的方法对与之相邻单元的脚手架进行爬升操作，待相邻单元的脚手架升至预定位置后，将两单元脚手架连接起来，并在两单元操作层之间铺设脚手板。

(4)下降。

与爬升操作顺序相反，利用固定在墙体上的架子对相邻单元的脚手架进行下降操作，同时把留在墙面上的预留孔修补完毕，最后脚手架返回地面。

(5)拆除。

爬架拆除前应清理脚手架上的杂物。拆除爬架有两种方式：一种是与常规脚手架拆除方式相同，采用自上而下的顺序逐层拆除；另一种是用起重设备将脚手架整体吊至地面拆除。

5. 整体升降式脚手架

在超高层建筑的主体施工中，整体升降式脚手架有明显的优越性，它结构整体性好、升降快捷方便、机械化程度高、经济效益显著。

整体升降式外脚手架以电动倒链为提升机，使整个外脚手架沿建筑物外墙或柱整体向上爬升。搭设高度依建筑物施工层的层高而定，一般取建筑物 4 个标准层高加 1 步安全栏的高度为架体的总高度。脚手架为双排，宽以 0.8～1 m 为宜，里排杆离建筑物净距 0.4～0.6 m。脚手架的横杆和立杆间距都不宜超过 1.8 m，可将 1 个标准层高分为 2 步架，以此步距为基数确定架体横杆、立杆的间距。

架体设计时可将架子沿建筑物外围分成若干单元，每个单元的宽度参考建筑物的开间而定，一般在 5～9 m。

(1)施工前的准备。

按平面图先确定承力架及电动倒链挑梁安装的位置和个数，在相应位置上的混凝土墙或梁内预埋螺栓或预留螺栓孔。各层的预留螺栓或预留孔位置要求上下一致，误差不超过 10 mm。

加工制作型钢承力架、挑梁、斜拉杆。准备电动倒链、钢丝绳、脚手管、扣件、安全网、木板等材料。

因整体升降式脚手架的高度一般为 4 个标准层高，在建筑物施工时，因为建筑物的最下几层层高往往与标准层不一致，且平面形状也往往与标准层不同，所以一般在建筑物主体施工到 3～5 层时开始安装整体升降式脚手架，下面几层施工时往往要先搭设落地外脚手架。

(2)安装。

先安装承力架，承力架内侧用 M25 或 M30 螺栓与混凝土边梁固定，承力架外侧用斜拉杆与上层边梁拉结固定，用斜拉杆中部的花篮螺栓将承力架调平；再在承力架上面搭设架子，安装承力架上的立杆；然后搭设下面的承力桁架；再逐步搭设整个架体，随搭随设置拉结点，并设斜撑。在比承力架高 2 层的位置安装工字钢挑梁，挑梁与混凝土边梁的连接方法与承力架相同。电动倒链挂在挑梁下，并将电动倒链的吊钩挂在承力架的花篮挑梁上。在架体上每个层面满铺厚木板，架体外面挂安全网。

(3)爬升。

短暂开动电动倒链，将电动倒链与承力架之间的吊链拉紧，使其处在初始受力状态。

松开架体与建筑物的固定拉结点。松开承力架与建筑物相连的螺栓和斜拉杆，开动电动倒链开始爬升，爬升过程中应随时观察架子的同步情况，如发现不同步应及时停机进行调整。爬升到位后，先安装承力架与混凝土边梁的紧固螺栓，并将承力架的斜拉杆与上层边梁固定，然后安装架体上部与建筑物的各拉结

点。待检查符合安全要求后，脚手架可开始使用，进行上一层的主体施工。在新一层主体施工期间，将电动倒链及其挑梁摘下，用滑轮或手动倒链转至上一层重新安装，为下一层爬升做准备。

(4)下降。

与爬升操作顺序相反，利用电动倒链顺着爬升用的墙体预留孔倒行，脚手架即可逐层下降，同时把留在墙面上的预留孔修补完毕，最后脚手架返回地面。

(5)拆除。

爬架拆除前应清理脚手架上的杂物。拆除方式与互升降式脚手架类似。

3.2.2　里脚手架

里脚手架搭设于建筑物内部，每砌完一层墙后，即将其转移到上一层楼面，进行新一层墙体砌筑。里脚手架也用于外墙砌筑和室内装饰施工。里脚手架用料少，装拆较频繁，故要求轻便灵活、装拆方便。其结构形式有折叠式、支柱式和门架式。

1. 折叠式里脚手架

折叠式里脚手架适用于民用建筑的内墙砌筑和内粉刷。根据材料不同，分为角钢、钢管和钢筋三种。角钢折叠式里脚手架的架设间距，砌墙时不超过 2 m，粉刷时不超过 2.5 m。根据施工层高，可以搭设两步脚手架，第一步高约 1 m，第二步高约 1.65 m。钢管和钢筋折叠式里脚手架的架设间距，砌墙时不超过 1.8 m，粉刷时不超过 2.2 m。

2. 支柱式里脚手架

支柱式里脚手架由若干支柱和横杆组成，适用于砌墙和内粉刷。其架设间距，砌墙时不超过 2 m，粉刷时不超过 2.5 m。支柱式里脚手架的支柱有套管式和承插式两种。套管式支柱是将插管插入立管中，以销孔间距调节高度，在插管顶端的凹形支托内搁置方木横杆，横杆上搭设脚手架。架设高度为 1.5～2.1 m。

3. 门架式里脚手架

门架式里脚手架由两片 A 形支架与门架组成，适用于砌墙和粉刷。支架间距，砌墙时不超过 2.2 m，粉刷时不超过 2.5 m，架设高度为 1.5～2.4 m。

3.2.3 满堂脚手架

满堂脚手架就是满房间搭设脚手架。一般用承重脚手架。根据荷载、高度的不同，脚手架立杆的间距也不同，一般在600～1200 mm。满堂脚手架由立杆、横杆、斜撑、剪刀撑等组成，主要用于单层厂房、展览大厅、体育馆等层高、开间较大的建筑顶部的装饰施工。满堂脚手架有两种：一种主要用作人员操作的平台，一种主要用作承受荷载支撑架。承受荷载支撑架必须进行验算。

1. 满堂脚手架搭设要求

(1)满堂脚手架下面所用的竹胶板垫块应使用下脚料制作，制作规格为200 mm×200 mm，严禁使用大块模板制作。

(2)满堂脚手架立杆间距不大于800 mm，用48 mm钢管搭设，水平杆不得少于3道，扫地杆一道，中间杆一道，梁底杆一道，同时加设剪刀撑。

(3)架体的整体性与稳定性构造。

①立杆：架体设纵横向扫地杆，扫地杆设在基础上平面200 mm处的立杆上，用十字扣件固定在立杆上，立杆之间必须按步距满设双向水平杆，确保两方向有足够的设计刚度。立杆接头要错开，不要设在同一层面上，立杆下端与垫木间增加木楔，用来调整立杆沉降不匀。

②水平杆：纵横向水平杆用直角扣件固定在立杆上，扣件的拧紧力矩控制在45～60 N·m，水平杆在转角处必须交圈(形成井字形结构)；水平杆接长时，相邻两接头不同步、不同跨，两个接头在高度方向错开的距离不宜小于500 mm。

③连墙杆：架体与混凝土框柱进行有效的附墙连接，以提高支模架在施工荷载作用下的变形能力。

④剪刀撑设置。

竖向剪刀撑：沿支模架外排立杆的四周满设剪刀撑；中间每隔6 m左右设置竖向剪刀撑；纵、横向剪刀撑按三步六跨通高设置。

水平剪刀撑：当支撑架高度不小于20 m时，在架体顶部和中部每隔6～7.5 m设置水平剪刀撑，以提高架体抵抗水平施工荷载冲击时的稳定性；任何情况下，高支撑架的顶部和底部必须设置水平剪刀撑。

⑤中厅四周各层3～4排支撑架在各层施工完后不拆除，作为水箱屋面花架梁支模架的辅助架，以利于花架梁支模架的整体稳定。中厅一层卸荷架与以上各层支模架立杆竖直对应，立杆下垫50 mm厚、250 mm宽的木板。

⑥架板铺设:架高 4 m 以内,架板间隙 200 mm;架高大于 4 m,架板必须满铺。

⑦辅助设施:上料通道四周应设 1 m 高的防护栏杆,上下架应设斜道或扶梯,不准攀登脚手架杆上下。

⑧施工荷载:一般不超过 1000 N/m^2,如承受较大荷载,应采取加固措施,或经设计确定。

2. 梁模支设及细部做法要求

(1)梁底模板,首先算出梁底高度、起拱高度,再按梁底标高抄平,通梁将两端水平固定,然后拉通线将中间水平杆固定,固定间距不大于 800 mm,根据梁宽度放置预先加工好的架子。将梁底板放置在固定好的架子上,线绳拉直,绑板立在 10 cm 的方木上,在梁上钉上方木,用钢管与水平杆将绑板锁死,高度大于750 m 的梁必须使用对拉杆,梁校正加固完后再铺设顶板。

(2)模板接缝不漏浆,模板与混凝土接触表面清理干净,并涂上脱模剂,但不能沾污到钢筋或混凝土上面。

(3)模板检验标准:轴线位移在±3 mm 以内,标高在±5 mm 以内,截面尺寸在±3 mm 以内,垂直度在±2 mm 以内,平整度在±3 mm 以内。

(4)模板拆除。

①拆模要优先考虑一间一间地拆除。整间堆放周转,避免混乱。

②柱、梁绑模拆除应保证棱角不损。

③梁底及顶板模板应在混凝土强度达到设计值 75%时拆除,跨度在 8 m 以上的梁和板模板应在混凝土强度达到设计值 100%时拆除。

④拆除梁底及顶板,应先将钢龙骨下移 10～20 cm,将木龙骨竹胶板拆放在上面,逐块往下递。

⑤拆模时应将四周用密目网或竹胶板防护,防止物体掉下伤人。

⑥拆下的模板及时清理干净并刷上脱模剂,拆下的扣件及时装袋收集,集中管理。

⑦吊装模板时轻放、轻起,不得碰撞,防止模板变形。

⑧拆模时不得用大锤硬砸或硬撬,这样不但容易损坏模板,还容易破坏混凝土表面。

⑨拆模后的柱应用护角条包住,避免在搭架时将混凝土柱角碰坏。

3.3 脚手架的搭设与拆除

3.3.1 搭设程序

底座检查、放线定位→铺设垫层垫木→安放并固定底座→立第一节立杆→安装扫地大横杆(贴地大横杆)→安装扫地小横杆→安装第二步大横杆→安装第二步小横杆→设临时抛撑(每隔六个立杆设一道,待安装连墙杆后拆除)→安装第三步大横杆→安装第三步小横杆→设临时连墙杆→拆除临时抛撑,接立杆→接续安装大横杆、小横杆等→架高七步以上时,加设剪刀撑→在操作层设脚手板。

砌筑用脚手架应随外墙升高而逐层向上搭设。立杆顶部应高出女儿墙顶部1 m,高出檐口上皮1.5 m。操作层应设置护栏及挡脚板,要求外栏杆距离脚手板1 m,中栏杆距离脚手板0.4 m,挡脚板高180 mm。

3.3.2 搭设应注意的问题

1. 一般性要求

(1)事先确定构造方案,并经有关方面审查批准后方可施工。搭设应严格按规定的方案进行。

(2)严格按搭接顺序和工艺要求进行杆件的搭设。

(3)搭设过程中应注意采取临时支顶或与建筑物拉结。

(4)搭设过程中应采取措施禁止非操作人员进入搭设区域。

(5)扣件应扣紧,并应注意拧紧程度要适当。

(6)搭设中及时剔除、杜绝使用变形过大的杆件和不合格的扣件。

(7)搭设工人应系好安全带,确保安全。

(8)随时校正杆件的垂直偏差和水平偏差,使偏差限制在规定范围之内。

(9)搭设过程中,如临时停工,应采取临时措施保证架子的安全稳定性,防止倒塌。

2. 安装扣件应注意的问题

(1)安装扣件时,应注意开口朝向要合理,大横杆所用的对接扣件开口应朝

内侧，避免开口朝上，以免雨水流入。

(2)扣件拧紧程度要均匀、适当，扭矩控制在 39～49 N・m 为宜。

(3)立杆与大横杆、立杆与小横杆相接点(即中心节点)距离扣件中心应不大于 150 mm。

(4)杆件端头伸出扣件的长度应不小于 100 mm，底部斜杆与立杆的连接扣件离地面应不大于 500 mm。

(5)大横杆应采用直角扣件固定在立杆内侧，或上下各部交错固定于立杆内侧和外侧。

小横杆应使用直角扣件固定在大横杆上方；剪刀撑中的一根用旋转扣件固定于立杆上，另一根扣在小横杆伸出的部分上，避免斜杆弯曲；横向斜撑应用旋转扣件扣在立杆或大横杆上。

3. 安装连墙杆应注意的问题

脚手架是否安全可靠，在很大程度上取决于连墙杆。事实证明，未按规定设置连墙杆是脚手架倒塌事故发生的重要原因。

连墙杆的使用应注意以下问题。

(1)连墙杆的设置及其间距必须遵照有关规定，水平距离不大于 6 m，垂直距离不大于 4 m(架高 50 m 以上)或 6 m(架高 50 m 以内)。

(2)采用钢管作为连墙杆时，要使用扣件扣紧，防止滑脱。

(3)连墙杆应尽量与脚手架纵向平面保持垂直。

(4)连墙杆应尽量在立杆与大横杆的交叉部位设置。

(5)对有特殊设施和特殊荷载作用的部位，以及脚手架超出建筑物的上层部位，应加密连墙杆。

3.3.3 拆除及拆除应注意的问题

拆除时，地面应留 1 人负责指挥、检料分类和安全管理，上面不少于 2 人进行拆除工作，整个拆除工作应不少于 3 人。拆除程序与安装程序相反，一般先拆除栏杆、脚手板、剪刀撑，再拆除小横杆、大横杆和立杆。先递下作业层的大部分脚手板，将其中一块转到下部内，以便操作者站立其上。拆除杆件的人站在这块脚手板上将上部可拆杆件全部拆除掉。再下移一步，自上而下逐步拆除，除抛撑留在最后拆除外，其余各杆件，如小横杆、连墙杆、大横杆、立杆、剪刀撑、横向斜撑等均一并拆除。

(1)划出工作区,并设明显标志,严禁非工作人员入内。

(2)严格执行拆除程序,遵守自上而下、先装后拆的原则,做到一步一清,杜绝上下同时拆除的现象发生。

(3)拆除工作应有统一指挥。在指挥者的统一安排下,做到上下一致、动作协调、相互呼应,以防止构件坠落伤人。

(4)拆下的杆件及脚手板应传递或用滑轮和绳索运送而下,严禁从高空抛下,以防止伤人;扣件拆下后应集中于随身携带的工具袋中,待装满后吊送下来,禁止从上面丢下。

(5)拆下的各种材料、工具应及时分类堆放,并运送到有效地点妥善保存。

(6)对扣件、螺栓等散状小件应使用容器集中存贮,以免丢失;使用后的钢管应检查,变形钢管应调直后存放。

(7)注意钢管和扣件防腐处理。钢管应视环境湿度大小,每年或每两年对钢管外壁除锈后涂一道防锈漆,钢管内壁每 2～4 年涂刷 2 次,每次涂刷 2 道;扣件和螺栓每次使用后,用煤油或其他洗料洗净,涂上机油防锈。

3.4 脚手架工程的安全要求

3.4.1 脚手架搭设要求

(1)脚手架搭设或拆除必须由考核合格、持有特种作业人员操作证的专业架子工进行。

(2)操作时必须戴安全帽,系安全带,穿防滑鞋。

(3)如遇大雾、雨、雪天气和 6 级及以上大风,不得进行脚手架上的高处作业。

(4)脚手架搭设时,应按形成基本构架单元的要求逐排、逐跨和逐步搭设,矩形周边脚手架宜从其中一个角部开始向外延伸搭设,确保已搭部分稳定。

3.4.2 架上作业时的安全注意事项

(1)作业前应注意检查作业环境是否安全,安全防护设置是否齐全有效,确认无误后方可作业。

(2)作业时应注意随时清理落在架面上的材料,保持架面清洁,不要乱放材料、工具,以免掉物伤人。

(3)在进行撬、拉、推等操作时,要注意采取正确的姿势,站稳脚跟,或一手把持在稳固的结构或支持物上,以免用力过猛身体失去平衡或把东西甩出。在脚手架上拆除模板时,采取必要的支托措施,以防架上模板、材料掉落架外。

(4)当架面高度不够、需要垫高时,一定要采用稳定可靠的垫高办法,且垫高不要超过 50 cm;超过 50 cm 时,应按搭设规定升高铺板层。在升高作业面时,应相应加高防护设施。

(5)在架面上运送材料经过正在作业中的人员时,要及时发出“请注意”“请让一让”的警示。材料要轻放,不许采用倾倒或其他匆忙卸料的方式。

(6)严禁在架面上打闹嬉戏、倒退行走和跨坐在外防护横杆上休息。不要在架面上抢行、跑跳,应注意身体不要失衡。

(7)在脚手架上进行电气焊作业时,要拿东西接着火星或撤去易燃物,以防火星点着易燃物。应有防火措施,一旦着火,及时予以扑灭。

3.4.3　脚手架拆除要求

(1)一定要按照先上后下、先外后里、先架面材料后构架材料、先结构件后附墙件的顺序,一件一件地松开联结,取出并随即吊下。

(2)拆卸脚手板、杆件、门架及其他较长、较重、有联结的部件时,必须多人一起进行。禁止单人进行拆卸,防止把持杆件不稳、失衡而发生事故。拆除水平杆件时,松开联结后,水平托持取下。

(3)多人或多组进行拆卸作业时,应加强指挥,不能不按程序任意拆卸。

(4)拆除上部或一侧的附墙拉结而导致架子不稳时,应架设临时撑拉设施,以防架子晃动影响作业安全。

(5)拆卸现场应有安全围护,并设专人看管。

(6)严禁将拆除的样件和材料向地面抛。已吊至地面的架设材料应随时运出拆卸区域,保持现场文明。

3.4.4　搭设和拆除作业中的安全防护

(1)作业现场应设安全围护和警示标志,严禁无关人员进入危险区域。

(2)对尚未成形或已失稳脚手架部位加设临时支撑或拉结。

(3)在无可靠的安全带扣持物时,应拉设安全网。

(4)设置材料提上或吊下的设施,禁止投掷。

(5)脚手架作业面的脚手板必须满铺，不得留有空隙和探头板。脚手板与墙面之间的距离一般应不大于 20 cm。

3.4.5 脚手架拆除安全要求

(1)拆除大面积脚手架应在拆除区域设置警戒线，严禁无关人员进入。

(2)拆除脚手架应先确定拆除方法、顺序。拆除某一部分时应不使另一部分或其他结构倾倒。

(3)拆除脚手架严禁上下同时作业。拆除应遵循先搭后拆、后搭先拆的原则，从上到下拆除。

(4)拆除脚手架时，不得采用将脚手架整体推倒的方法。

(5)脚手架拆下来的材料要用绳索绑住往下传递，严禁从高处抛扔材料。

(6)脚手架的栏杆与楼梯不可先行拆掉，而应与脚手架的拆除工作同时配合进行。

(7)在脚手架拆除区域内，禁止与该项工作无关的人员逗留。

(8)在电力线路附近拆除时，应停电进行；不能停电时，应采取防止触电和保护线路的措施。

3.4.6 其他安全注意事项

(1)运送杆应尽量利用垂直运输设施或悬挂滑轮提升，并绑扎牢固，尽量避免人工传递。

(2)除搭设过程中必要的 1～2 步架的上下外，作业人员不得攀缘脚手架上下，应走房屋楼梯或另设安全人梯。

(3)在搭设脚手架时，严禁使用不合格的架设材料。

(4)作业人员要服从统一指挥。

第 4 章　砌筑工程施工

4.1　砌筑工程施工准备工作

4.1.1　砂浆的制备

1. 砂浆的种类

(1)水泥砂浆:由砂、水泥加水搅拌而成,强度高,一般用在高强度及潮湿环境中。

(2)混合砂浆:在水泥砂浆中加入石灰膏或黏土膏制成,有一定的强度和耐久性,且和易性和保水性好,多用于一般墙体中。

(3)非水泥砂浆:强度低,用于临时建筑中。

2. 砂浆的使用要求

(1)砂浆用砂不得含有有害杂物。砂浆用砂的含泥量应满足下列要求。

①水泥砂浆和强度等级不小于 M5 的水泥混合砂浆,应不超过 5%。

②强度等级小于 M5 的水泥混合砂浆,应不超过 10%。

③人工砂、山砂及特细砂,经试配应能满足砌筑砂浆技术条件要求。

(2)配制水泥石灰砂浆时,不得采用脱水硬化的石灰膏。

(3)砌筑砂浆应通过试配确定配合比。当砌筑砂浆的组成材料有变化时,其配合比应重新确定。

(4)砂浆现场拌制时,各组分材料应采用重量计量。

(5)砌筑砂浆应采用机械搅拌,从投料完算起,搅拌时间应符合下列规定。

①水泥砂浆和水泥混合砂浆不得少于 2 min。

②水泥粉煤灰砂浆和掺用外加剂的砂浆不得少于 3 min。

③掺用有机塑化剂的砂浆应为 3～5 min。

(6)砂浆应随拌随用,水泥砂浆和水泥混合砂浆应分别在 3 h 和 4 h 内使用完毕;当施工期间最高气温超过 30 ℃时,应分别在 2 h 和 3 h 内使用完毕。

(7)砌筑砂浆试验收时,其强度必须符合以下规定。

同一验收批砂浆试块抗压强度平均值必须大于或等于设计强度等级所对应的立方体抗压强度,同一验收批砂浆试块抗压强度的最小一组平均值必须大于或等于设计强度等级所对应的立方体抗压强度的 75%。

注:①砌筑砂浆的验收批,同一类型、强度等级的砂浆试块应不少于 3 组。当同一验收批只有 1 组试块时,该组试块抗压强度的平均值必须大于或等于设计强度等级所对应的立方体抗压强度。

②砂浆强度应以标准养护、龄期为 28 d 的试块抗压试验结果为准。

4.1.2 砖的准备

1. 砖

普通砖尺寸为 240 mm×115 mm×53 mm,多孔砖尺寸为 240 mm×115 mm×90 mm。

强度等级:MU5、MU7.5、MU10、MU15。

外观检查:尺寸准确,无裂纹、掉角、翘曲和缺棱等严重现象。

2. 石

石分为毛石和料石两种。毛石分为乱毛石和平毛石两种,料石分为细料石、半细料石、粗料石和毛料石四种。石按质量密度分为轻石和重石两类。

3. 砌块

砌块按形状分为实心和空心两种;按加工材料分为粉煤灰、加气混凝土、混凝土、硅酸盐、石膏砌块;按规格分为大、中、小 3 种。

4.1.3 施工机具的准备

主要有砂浆搅拌机、水平及垂直运输设备、各种施工检查工具等。

1. 砂浆搅拌机

砌筑用的砂浆目前有两种来源:一种是商品砂浆,根据图纸要求,订购满足

设计要求的砂浆即可;另一种是普通砂浆,现场采用机械拌制,常用的拌制机械是强制式搅拌机。

2. 运输机具

1)水平运输机具

常用的有机动翻斗车和人力两轮手推小车 2 种。

2)垂直运输机具

常用的有塔式起重机、井架、龙门架、施工电梯等。

(1)塔式起重机:塔式起重机具有提升、回转、水平运输等功能,不仅是重要的吊装设备,也是重要的垂直运输设备,尤其在吊运长、大、重的物料时有明显的优势。

(2)井架:井架通常带一个起重臂和吊盘。搭设高度可达 40 m,须设缆风绳保持井架的稳定。

(3)龙门架:龙门架是由两根三角形截面或矩形截面的立柱及横梁组成的门式架。在龙门架上设滑轮、导轨、吊盘、缆风绳等,进行材料、机具和小型预制构件的垂直运输。

(4)施工电梯:施工电梯多为人、货两用。

4.2　砌筑工程的类型与施工

4.2.1　砌体的一般要求

砌体除原材料合格外,必须有良好的砌筑质量,即整体性、稳定性和受力性能良好,一般要求灰缝横平竖直、砂浆饱满、厚薄均匀、上下错缝、内外搭砌、接槎牢固等。

4.2.2　毛石基础和砖基础砌筑

1. 毛石基础

1)毛石基础构造

第一波一般大面朝下作浆砌筑,多用在条形基础中,做成阶梯形,每阶高度大于 300 mm,挑出宽度大于 200 mm。

2)毛石基础施工要点

材料长度一般为 200～400 mm,中部厚度不宜小于 150 mm。地下水位较低时,采用水泥砂浆;地下水位较高时,采用混合砂浆。

毛石基础应分批砌筑,上下错缝,内外搭砌。每日砌筑的毛石基础高度应不超过 1.2 m。基础交接处应留踏步槎,将石块错缝砌成台阶形,便于交错咬合。不得采用外面侧立毛石、中间填心的砌筑方法;中间不得有铲口石(尖石倾斜向外的石块)、斧刃石(尖石向下的石块)和过桥石(仅在两端搭砌的石块)。

2. 砖基础

1)砖基础构造

下设大放脚,有等高式和间隔式两种。砖每层收进 1/4 砖长,且在室内地面以下 60 mm 处设 20 mm 厚水泥砂浆防潮层,严禁用卷材代替防潮层。

2)砖基础施工要点

清理、放线、立皮数杆、盘角、挂线、砌筑、回填土。

4.2.3 砖墙砌筑

1. 砌筑形式

砖在砌筑时有三种不同的放置方式:顺,指砖的长边沿墙的轴线平放砌筑;丁,指砖的长边与墙的轴线垂直平放砌筑;侧,指砖的长边沿墙的轴线侧放砌筑。

组砌形式有一顺一丁砌法、三顺一丁砌法、梅花丁砌法、其他砌法(如全顺式砌法、两平一侧砌法等)。

(1)一顺一丁砌法是指一皮中全部顺砖与一皮中全部丁砖间隔砌成,上下皮间竖缝相互错开 1/4 砖长。

(2)三顺一丁砌法是指三皮中全部顺砖与一皮中全部丁砖间隔砌成。上下皮顺砖间竖缝错开 1/2 砖长,上下皮顺砖与丁砖间竖缝错开 1/4 砖长。

(3)梅花丁砌法(又称沙包式、十字式)是指每皮中丁砖与顺砖相隔,上皮丁砖座中于下皮顺砖,上下皮间竖缝错开 1/4 砖长。

2. 砌筑工艺

砖墙的砌筑包括找平、放线,摆砖,立皮数杆,盘角、挂线,砌筑、勾缝,楼层轴

线引测，各层标高控制(一般弹出 50～100 cm 线)。下面介绍几个主要工艺。

1)找平、放线

砖墙砌筑前应在基础防潮层或楼层上定出各层标高，并用 M7.5 水泥砂浆或 C10 细石混凝土找平，使各段砖墙底部标高符合设计要求。找平时，上下两层外墙之间不应出现明显的接缝。

2)摆砖

摆砖是指在放线的基面上按选定的组砌形式用干砖试摆。一般在房屋外纵墙方向摆顺砖，在山墙方向摆丁砖，通常由一个大角摆到另一个大角，砖与砖留 10 mm 缝隙。摆砖的目的是校对所放出的墨线在门窗洞口、附墙垛等处是否符合砖的模数，以尽可能减少砍砖，并使砌体灰缝均匀、组砌得当。

3)立皮数杆

皮数杆是指上面画有每皮砖和砖缝厚度，以及门窗洞口，过梁、楼板、梁底、预埋件等标高位置的一种木制标杆。

4)砌筑、勾缝

“三一”砌法，即一铲灰，一块砖，一挤揉，并随手将挤出的砂浆刮去。

砌砖时，先挂上通线，按所排的干砖位置把第一波砖砌好，盘角，每次盘角不得超过六皮砖，盘角过程中应随时用托线板检查墙角是否垂直平整、砖层灰缝是否符合皮数杆标志，然后在墙角安装皮数杆，即可挂线砌第二皮以上砖。

砌筑过程中应“三皮一吊，五皮一靠”，把砌筑误差消灭在操作过程中，以保证墙面垂直平整。一砖半厚以上的砖墙必须双面挂线。

3. 砌筑的施工要点和质量要求

砖砌体的组砌要求：上下错缝，内外搭接，以保证砌体的整体性；同时组砌要有规律，少砍砖，以提高砌筑效率、节约材料。

(1)横平竖直(避免游丁走卒)。

(2)砂浆饱满：竖向灰缝不得出现透明缝、瞎缝、假缝，水平灰缝饱满度不小于 80%。

(3)错缝搭砌：错缝或搭砌长度一般不少于 60 mm。

(4)接搓可靠：直搓和斜搓的留置按有关规定执行。

(5)减少不均匀沉降，每日砌筑高度不宜超过 1.8 m。

(6)保证砌体的稳定性。

全部砖墙应平行砌起，砖层必须水平，砖层位置用皮数杆控制，基面和每楼层砌完后必须校对一次基面水平、轴线和标高，允许范围内的偏差值应在基础或楼板顶面调整。砖墙的水平灰缝厚度和竖缝宽度一般为 10 mm，但不小于 8 mm，也不大于 12 mm。水平灰缝的砂浆饱满度应不低于 80%，砂浆饱满度用百格网检查。竖向灰缝宜用挤浆法或加浆法，使砂浆饱满，严禁用水冲浆灌缝。砖墙的转角处和交接处应同时砌筑，不能同时砌筑时，应砌成斜槎，斜槎长度应不小于高度的 2/3。如临时间断处留斜槎有困难，除转角处外，也可以留直槎，但必须做成阳槎，并加设拉结筋。拉结筋的数量为每 120 mm 墙厚设置一根直径 6 mm 的钢筋，间距沿墙高不得超过 500 mm；埋入长度从墙的留槎处算起，每边均应不小于 500 mm；末端应有 90°弯钩。抗震设防地区建筑物的临时间断处不得留直槎。隔墙与墙或柱如不同时砌筑而又不留成斜搓时，可于墙或柱中引出阳槎，或于墙或柱的灰缝中预埋拉结筋。抗震设防地区建筑物的隔墙除应留阳槎外，沿墙高每 500 mm 配置 2 根 $\phi 6$ 钢筋与承重墙或柱拉结，伸入每边墙内的长度应不小于 500 mm。砖砌体接搓时，必须将接槎处的表面清理干净，浇水湿润，并应填实砂浆，保持灰缝平直。宽度小于 1 m 的窗间墙，应选用整砖砌筑，半砖和破损的砖应分散使用于墙心或受力较小部位。

留置的脚手眼对结构存在影响，因此部分部位规定不得留设脚手眼。

(1)12 cm 厚砖墙、料石清水墙和独立柱。

(2)过梁上与过梁成 60°角的三角形范围内及过梁净跨度 1/2 的高度范围内。

(3)宽度小于 1 m 的窗间墙。

(4)梁、梁垫下及其左右各 50 cm 的范围内。

(5)砖砌体的门窗洞口两侧 20 cm 和转角处 45 cm 范围内；其他砌体的门窗洞口两侧 30 cm 和转角处 60 cm 范围内

(6)设计不允许设置脚手眼的部位。

注：若砖砌体脚手眼不大于 8 cm×14 cm，可不受上述(3)、(4)、(5)条限制。

4.2.4 配筋砌体

1. 配筋砌体的构造要求

1)砖柱网状配筋的构造

钢筋网中的钢筋间距应不大于 120 mm，并应不小于 30 mm；钢筋网片竖向

间距应不大于五皮砖，并应不大于 400 mm。

2)组合砖砌体的构造

面层混凝土强度等级宜采用 C20，面层水泥砂浆强度等级不低于 C10，砖强度等级不低于 MU10，砌筑砂浆强度等级不低于 M7.5。

3)砖砌体和钢筋混凝土构造柱组合墙的构造

构造柱截面尺寸不小于 240 mm×240 mm，厚度不小于墙厚；砌体与构造柱连接处砌成马牙槎，沿墙高每隔 500 mm 设 2 根 $\phi 6$ 的拉结筋，每边深入墙内不小于 500 mm，有抗震要求时不少于 1000 mm。

4)配筋砌块砌体的构造

配筋砌块砌体柱边长不小于 400 mm，剪力墙厚度连梁宽度应不小于 190 mm。

2. 配筋砌体的施工工艺

配筋砌体施工工艺的弹线、找平、排砖撂底、墙体盘角、选砖、立皮数杆、挂线、留槎等施工工艺与普通砖砌体要求相同，下面主要介绍其不同点。

1)砌砖及放置水平钢筋

砌砖宜采用“三一砌砖法”，即“一块砖、一铲灰、一揉压”，水平灰缝厚度和竖直灰缝宽度一般为 10 mm，但应不小于 8 mm，也应不大于 12 mm。砖墙(柱)的砌筑应达到上下错缝、内外搭砌、灰缝饱满、横平竖直的要求。皮数杆上要标明钢筋网片、箍筋或拉结筋的位置。钢筋安装完毕并经隐蔽工程验收后方可砌上层砖，同时要保证钢筋上下至少各有 2 mm 保护层。

2)砂浆(混凝土)面层施工

组合砖砌体面层施工前，应清除面层底部的杂物，并浇水湿润砖砌体表面。砂浆面层施工从下而上分层施工，一般应两次涂抹，第一次是刮底，使受力钢筋与砖砌体有一定保护层；第二次是抹面，使面层表面平整。混凝土面层施工应支设模板，每次支设高度一般为 50～60 cm，并分层浇筑，振捣密实，待混凝土强度达到 30%以上才能拆除模板。

3)构造柱施工

构造柱竖向受力钢筋，底层锚固在基础梁上，锚固长度应不小于 35 d (d 为竖向钢筋直径)，并保证位置正确。受力钢筋接长，可采用绑扎接头，搭接长度为

35 d，绑扎接头处箍筋间距应不大于200 mm。楼层上下500 mm范围内箍筋间距宜为100 mm，砖砌体与构造柱连接处应砌成马牙槎，从每层柱脚开始，先退后进，每一马牙槎沿高度方向的尺寸不宜超过300 mm，并沿墙高每隔500 mm设2 ϕ6拉结钢筋，且每边伸入墙内不宜小于1 m；预留的拉结钢筋应位置正确，施工中不得任意弯折。浇筑构造柱混凝土之前，必须将砖墙和模板浇水湿润(若为钢模板，不浇水，刷隔离剂)，并将模板内落地灰、砖渣和其他杂物清理干净。浇筑混凝土可分段施工，每段高度不宜大于2 m，或每个楼层分两次浇筑，应用插入式振动器，分层捣实。

4.2.5 砌块砌筑

1. 砌块排列

施工前必须依平面图、立面图、门窗大小、楼层标高、构件要求绘制砌块各墙面排列图。应满足错缝对孔搭接要求，调整灰缝厚度，合理使用镶砖。

2. 砌筑工艺

1)铺灰

采用砂浆，应具有良好的和易性，铺灰应平整饱满，每次铺灰长度不超过5 m。

2)砌块吊装就位

(1)用轻型塔吊运输砌块、砂浆，适用于工程量大或两幢房屋对翻流水的情况。

(2)垂直运输用井架，水平运输用砌块车，劳动车适用于工程量小的房屋。

(3)砌块吊装次序应先外后内、先远后近、先上后下，在相邻施工段之间留阶梯形斜搓。

3)校正

用托线板检查砌块垂直度，用拉准线检查砌块水平度。

4)灌缝

竖缝可用夹板在墙体内外夹住，然后灌浆，用竹片捣实，待砂浆吸水后用刮缝板把竖缝、水平缝刮平。

5)镶砖

当有较大竖缝或过梁找平时，应镶砖。灰缝在15～30 mm。此工作在砌块

校正即刻进行，且应使竖缝密实。

3. 砌块砌体质量检查

砌块砌体质量应符合下列规定。

(1)砌块砌体砌筑的基本要求与砖砌体相同，但搭接长度应不少于 150 mm。

(2)外观检查应满足要求：墙面清洁，勾缝密实，深浅一致，交接平整。

(3)经试验检查，在每一楼层或 250 m^3 砌体中，一组试块(每组 3 块)同强度等级的砂浆或细石混凝土的平均强度不得低于设计强度最低值，砂浆不得低于设计强度的 75%，细石混凝土不得低于设计强度的 85%。

(4)预埋件、预留孔洞的位置应符合设计要求。

4.3　砌筑工程的质量及安全

4.3.1　砌筑工程的质量要求

(1)砌筑工程的质量应符合《砌体结构工程施工质量验收规范》(GB 50203—2011)的要求。

(2)对砌体材料的要求：砌体工程所用的材料应有产品合格证书、产品性能检测报告。块材、水泥、钢筋、外加剂等尚应有材料主要性能的进场复验报告。严禁使用国家明令淘汰的材料。

(3)任意一组砂浆试块的强度不得低于设计强度的 75%。

(4)砖砌体应横平竖直，砂浆饱满，上下错缝，内外搭砌，接槎牢固。

(5)砖、小型砌块砌体的允许偏差和外观质量标准应符合规范规定。

(6)配筋砌体的构造柱位置及垂直度的允许偏差应符合规范规定。

(7)填充墙砌体一般尺寸的允许偏差应符合规范规定。

(8)填充墙砌体的砂浆饱满度及检验方法应符合规范规定。

4.3.2　砌筑工程的安全与防护措施

在砌筑操作前，必须检查施工现场各项准备工作是否符合安全要求，如道路是否畅通，机具是否完好牢固，安全设施和防护用品是否齐全，经检查符合要求后才可施工。

施工人员进入现场必须戴好安全帽。砌基础时，应检查和注意基坑土质的变化情况。堆放砖石材料应离开坑边 1 m 以上。砌墙高度超过地坪 1.2 m 以上时，应搭设脚手架。架上堆放材料不得超过规定荷载值，堆砖高度不得超过三皮侧砖，同一块脚手板上的操作人员应不超过 2 人。按规定搭设安全网。

不准站在墙顶上做画线、刮缝及清扫墙面或检查大角垂直等工作。不准用不稳固的工具或物体在脚手板上垫高操作。

砍砖时应面向墙面，工作完毕应将脚手板和砖墙上的碎砖、灰浆清扫干净，防止掉落伤人。正在砌筑的墙上不准走人。不准站在墙上做画线、刮缝、吊线等工作。山墙砌完后，应立即安装桁条或临时支撑，防止倒塌。

雨天或每日下班时，应做好防雨准备，以防雨水冲走砂浆，致使砌体倒塌。冬期施工时，脚手板上如有冰霜、积雪，应先清除后才能上架子进行操作。

砌石墙时不准在墙顶或架上修石材，以免振动墙体影响质量或石片掉下伤人。不准徒手移动上墙的石块，以免压破或擦伤手指。不准勉强在超过胸部高度的墙上进行砌筑，以免将墙体碰撞倒塌或上石时失手掉下造成安全事故。石块不得住下掷。运石上下时，脚手板要钉装牢固，并钉防滑条及扶手栏杆。

对有部分破裂和脱落危险的砌块，严禁起吊；起吊砌块时，严禁将砌块停留在操作人员的上空或在空中整修；砌块吊装时，不得在下一层楼面上进行其他任何工作；卸下砌块时应避免冲击，砌块堆放应尽量靠近楼板两端，不得超过楼板的承重能力；砌块吊装就位时，应待砌块放稳后，方可松开夹，凡脚手架、井架、门架搭设好后，须经专人验收合格后方准使用。

第5章 混凝土结构工程施工

5.1 模板工程施工

5.1.1 模板构造

模板与其支撑体系组成模板系统。模板系统是一个临时架设的结构体系，其中模板是新浇混凝土成型的模具，它与混凝土直接接触，使混凝土构件具有所要求的形状、尺寸和表面质量。支撑体系是用于支撑模板，承受模板、构件及施工中各种荷载的作用，并使模板保持所要求的空间位置的临时结构。

模板应保证混凝土浇筑后的各部分形状和尺寸以及相互位置的准确性；具有足够的稳定性、刚度及强度；装拆方便，能够多次周转使用，形式要尽量做到标准化、系列化；接缝应不易漏浆、表面要光洁平整。

1.模板的分类

(1)按模板形状分为平面模板和曲面模板。平面模板又称为侧面模板，主要用于结构物垂直面；曲面模板用于廊道、隧洞、溢流面和某些形状特殊的部位，如进水口扭曲面、蜗壳、尾水管等。

(2)按模板材料分为木模板、竹模板、钢模板、混凝土预制模板、塑料模板、橡胶模板等。

(3)按模板受力条件分为承重模板和侧面模板。承重模板主要承受混凝土重量和施工中的垂直荷载；侧面模板主要承受新浇混凝土的侧压力，侧面模板按其支承受力方式又分为简支模板、悬臂模板和半悬臂模板。

(4)按模板使用特点分为固定式、拆移式、移动式和滑动式。固定式用于形状特殊的部位，不能重复使用。后3种模板都能重复使用或连续使用在形状一致的部位。但其使用方式有所不同：拆移式模板需要拆散移动；移动式模板的车架装有行走轮，可沿专用轨道使模板整体移动；滑动式模板是以千斤顶或卷扬机为动力,可在混凝土连续浇筑的过程中,使模板面紧贴混凝土面滑动。

2. 定型组合钢模板

定型组合钢模板系列包括钢模板、连接件、支承件三部分。其中,钢模板包括平面钢模板和拐角模板;连接件有U形卡、L形插销、钩头螺栓、紧固螺栓、蝶形扣件等;支承件有圆钢管、薄壁矩形钢管、内卷边槽钢、单管伸缩支撑等。

1)钢模板的规格和型号

钢模板包括平面模板、阳角模板、阴角模板和连接角模,单块钢模板由面板、边框和加劲肋焊接而成。面板厚2.3 mm或2.5 mm,边框和加劲肋上面按一定距离(如150 mm)钻孔,可利用U形卡和L形插销等拼装成大块模板,钢模板的宽度以50 mm进级,长度以150 mm进级,其规格和型号已做到标准化、系列化。

如型号为P3015的钢模板,P表示平面模板,3015表示宽×长为300 mm×1500 mm;又如型号为Y1015的钢模板,Y表示阳角模板,1015表示宽×长为100 mm×1500 mm。如拼装时出现不足模数的空隙,可镶嵌木条补缺,用钉子或螺栓将木条与板块边框上的孔洞连接。

2)连接件

(1)U形卡:用于钢模板之间的连接与锁定,使钢模板拼装密合。U形卡安装间距一般不大于300 mm,即每隔一孔卡插一个,安装方向一顺一倒相互交错。

(2)L形插销:插入模板两端边框的插销孔内,用于增强钢模板纵向拼接的刚度和保证接头处板面平整。

(3)钩头螺栓:用于钢模板与内、外钢楞之间的连接固定,使之成为整体。安装间距一般不大于600 mm,长度应与采用的钢楞尺寸适应。

(4)对拉螺栓:用来保持模板与模板之间的设计厚度并承受混凝土侧压力及水平荷载,使模板不致变形。

(5)紧固螺栓:用于紧固钢模板内外钢楞,增强组合模板的整体刚度,长度与采用的钢楞尺寸相适应。

(6)扣件:用于将钢模板与钢楞紧固,与其他配件一起将钢模板拼装成整体。扣件按钢楞的形状,可分为蝶形扣件和"3"形扣件;按尺寸可分为大、小两种。

3)支承件

配件的支承件包括钢楞、柱箍、梁卡具、圈梁卡具、钢桁架、斜撑、组合支柱、

钢管脚手支架、平面可调桁架和曲面可变桁架等。

3. 木模板

木模板的木材主要采用松木和杉木，其含水率不宜过高，以免干裂，材质不宜低于三等材。木模板的基本元件是拼板，它由板条和拼条(木档)组成。板条厚 25～50 mm，宽度不宜超过 200 mm，以保证在干缩时缝隙均匀，浇水后缝隙要严密且板条不翘曲，但梁底板的板条宽度不受限制，以免漏浆。拼条截面尺寸为 25 mm×35 mm～50 mm×50 mm，拼条间距根据施工荷载大小及板条的厚度而定，一般取 400～500 mm。

4. 钢框胶合板模板

钢框胶合板模板是指钢框与木胶合板或竹胶合板结合使用的一种模板。钢框胶合板模板由钢框和防水木、竹胶合板平铺在钢框上，用沉头螺栓与钢框连牢。用于面板的竹胶合板是用竹片或竹帘涂胶黏剂，纵横向铺放，组坯后热压成型。为使钢框竹胶合板板面光滑平整，便于脱模和增加周转次数，一般板面采用涂料覆面处理或浸胶纸覆面处理。

5. 滑动模板

滑动模板简称滑模，是在混凝土连续浇筑过程中，可使模板面紧贴混凝土面滑动的模板。采用滑模施工要比常规施工节约木材(包括模板和脚手板等)70%左右，节约人力 30%～50%，缩短施工周期 30%～50%。滑模施工的结构整体性好、抗震效果明显，适用于高层或超高层抗震建筑物和高耸构筑物施工。滑模施工的设备便于加工、安装、运输。

1)滑模系统的组成

(1)模板系统：包括提升架、围圈、模板及加固、连接配件。

(2)施工平台系统：包括工作平台、外圈走道、内外吊脚手架。

(3)提升系统：包括千斤顶、油管、分油器、针形阀、控制台、支承杆及测量控制装置。

2)主要部件的构造及作用

(1)提升架是整个滑模系统的主要受力部分。各项荷载集中传至提升架，最后通过装设在提升架上的千斤顶传至支承杆上。提升架由横梁、立柱、牛腿及外挑架组成。各部分尺寸及杆件断面应通盘考虑并经计算确定。

(2)围圈是模板系统的横向连接部分,将模板按工程平面形状组合为整体。围圈也是受力部件,它既承受混凝土侧压力产生的水平推力,又承受模板的重量、滑动时产生的摩阻力等竖向力。有些滑模系统设计也将施工平台支承在围圈上。围圈架设在提升架的牛腿上,各种荷载将最终传至提升架上。围圈一般用型钢制作。

(3)模板是混凝土成型的模具,要求板面平整、尺寸准确、刚度适中。模板高度为 90～120 cm,宽度为 50 cm,但根据需要也可加工成宽度小于 50 cm 的异形模板。模板通常用钢材制作,也有用其他材料制作的,如钢木组合模板,是用硬质塑料板或玻璃钢等材料作面板的有机材料复合模板。

(4)施工平台是滑模施工中各工种的作业面及材料、工具的存放场所。施工平台应视建筑物的平面形状、开门大小、操作要求及荷载情况设计。施工平台必须有可靠的强度及必要的刚度,确保施工安全,防止平台变形导致模板倾斜。如果跨度较大,在平台下应设置承托桁架。

(5)吊脚手架用于处理或修补已滑出的混凝土结构,要求沿结构内外两侧周围布置。吊脚手架的高度一般为 1.8 m,可以设双层或三层。吊脚手架要有可靠的安全设备及防护设施。

(6)提升设备由液压千斤顶、液压控制台、油路及支承杆组成。支承杆可用直径 25 m 的光圆钢筋作支承杆,每根支承杆长度以 3.5～5 m 为宜。支承杆的接头可用螺栓连接(支承杆两头加工成阴阳螺纹)或现场用小坡口焊接连接。若回收重复使用,则需要在提升架横梁下附设支承杆套管。如有条件并经设计部门同意,则该支承杆钢筋可以直接浇筑在混凝土中以代替部分结构配筋。

6. 爬升模板

爬升模板是在混凝土墙体浇筑完毕后,利用提升装置将模板自行提升到上一个楼层,浇筑上一层墙体的垂直移动式模板。爬升模板采用整片式大平模,模板由面板及肋组成,而不需要支撑系统;提升设备采用电动螺杆提升机、液压千斤顶或导链。爬升模板是将大模板工艺和滑升模板工艺相结合,既保持大模板施工墙面平整的优点,又保持了滑模利用自身设备使模板向上提升的优点,墙体模板能自行爬升而不依赖塔吊。爬升模板适用于高层建筑墙体、电梯井壁、管道间混凝土施工。爬升模板由钢模板、提升架和提升装置三部分组成。

7. 台模

台模是浇筑钢筋混凝土楼板的一种大型工具式模板。在施工中可以整体脱模和转运,利用起重机从浇筑完的楼板下吊出,转移至上一楼层,中途不再落地,所以亦称"飞模"。台模按其支架结构类型分为立柱式台模、桁架式台模、悬架式台模等。

台模适用于各种结构的现浇混凝土,适用于小开间、小进深的现浇楼板施工。单座台模面板的面积为 2～60 m^2。台模整体性好,混凝土表面容易平整、施工进度快。

台模由台面、支架(支柱)、支腿、调节装置、行走轮等组成。台面是直接接触混凝土的部件,表面应平整光滑,具有较高的强度和刚度。目前常用的面板有钢板、胶合板、铝合金板、工程塑料板及木板等。

5.1.2　模板设计

常用定型模板在其适用范围内一般无须进行设计或验算。而对一些特殊结构、新型体系模板或超出适用范围的一般模板,则应进行设计或验算。模板为一临时性系统,因此对钢模板及其支架的设计,其设计荷载值可乘以系数 0.85 予以折减;对木模板及其支架系统设计,其设计荷载值可乘以系数 0.9 予以折减;对冷弯薄壁型钢不予折减。

作用在模板系统上的荷载分为永久荷载和可变荷载。永久荷载包括模板及其支架自重、新浇混凝土自重及对模板侧面的压力、钢筋自重等。可变荷载包括施工人员及施工设备荷载、振捣混凝土时产生的荷载、倾倒混凝土时产生的荷载。计算模板及其支架时,应根据构件的特点及模板的用途进行荷载组合,各项荷载标准值按下列规定确定。

1. 模板及其支架自重标准值

可根据模板设计图纸或类似工程的实际支模情况予以计算荷载。

2. 新浇混凝土自重标准值

普通混凝土可采用 24 kN/m^2,其他混凝土根据其实际密度确定。

3. 钢筋自重标准值

钢筋自重标准值根据工程图纸确定。一般每立方米梁板结构钢筋混凝土的钢筋重量为楼板 1.1 kN,梁 1.5 kN。

4. 施工人员及施工设备荷载标准值

(1)计算模板及直接支承模板的小楞时,均布荷载为 2.5 kN/m²,并应另以集中荷载 2.5 kN 再进行验算,比较两者所得弯矩值取大者。

(2)计算直接支承小楞结构构件时,其均布荷载可取 1.5 kN/m²。

(3)计算支架立柱及其他支承结构构件时,均布荷载取 1.0 kN/m²。

对大型浇筑设备(上料平台、混凝土泵等)按实际情况计算;混凝土堆集料高度超过 100 mm 时按实际高度计算;模板单块宽度小于 150 mm 时,集中荷载可分布在相邻的两块板上。

5. 振捣混凝土时产生的荷载标准值

对水平面模板为 2.0 kN/m²,对垂直面模板为 4.0 kN/m²。

6. 新浇混凝土对模板的侧压力标准值

影响新浇混凝土对模板侧压力的因素主要有混凝土材料种类、温度、浇筑速度、振捣方式、凝结速度等。此外还与混凝土坍落度大小、构件厚度等有关。

7. 风荷载标准值

对风压较大地区及受风荷载作用易倾倒的模板,须考虑风荷载作用下的抗倾倒稳定性。

为了便于计算,模板结构设计计算时可作适当简化,即所有荷载可假定为均匀荷载。单元宽度面板、内楞和外楞、小楞和大楞或桁架均可视为梁,支撑跨度等于或多于两跨的可视为连续梁,并视实际情况可分别简化为简支梁、悬臂梁、两跨或三跨连续梁。

当验算模板及其支架的刚度时,其变形值不得超过下列数值。

(1)结构表面外露的模板,为模板构件跨度的 1/400。

(2)结构表面隐蔽的模板,为模板构件跨度的 1/250。

(3)支架压缩变形值或弹性挠度,为相应结构自由跨度的 1/1000。当验算

模板及其支架在风荷载作用下的抗倾倒稳定性时，抗倾倒系数应不小于 1.15。

模板系统的设计包括选型、选材、荷载计算、拟订制作安装和拆除方案、绘制模板图等。

5.1.3　模板安装与拆除

1. 模板安装

安装模板之前，应事先熟悉设计图纸，掌握建筑物结构的形状尺寸，并根据现场条件，初步考虑好立模及支撑的程序，以及与钢筋绑扎、混凝土浇捣等工序的配合，尽量避免工种之间的相互干扰。

模板的安装包括放样、立模、支撑加固、吊正找平、尺寸校核、堵塞缝隙及清仓去污等工序。

在安装过程中，应注意下述事项。

(1)模板竖立后，须切实校正位置和尺寸，垂直方向用锤球校对，水平长度用钢尺丈量两次以上，务必使模板的尺寸符合设计标准。

(2)模板各结合点与支撑必须牢固紧密、安全可靠。尤其是采用振捣器捣固的结构部位，更应注意，以免在浇捣过程中发生裂缝、鼓肚等不良情况。但为了增加模板的周转次数，减少模板拆模损耗，模板结构的安装应力求简便，尽量少用圆钉，多用螺栓、木楔、拉条等进行加固连接。

(3)凡属承重的梁板结构，跨度大于 4 m 时，由于地基的沉陷和支撑结构的压缩变形，跨中应预留起拱高度。

(4)为避免拆模时建筑物受到冲击或震动，安装模板时，撑柱下端应设置硬木楔形垫块，所用支撑不得直接支承于地面，应安装在坚实的桩基或垫板上，使撑木有足够的支承面积，以免沉陷变形。

(5)模板安装完毕，最好立即浇筑混凝土，以防日晒雨淋导致模板变形。为保证混凝土表面光滑和便于拆卸，宜在模板表面涂抹肥皂水或润滑油。夏季或在气候干燥情况下，为防止模板干缩裂缝漏浆，在浇筑混凝土之前，应洒水养护。如发现模板因干燥产生裂缝，应事先用木条或油灰填塞衬补。

(6)安装边墙、柱等模板时，在浇筑混凝土以前，应将模板内的木屑、刨片、泥块等杂物清除干净，并仔细检查各连接点及接头处的螺栓、拉条、楔木等有无松动滑脱现象。在浇筑混凝土过程中，木工、钢筋、混凝土、架子等工种均应有专人“看仓”，发现问题随时加固修理。

2. 模板拆除

不承重的侧模板在混凝土强度能保证混凝土表面和棱角不因拆模而受损害时方可拆模。一般此时混凝土的强度应达到 2.5 MPa 以上。承重模板应在混凝土达到一定要求的强度以后方能拆除。

5.2 钢筋工程施工

5.2.1 钢筋的验收与配料

1. 钢筋的验收与储存

1)钢筋的验收

钢筋进场应具有出厂证明书或试验报告单,每捆(盘)钢筋应有标牌,同时应按有关标准和规定进行外观检查和分批做力学性能试验。钢筋在使用时,如发现脆断、焊接性能不良或机械性能显著不正常等,则应进行钢筋化学成分检验。

2)钢筋的储存

钢筋进场后,必须严格按批分等级、牌号、直径、长度挂牌存放,不得混淆。钢筋应尽量堆入仓库或料棚内。条件不具备时,应选择地势较高、土质坚硬的场地存放。堆放时,钢筋下部应垫高,离地至少 20 cm 高,以防钢筋锈蚀。在堆场周围应挖排水沟,以利排水。

2. 钢筋的下料计算

钢筋的下料是指识读工程图纸,计算钢筋下料长度和编制配筋表。

1)钢筋下料长度

(1)钢筋长度:施工图(钢筋图)中所指的钢筋长度是钢筋外缘至外缘之间的长度,即外包尺寸。

(2)混凝土保护层厚度:指钢筋外缘至混凝土表面的距离,其作用是保护钢筋在混凝土中不被锈蚀。混凝土的保护层厚度,一般用水泥砂浆垫块或塑料卡垫在钢筋与模板之间控制。塑料卡的形状有塑料垫块和塑料环圈两种。塑料垫

块用于水平构件，塑料环圈用于垂直构件。

(3)钢筋接头增加值：由于钢筋直条的供货长度一般为 6～10 m，而有的钢筋混凝土结构的尺寸很大，需要对钢筋进行接长。

(4)弯曲量度差值：钢筋弯曲时，在弯曲处的内侧发生收缩，外皮却出现延伸，而中心线则保持原有尺寸。钢筋长度的度量方法指外包尺寸，因此钢筋弯曲以后存在一个量度差值，在计算下料长度时必须扣除。

(5)钢筋弯钩增加值。弯钩形式常用的有半圆弯钩、直弯钩和斜弯钩。受力钢筋的弯钩和弯折应符合下列要求。

①HPB300 级钢筋末端应作 180°弯钩，其弯弧内直径应不小于钢筋直径的 2.5 倍，弯钩的弯后平直部分长度应不小于钢筋直径的 3 倍。

②当设计要求钢筋末端应作 135°弯钩时，HRB400 级钢筋的弯弧内直径应不小于钢筋直径的 4 倍，弯钩的弯后平直部分长度应符合设计要求。

③钢筋作不大于 90°的弯折时，弯折处的弯弧内直径应不小于钢筋直径的 5 倍。

④除焊接封闭环式箍筋外，箍筋的末端应作弯钩，弯钩形式应符合设计要求。当无具体要求时，应符合下列要求。

a. 箍筋弯钩的弯弧内直径除应满足上述要求外，尚应不小于受力钢筋直径。

b. 箍筋弯钩的弯折角度：对一般结构应不小于 90°，对有抗震等要求的结构应为 135°。

c. 箍筋弯后平直部分长度：对一般结构不宜小于箍筋直径的 5 倍，对有抗震要求的结构应不小于箍筋直径的 10 倍。

为了箍筋计算方便，一般将箍筋的弯钩增加长度、弯折减少长度两项合并成箍筋调整值。计算时将箍筋外包尺寸或内皮尺寸加上箍筋调整值即箍筋下料长度。

2)钢筋下料长度的计算

直筋下料长度＝构件长度＋搭接长度－保护层厚度＋弯钩增加长度(5.1)

弯起筋下料长度＝直段长度＋斜段长度＋搭接长度
－弯折减少长度＋弯钩增加长度　　(5.2)

箍筋下料长度＝直段长度＋弯钩增加长度－弯折减少长度
＝箍筋周长＋箍筋调整值　　(5.3)

3. 钢筋配料

钢筋配料是钢筋加工中的一项重要工作，合理地配料能使钢筋得到最大限度的利用，并使钢筋的安装和绑扎工作简单化。钢筋配料是依据钢筋合理安排同规格、同品种的下料，使钢筋的出厂规格长度能够得以充分利用，或库存的各种规格和长度的钢筋得以充分利用。

(1)归整相同规格和材质的钢筋。下料长度计算完毕后，把相同规格和材质的钢筋进行归整和组合，同时根据现有钢筋的长度和能够及时采购到的钢筋的长度进行合理组合加工。

(2)合理利用钢筋的接头位置。对有接头的配料，在满足构件中接头的对焊或搭接长度、接头错开的前提下，必须根据钢筋原材料的长度来考虑接头的布置。要充分考虑原材料被截下来的一段长度的合理使用，如果能够使一根钢筋正好分成几段钢筋的下料长度，则是最佳方案，但往往难以做到。所以在配料时，要尽量地使被截下的一段长一些，不使余料成为废料，使钢筋得到充分利用。

(3)钢筋配料应注意的事项。配料计算时，要考虑钢筋的形状和尺寸在满足设计要求的前提下，有利于加工安装；配料时，要考虑施工需要的附加钢筋，如板双层钢筋中保证上层钢筋位置的撑脚、墩墙双层钢筋中固定钢筋间距的撑铁、柱钢筋骨架增加四面斜撑等。

根据钢筋下料长度计算结果和配料选择后，汇总编制钢筋配料单。在钢筋配料单中必须反映工程部位、构件名称、钢筋编号、钢筋简图及尺寸、钢筋直径、钢号、数量、下料长度、钢筋重量等。列入加工计划的配料单，将每一编号的钢筋制作一块料牌作为钢筋加工的依据，并在安装中作为区别各工程部位、构件和各种编号钢筋的标志。钢筋配料单和料牌应严格校核，必须准确无误，以免返工浪费。

4. 钢筋代换

钢筋的级别、钢号和直径应按设计要求采用，若施工中缺乏设计图中所要求的钢筋，在征得设计单位的同意并办理设计变更文件后，可按下述原则进行代换。

(1)当构件按强度控制时，可按强度相等的原则代换，称“等强代换”。如设计中所用钢筋强度为 f_{y1}，钢筋总面积为 A_{s1}；代换后钢筋强度为 f_{y2}，钢筋总面积为 A_{s2}，应使代换前后钢筋的总强度相等，即

$$A_{s2} f_{y2} \geqslant f_{y1} A_{s1} \tag{5.4}$$

$$A_{s2} \geqslant (f_{y1} / f_{y2}) \cdot A_{s1} \tag{5.5}$$

(2)当构件按最小配筋率配筋时，可按钢筋面积相等的原则进行代换，称为

“等面积代换”。

5.2.2　钢筋内场加工

1. 钢筋除锈

钢筋由于保管不善或存放时间过久，就会受潮生锈。在生锈初期，钢筋表面呈黄褐色，称水锈或色锈，这种水锈除在焊点附近必须清除外，一般可不处理。当钢筋锈蚀进一步发展，钢筋表面形成一层锈皮，受锤击或碰撞可见其剥落，这种铁锈不能很好地与混凝土黏结，影响钢筋和混凝土的握裹力，并且会在混凝土中继续发展，此时需要清除。

钢筋除锈方式有 3 种：一是手工除锈，如用钢丝刷、砂堆、麻袋砂包、砂盘等擦锈；二是除锈机械除锈；三是在钢筋的其他加工工序的同时除锈，如在冷拉、调直过程中除锈。

2. 钢筋调直

钢筋在使用前必须经过调直，否则会影响钢筋受力，甚至会使混凝土提前产生裂缝，如未调直而直接下料，会影响钢筋的下料长度，并影响后续工序的质量。

钢筋调直一般采用机械调直，常用的调直机械有钢筋调直机、弯筋机、卷扬机等。钢筋调直机用于圆钢筋的调直和切断，并可清除其表面的氧化皮和污迹。

3. 钢筋切断

钢筋切断有手工剪断、机械切断、氧气切割 3 种方法。

手工切断的工具有断线钳（用于切断直径 5 mm 以下的钢丝）、手动液压钢筋切断机（用于切断直径 16 mm 以下的钢筋、直径 25 mm 以下的钢绞线）。

机械切断一般采用钢筋切断机，它将钢筋原材料或已调直的钢筋切断，主要类型有机械式、液压式和手持式。机械式钢筋切断机有偏心轴立式、凸轮式和曲柄连杆式等。直径大于 40 mm 的钢筋一般用氧气切割。

4. 钢筋弯曲成型

钢筋弯曲成型有手工和机械弯曲成型两种方法。钢筋弯曲机有机械钢筋弯曲机、液压钢筋弯曲机和钢筋弯箍机等。

5.2.3 钢筋接头的连接

钢筋的接头连接有焊接和机械连接两类。常用的钢筋焊接机械有电阻焊接机、电弧焊接机、气压焊接机及电渣压力焊机等。钢筋机械连接方法主要有钢筋套筒挤压连接、锥螺纹套筒连接等。

1. 钢筋焊接

钢筋焊接方式有电阻点焊、闪光对焊、电弧焊、气压焊、电渣压力焊等，其中对焊用于接长钢筋，点焊用于焊接钢筋网，电弧焊用于钢筋与钢板的焊接，电渣压力焊用于现场焊接竖向钢筋。

1)电阻点焊

电阻点焊是利用电流通过焊件时产生的电阻热作为热源，并施加一定的压力，使交叉连接的钢筋接触处形成一个牢固的焊点，将钢筋焊合起来。点焊时，将表面清理好的钢筋叠合在一起，放在两个电极之间预压夹紧，使两根钢筋交接点紧密接触。当踏下脚踏板时，带动压紧机构使上电极压紧钢筋，同时断路器也接通电路，电流经变压器次级线圈引到电极，接触点处在极短的时间内产生大量的电阻热，使钢筋加热到熔化状态，在压力作用下两根钢筋交叉焊接在一起。当放松脚踏板时，电极松开，断路器随着杠杆下降，断开电路，点焊结束。

2)闪光对焊

闪光对焊是利用电流通过对接的钢筋时，产生的电阻热作为热源使金属熔化，产生强烈飞溅，并施加一定压力而使之焊合在一起的焊接方式。对焊不仅能提高工效，节约钢材，还能充分保证焊接质量。

闪光对焊机由机架、导向机构、移动夹具和固定夹具、送料机构、夹紧机构、电气设备、冷却系统及控制开关等组成。闪光对焊机适用于水平钢筋非施工现场连接，适用于直径 10～40 mm 的各种热轧钢筋的焊接。

3)电弧焊

钢筋电弧焊是以焊条作为一极，钢筋为另一极，利用焊接电流通过产生的电弧热进行焊接的一种熔焊方法。电弧焊可分为手弧焊、埋弧压力焊等。

(1)手弧焊。手弧焊是利用手工操纵焊条进行焊接的一种电弧焊。手弧焊用的焊机有交流弧焊机(焊接变压器)、直流弧焊机(焊接发电机)等。电弧焊是利用电焊机(交流变压器或直流发电机)的电弧产生的高温(可达 6000 ℃)，将焊

条末端和钢筋表面熔化，使熔化的金属焊条流入焊缝，冷凝后形成焊缝接头。焊条的种类很多，根据钢材等级和焊接接头形式选择焊条，如 J420、J500 等。焊接电流和焊条直径应根据钢筋级别、直径、接头形式和焊接位置进行选择。钢筋电弧焊的接头形式有搭接接头、帮条接头、坡口接头等。

(2)埋弧压力焊。埋弧压力焊是将钢筋与钢板安放成 T 形，利用焊接电流通过时在焊剂层下产生电弧，形成熔池，加压完成的一种压焊方法。具有生产效率高、质量好等优点，适用于各种预埋件、T 形接头、钢筋与钢板的焊接。预埋件钢筋压力焊适用于热轧直径 6～25 mm HPB300 光圆钢筋、HRB400 带肋钢筋的焊接，钢板为普通碳素钢，厚度为 6～20 mm。埋弧压力焊机主要由焊接电源、焊接机构和控制系统(控制箱)三部分组成。焊机结构采用摇臂式，摇臂固定在立柱上，可作左右回转活动；摇臂本身可作前后移动，以使焊接时能取得所需要的工作位置。摇臂末端装有可上下移动的工作头，其下端是用导电材料制成的偏心夹头，夹头接工作线圈，成活动电极。工作平台上装有平面型电磁吸铁盘，拟焊钢板放置其上，接通电源，能被吸住而固定不动。

在埋弧压力焊时，钢筋与钢板之间引燃电弧之后，电弧作用使局部用材及部分焊剂熔化和蒸发，蒸发气体形成一个空腔，空腔被熔化的焊剂所形成的熔渣包围，焊接电弧就在这个空腔内燃烧，在焊接电弧热的作用下，熔化的钢筋端部和钢板金属形成焊接熔池。待钢筋整个截面均匀加热到一定温度，将钢筋向下顶压，随即切断焊接电源，冷却凝固后形成焊接接头。

4)气压焊

气压焊是利用氧气和乙炔，按一定的比例混合燃烧的火焰，将被焊钢筋两端加热，使其达到热塑状态，经施加适当压力，使其接合的固相焊接法。钢筋气压焊适用于 14～40 mm 各种热轧钢筋，也能进行不同直径钢筋间的焊接，还可用于钢轨焊接。被焊材料有碳素钢、低合金钢、不锈钢和耐热合金等。钢筋气压焊设备轻便，可进行水平、垂直、倾斜等全方位焊接，具有节省钢材、施工费用低等优点。

钢筋气压焊接机由供气装置(氧气瓶、溶解乙炔瓶等)、多嘴环管加热器、加压器(油泵、顶压油缸等)、焊接夹具及压接器等组成。

钢筋气压焊采用氧-乙炔火焰对着钢筋对接处连续加热，淡白色羽状火焰前端要触及钢筋或伸到接缝内，火焰始终不离开接缝，待接缝处钢筋红热时，加足顶锻压力使钢筋端面闭合。钢筋端面闭合后，把加热焰调成乙炔稍多的中性焰，以接合面为中心，多嘴加热器沿钢筋轴向在 2 倍钢筋直径范围内均匀摆动加热。

摆幅由小变大，摆速逐渐加快。当钢筋表面变成炽白色，氧化物变成芝麻粒大小的灰白色球状物继而聚集成泡沫，开始随多嘴加热器摆动方向移动时，再加足顶锻压力，并保持压力到使接合处对称均匀变粗，其直径为钢筋直径的1.4～1.6倍，变形长度为钢筋直径的1.2～1.5倍，即可中断火焰，焊接完成。

5)电渣压力焊

钢筋电渣压力焊是将两根钢筋安放成竖向对接形式，利用焊接电流通过两钢筋端面间隙，在焊剂层下形成电弧过程和电渣过程，产生电弧热和电阻热，熔化钢筋，加压完成的一种焊接方法。钢筋电渣压力焊机操作方便、效率高，适用于竖向或斜向受力钢筋的连接，如直径为12～40 mm的HPB300光圆钢筋、HRB400月牙肋带肋钢筋连接。

电渣压力焊机分为自动电渣压力焊机和手工电渣压力焊机两种。主要由焊接电源（BX2-1000型焊接变压器）、焊接夹具、操作控制系统、辅件（焊剂盒、回收工具）等组成。例如电动凸轮式钢筋自动电渣压力焊机，将上、下两根钢筋端部埋于焊剂之中，两端面之间留有一定间隙。电源接通后，采用接触引燃电弧，焊接电弧在两根钢筋之间燃烧，电弧热将两根钢筋端部熔化，熔化的金属形成熔池，熔融的焊剂形成熔渣（渣池），覆盖于熔池之上。熔池受到熔渣和焊剂蒸汽的保护，不与空气接触而发生氧化反应。随着电弧的燃烧，两根钢筋端部熔化量增加，熔池和渣池加深，此时应不断将上钢筋下送，至其端部直接与渣池接触时，电弧熄灭。焊接电流通过液体渣池产生的电阻热，继续对两钢筋端部加热，渣池温度可达1600～2000 ℃。待上下钢筋端部达到全断面均匀加热时，迅速将上钢筋向下顶压，液态金属和熔渣全部挤出，随即切断焊接电源。冷却后，打掉渣壳，露出带金属光泽的焊包。

2. 钢筋机械连接

钢筋机械连接常用钢筋挤压连接和螺纹钢筋连接两种形式，是近年来大直径钢筋现场连接的主要方法。

1)钢筋挤压连接

钢筋挤压连接亦称钢筋套筒冷压连接。它是将须连接的变形钢筋插入特制钢套筒内，利用液压驱动的挤压机进行径向或轴向挤压，使钢套筒产生塑性变形，紧紧咬住变形钢筋，从而实现连接。它适用于竖向、横向及其他方向的较大直径变形钢筋的连接。与焊接相比，具有节省电能、不受钢筋可焊性能的影响、

不受气候影响、无明火、施工简便和接头可靠度高等特点。

(1)钢筋径向挤压套管连接:沿套管直径方向从套管中间依次向两端挤压套管,使之冷塑性变形,把插在套管里的两根钢筋紧紧咬合成一体。它适用于带肋钢筋连接。

(2)轴向挤压套管连接:沿钢筋轴线冷挤压金属套管,把插入套管里的两根待连接钢筋紧固连成一体。它适用于连接直径 20～32 mm 的竖向、斜向和水平钢筋。

套管的材料和几何尺寸应符合接头规格的技术要求,并应有出厂合格证。套管的标准屈服承载力和极限承载力应比钢筋大 10%以上,套管的保护层厚度不宜小于 15 mm,净距不宜小于 25 mm,当所用套管外径相同时,钢筋直径相差不宜大于两个级差。

冷挤压接头的外观检查应符合以下要求。

①钢筋连接端花纹要完好无损,不能打磨花纹;连接处不能有油污、水泥等杂物。

②钢筋端头离套管中线应不超过 10 mm。

③压痕间距宜为 1～6 mm,挤压后的套管接头长度为套管原长度的 1.10～1.15 倍。挤压后套管接头外径,用量规测量应能通过(量规不能从挤压套管接头外径通过的,可更换挤压模重新挤压一次),压痕处最小外径为套管原外径的 85%～90%。

④挤压接头处不能有裂纹,接头弯折角度不得大于 4°。

2)螺纹钢筋连接

(1)锥形螺纹钢筋连接。锥形螺纹钢筋连接是将两根待接钢筋的端部和套管预先加工成锥形螺纹,然后用手和力矩扳手将两根钢筋端部旋入套筒形成机械式钢筋接头。它能在施工现场连接 ϕ16～ϕ40 的同径或异径的竖向、水平或任何倾角的钢筋,不受钢筋花纹及含量的限制。当连接异径钢筋时,所连接钢筋直径之差应不超过 9 mm。

钢筋套管螺纹连接有锥套管和直套管螺纹两种形式。钢筋套管内壁用专用机床加工有螺纹,钢筋的对端头亦在套丝机上加工有与套管匹配的螺纹。连接时,在检查螺纹无油污和损伤后,应先用手旋入钢筋,然后用扭矩扳手紧固至规定的扭矩即完成连接。钢筋套管螺纹连接施工速度快,不受气候影响,质量稳定,对中性好。

锥形螺纹加工套筒的抗拉强度必须大于钢筋的抗拉强度。在进行钢筋连接时，先取下钢筋连接端的塑料保护帽，检查丝扣牙形是否完好无损、清洁，钢筋规格与连接规格是否一致。确认无误后，把拧上连接套一头的钢筋拧到被连接钢筋上，并用力矩扳手按规定的力矩值护紧钢筋接头，当听到扳手发出“咔嗒”声时，表明钢筋接头已护紧，做好标记，以防钢筋接头漏拧。

（2）直螺纹钢筋连接。直螺纹钢筋连接是通过滚轮将钢筋端头部分压圆并一次性滚出螺纹，且套筒通过螺纹连接形成的钢筋机械接头。直螺纹钢筋连接工艺流程：确定滚丝机位置→钢筋调直，切割机下料→丝头加工→丝头质量检查（套丝帽保护）→用机械报手进行套筒与丝头连接→接头连接后质量检查→钢筋直螺纹接头送检。

钢筋丝头加工步骤如下。

①按钢筋规格所需调整试棒并调整好滚丝头内孔最小尺寸。

②按钢筋规格更换涨刀环，并按规定的丝头加工尺寸调整好剥肋直径尺寸。

③调整剥肋挡块及滚压行程开关位置，保证剥肋及滚压螺纹的长度符合丝头加工尺寸的规定。

④钢筋丝头长度的确定。确定原则：以钢筋连接套筒长度的一半为钢筋丝扣长度，由于钢筋的开始端和结束端存在不完整丝扣，初步确定钢筋丝扣的有效长度。允许偏差为 0～2P（P 为螺距），施工中一般按 0～1P 控制。

5.2.4 钢筋的冷拉

钢筋的冷加工有冷拉、冷拔、冷轧 3 种形式，这里仅介绍钢筋的冷拉。

1. 冷拉机械

常用的冷拉机械有卷扬机式、阻力轮式、丝杠式、液压式等钢筋冷拉机。

卷扬机式钢筋冷拉工艺是目前普遍采用的冷拉工艺。它适应性强，可按要求调节冷拉率和冷拉控制应力；冷拉行程大，不受设备限制，可适应冷拉不同长度和直径的钢筋；设备简单、效率高、成本低。卷扬机式钢筋冷拉机主要由卷扬机、滑轮组、地锚、导向滑轮、夹具和测力装置等组成。工作时，卷筒上传动钢丝绳是正、反穿绕在两副动滑轮组上，因此当卷扬机旋转时，夹持钢筋的一副动滑轮组被拉向卷扬机，使钢筋被拉伸；而另一副动滑轮组则被拉向导向滑轮，为下次冷拉时交替使用。钢筋所受的拉力经传力杆、活动横梁传送给测力装置，从而测出拉力的大小。其拉伸长度可通过标尺直接测量或用行程开关来控制。

2. 冷拉钢筋作业

(1)钢筋冷拉前,应先检查钢筋冷拉设备的能力与冷拉钢筋所需的吨位值是否适应,不允许超载冷拉(特别是用旧设备拉粗钢筋时)。

(2)为确保冷拉钢筋的质量,冷拉前应对测力器和各项冷拉数据进行校核,并做好记录。

(3)冷拉钢筋时,操作人员应站在冷拉线的侧向,在统一指挥下进行作业。听到开车信号,看到操作人员离开危险区后,方能开车。

(4)在冷拉过程中,应随时注意限制信号,当看到停车信号或见到有人误入危险区时,应立即停车,并稍微放松钢丝绳。在作业过程中,严禁横向跨越钢丝绳或冷拉线。

(5)冷拉钢筋时,不论是拉紧或放松,均应缓慢和均匀地进行,绝不能时快时慢。

(6)冷拉钢筋时,如遇焊接接头被拉断,可重新焊接后再拉,但一般不得超过 2 次。

5.2.5　钢筋的绑扎与安装

基面终验、清理完毕,且施工缝处理完毕养护一定时间,混凝土强度达到2.5 MPa 后,即可进行钢筋的绑扎与安装作业。钢筋的安设方法有两种:一种是将钢筋骨架在加工厂制好,再运到现场安装,叫整装法;另一种是将加工好的散钢筋运到现场,再逐根安装,叫散装法。

1. 钢筋的绑扎接头

1)钢筋绑扎要求

(1)钢筋的交叉点应用铁丝扎牢。

(2)柱、梁的箍筋,除设计有特殊要求外,应与受力钢筋垂直;箍筋弯钩叠合处,应沿受力钢筋方向错开设置。

(3)柱中竖向钢筋搭接时,角部钢筋的弯钩平面与模板面的夹角,矩形柱应为 45°,多边形柱应为模板内角的平分角。

(4)板、次梁与主梁交叉处,板的钢筋在上,次梁的钢筋居中,主梁的钢筋在下;当有圈梁或垫梁时,主梁的钢筋应放在圈梁上。主筋两端的搁置长度应保持

均匀一致。

2)钢筋绑扎接头

同一构件中相邻纵向受力钢筋的绑扎搭接接头宜相互错开。

2. 钢筋的现场绑扎

1)准备工作

(1)熟悉施工图纸。通过熟悉图纸,一方面校核钢筋加工中是否有遗漏或误差;另一方面也可以检查图纸中是否存在与实际情况不符的地方,以便及时改正。

(2)核对钢筋加工配料单和料牌。在熟悉施工图纸的过程中,应核对钢筋加工配料单和料牌,并检查已加工成型的成品的规格、形状、数量、间距是否和图纸一致。

(3)确定安装顺序。钢筋绑扎与安装的主要工作内容:放样画线、排筋绑扎、垫撑铁和保护层垫块、检查校正及固定预埋件等。为保证工程顺利进行,在熟悉图纸的基础上,要考虑钢筋绑扎安装顺序。板类构件排筋顺序一般先排受力钢筋,后排分布钢筋;梁类构件一般先摆纵筋(摆放有焊接接头和绑扎接头的钢筋应符合规定),再排箍筋,最后固定。

(4)做好材料、机具的准备。钢筋绑扎与安装的主要材料、机具:钢筋钩、吊线锤球、木水平尺、麻线、长钢尺、钢卷尺、扎丝、垫保护层用的砂浆垫块或塑料卡、撬杆、绑扎架等。对于结构较大或形状较复杂的构件,为了固定钢筋还需一些钢筋支架、钢筋支撑。扎丝一般采用 18～22 号铁丝或镀锌铁丝,扎丝长度一般用钢筋钩拧 2～3 圈后,铁丝出头长度为 20 cm 左右。

(5)放线。放线要从中心点开始向两边量距放点,定出纵向钢筋的位置。水平筋的放线可放在纵向钢筋或模板上。

2)钢筋的绑扎

钢筋的绑扎应顺直均匀、位置正确。钢筋绑扎的操作方法有一面顺扣法、十字花扣法、反十字扣法、兜扣法、缠扣法、兜扣加缠法、套扣法等,较常用的是一面顺扣法。一面顺扣法的操作步骤:首先将已切断的扎丝在中间折合成 180°弯,然后将扎丝清理整齐。绑扎时,执在左手的扎丝应靠近钢筋绑扎点的底部,右手拿住钢筋钩,食指压在钩前部,用钩尖端钩住扎丝底扣处,并紧靠扎丝开口端,绕扎丝拧转两圈套半,在绑扎时扎丝扣伸出钢筋底部要短,并用钩尖将铁丝扣紧。为使绑扎后的钢筋骨架不变形,每个绑扎点进扎丝扣的方向要求交替变换 90°。

5.3　混凝土工程施工

5.3.1　施工准备

混凝土施工准备工作:施工缝处理、设置卸料入仓的辅助设备、模板安装、钢筋架设、预埋件埋设、施工人员的组织、浇筑设备及其辅助设施的布置、浇筑前的检查验收等。

1. 施工缝处理

如果技术或施工组织上的原因,导致不能对混凝土结构一次连续浇筑完毕,而必须停歇较长的时间,其停歇时间已超过混凝土的初凝时间,致使混凝土已初凝,当继续浇筑混凝土时,形成了接缝,即施工缝。

1)施工缝的留设位置

施工缝设置的原则,一般宜留在结构受力(剪力)较小且便于施工的部位:柱子的施工缝宜留在基础与柱子交接处的水平面上,或梁的下面,或吊车梁牛腿的下面、吊车梁的上面、无梁楼盖柱帽的下面;高度大于 1 m 的钢筋混凝土梁的水平施工缝,应留在楼板底面下 20～30 mm 处,当板下有梁托时,留在梁托下部;单向平板的施工缝,可留在平行于短边的任何位置处;对于有主次梁的楼板结构,宜顺着次梁方向浇筑,施工缝应留在次梁跨度的中间 1/3 范围内。

2)施工缝的处理

施工缝处继续浇筑混凝土时,应待混凝土的抗压强度不小于 1.2 MPa 方可进行;施工缝浇筑混凝土之前,应除去施工缝表面的水泥薄膜、松动石子和软弱的混凝土层,处理方法有风砂枪喷毛、高压水冲毛、风镐凿毛或人工凿毛,并加以充分湿润和冲洗干净,不得有积水;浇筑时,施工缝处宜先铺水泥浆(水泥与水质量比为 1∶0.4),或与混凝土成分相同的水泥砂浆一层,厚度为 30～50 mm,以保证接缝的质量;浇筑过程中,施工缝应细致捣实,使其紧密结合。

2. 仓面准备

浇筑仓面的准备工作:机具设备、劳动组合、照明、水电供应、所需混凝土原材料的准备等,仓面施工的脚手架、工作平台、安全网、安全标志等应检查是否牢固，电源开关、动力线路是否符合安全规定。

仓位的浇筑高程、上升速度、特殊部位的浇筑方法和质量要求等技术问题，须事先进行技术交底。

地基或施工缝处理完毕并养护一定时间，已浇好的混凝土强度达到 2.5 MPa 后方可在仓面进行放线，安装模板、钢筋和预埋件，架设脚手架等作业。

3. 模板、钢筋及预埋件检查

开仓浇筑前，必须按照设计图纸和施工规范的要求，对仓面安设的模板、钢筋及预埋件进行全面检查验收，签发合格证。

5.3.2 混凝土的拌制

混凝土拌制是按照混凝土配合比设计要求，将其组成材料（砂石、水泥、水、外加剂及掺合料等）拌和成均匀的混凝土料，以满足浇筑需要。混凝土制备的过程包括储料、供料、配料和拌和。其中配料和拌和是主要生产环节，也是质量控制的关键，要求品种无误、配料准确、拌和充分。

1. 混凝土配料

1）配料

配料是按设计要求，称量每次拌和混凝土的材料用量。配料的精度直接影响混凝土的质量。混凝土配料要求采用质量配料法，即将砂、石、水泥、矿物掺合料按质量计量，水和外加剂溶液按质量折算成体积计量，设计配合比中的加水量根据水灰比计算确定，并以饱和面干状态的砂子为标准。由于水灰比对混凝土强度和耐久性影响极为重大，绝不能任意变更；施工采用的砂子，其含水量又往往较高，在配料时采用的加水量，应扣除砂子表面含水量及外加剂中的水量。

2）给料

给料是将混凝土各组分从料仓按要求送进称料斗。给料设备的工作机构常与称量设备相连，当需要给料时，控制电路开通，进行给料。当计量达到要求时，即断电停止给料。常用的给料设备有皮带给料机、给料闸门、电磁振动给料机、叶轮给料机、螺旋给料机等。

3）称量

混凝土配料称量的设备，有简易秤（地磅）、电动磅秤、自动配料杠杆秤、电子

秤、配水箱及定量水表。

2. 混凝土拌和

混凝土拌和的方法有人工拌和与机械拌和两种。用拌和机拌和混凝土较广泛，能提高拌和质量和生产率。

1)拌和机械

拌和机械有自落式搅拌机和强制式搅拌机两种。

自落式搅拌机通过筒身旋转，带动搅拌叶片将物料提高，在重力作用下物料自由坠下，反复进行，互相穿插、翻拌、混合，使混凝土各组分搅拌均匀。

强制式搅拌机一般筒身固定，搅拌机片旋转，对物料施加剪切、挤压、翻滚、滑动、混合，使混凝土各组分搅拌均匀。

搅拌机使用前应按照“十字作业法”(清洁、润滑、调整、紧固、防腐)的要求检查离合器、制动器、钢丝绳等各个系统和部位，机件是否齐全，机构是否灵活，运转是否正常，并按规定位置加注润滑油脂。进行空转检查，检查搅拌机旋转方向是否与机身箭头一致，空车运转是否达到要求值。在确认以上情况正常后，搅拌筒内加清水搅拌 3 min 后将水放出，方可投料搅拌。

2)混凝土拌和

(1)开盘操作。在完成上述检查工作后，即可进行开盘搅拌，为不改变混凝土设计配合比，补偿黏附在筒壁、叶片上的砂浆，第一盘应减少石子 30%，或多加水泥、砂各 15%。

(2)正常运转。确定原材料投入搅拌筒内的先后顺序，应综合考虑能否保证混凝土的搅拌质量，提高混凝土的强度，减少机械的磨损与混凝土的黏罐现象，减少水泥飞扬，降低电耗以及提高生产率等。按原材料加入搅拌筒内的投料顺序的不同，普通混凝土的搅拌方法可分为一次投料法、二次投料法和水泥裹砂法等。

一次投料法是目前普遍采用的方法。它是将砂、石、水泥和水一起同时加入搅拌筒中进行搅拌。为了减少水泥的飞扬和水泥的黏罐现象，向搅拌机上料斗中投料时，投料顺序宜先倒砂子(或石子)再倒水泥，然后倒入石子(或砂子)，将水泥加在砂、石之间，最后由上料斗将干物料送入搅拌筒内，加水搅拌。

二次投料法又分为预拌水泥砂浆法和预拌水泥净浆法。预拌水泥砂浆法是先将水泥、砂和水加入搅拌筒内进行充分搅拌，成为均匀的水泥砂浆后，再加入石子搅拌成均匀的混凝土。

国内一般是用强制式搅拌机拌制水泥砂浆1～1.5 min，然后再加入石子搅拌1～1.5 min。国外针对这种工艺还设计了一种双层搅拌机（称为复式搅拌机），其上层搅拌机搅拌水泥砂浆，搅拌均匀后，再送入下层搅拌机与石子一起搅拌成混凝土。预拌水泥净浆法是先将水泥和水充分搅拌成均匀的水泥净浆后，再加入砂和石搅拌成混凝土。国外曾设计一种搅拌水泥净浆的高速搅拌机，其不仅能将水泥净浆搅拌均匀，而且对水泥还有活化作用。国内外的试验表明，二次投料法搅拌的混凝土与一次投料法相比较，混凝土强度可提高15%，在强度相同的情况下，可节约水泥15%～20%。

水泥裹砂法又称SEC法，采用这种方法拌制的混凝土称为SEC混凝土或造壳混凝土。该法的搅拌程序是先加一定量的水使砂表面的含水量调到某一规定的数值后（一般为15%～25%），再加入石子并与湿砂拌匀，然后将全部水泥投入与砂石共同拌和，使水泥在砂石表面形成一层低水灰比的水泥浆壳，最后将剩余的水和外加剂加入搅拌成混凝土。采用SEC法制备的混凝土与一次投料法相比较，强度可提高20%～30%，混凝土不易产生离析和泌水现象，工作性好。

从原材料全部投入搅拌筒时起到开始卸料时止所经历的时间称为搅拌时间，为获得混合均匀、强度和工作性都能满足要求的混凝土所需的最低限度的搅拌时间称为最短搅拌时间。这个时间随搅拌机的类型与容量，骨料的品种、粒径及对混凝土的工作性要求等因素的不同而异。

混凝土拌合物的搅拌质量应经常检查，混凝土拌合物颜色均匀一致，无明显的砂粒、砂团及水泥团，石子完全被砂浆包裹，说明其搅拌质量较好。

每班作业后应对搅拌机进行全面清洗，并在搅拌筒内放入清水及石子运转10～15 min后放出，再用竹扫帚洗刷外壁。搅拌筒内不得有积水，以免筒壁及叶片生锈，如遇冰冻季节应放完水箱及水泵中的存水，以防冻裂。每天工作完毕后，搅拌机料斗应放至最低位置，不准悬于半空。电源必须切断，锁好电闸箱，保证各机构处于空位。

3. 混凝土搅拌站

在混凝土施工工地，通常把骨料堆场、水泥仓库、配料装置、拌和机及运输设备等比较集中地布置，组成混凝土拌和站，或采用成套的混凝土工厂（拌和楼）来制备混凝土。

搅拌站根据其组成部分在竖向布置方式的不同,分为单阶式和双阶式。在单阶式混凝土搅拌站中,原材料一次提升后经过集料斗,然后靠自重下落进入称量和搅拌工序。采用这种工艺流程,原材料从一道工序到下一道工序的时间短、效率高、自动化程度高、搅拌站占地面积小,适用于产量大的固定式大型混凝土搅拌站。

在双阶式混凝土搅拌站中,原材料经第一次提升后经过集料斗,下落经称量配料后,再经过第二次提升进入搅拌机。这种工艺流程的搅拌站的建筑物高度小、运输设备简单、投资少、建设快,但效率和自动化程度相对较低,建筑工地上设置的临时性混凝土搅拌站多属此类。

5.3.3　混凝土运输

1. 混凝土运输的基本要求

为保证混凝土的质量,混凝土自搅拌机中卸出后,应及时运至浇筑地点。对混凝土运输方案的选择,应根据建筑结构特点、混凝土工程量、运输距离、地形、道路和气候条件,以及现有设备情况等进行考虑,无论采用何种运输方案,均应满足以下要求。

(1)保证混凝土的浇筑量,尤其是在滑模施工和不允许留施工缝的情况下,混凝土运输必须保证其浇筑工作能够连续进行。

(2)混凝土在运输中,应保持其均匀性,保证不分层、不离析、不滑浆;运至浇筑地点时,应具有规定的坍落度。当有离析现象时,应进行二次搅拌方可入模。

(3)混凝土运输工具要求不吸水、不漏浆、内壁平整光洁,且在运输中的全部时间不应超过混凝土的初凝时间。若进行长距离运输,可选用混凝土搅拌运输车。

(4)尽可能使运输线路短直、道路平坦、车辆行驶平稳,防止混凝土分层、离析。同时还应考虑布置环形回路,以免车辆阻塞。

(5)采用泵送混凝土应保证混凝土泵连续工作,输送管线宜直,转弯宜缓,接头应严密,泵送前应先用适量的与混凝土成分相同的水泥浆或水泥砂浆润滑输送管内壁。当间歇延续时间超过 45 min 或混凝土出现离析现象时,应立即用压力水或其他方法冲洗管内残留的混凝土。

1)运输工具的选择

混凝土运输分地面水平运输、垂直运输和楼面水平运输 3 种。

(1)地面水平运输时,短距离多用双轮手推车、机动翻斗车;长距离宜用自卸汽车、混凝土搅拌运输车。

(2)垂直运输时,采用各种井架、龙门架和塔式起重机作为垂直运输工具。对于浇筑量大、浇筑速度比较稳定的大型设备基础和高层建筑,宜采用混凝土泵,也可采用自升式塔式起重机或爬式塔式起重机运输。

(3)楼面水平运输,多用双轮手推车和混凝土泵管。

2)混凝土水平运输工具

(1)手推车。

手推车是施工工地上普遍使用的水平运输工具,其种类有独轮、双轮和三轮手推车等多种。手推车具有小巧、轻便等特点,不但适用于一般的地面水平运输,还能在脚手架、施工栈道上使用;手推车也可与塔式起重机、井架等配合使用,满足垂直运输混凝土、砂浆等材料的需要。

(2)机动翻斗车。

机动翻斗车是混凝土工程中使用较多的水平运输机械。它轻便灵活、转弯半径小、速度快且能自动卸料。车前装有容量为 476 L 的翻斗,载重量约 1 t,最高速度可达 20 km/h,适用于短途运输混凝土或砂石料。

(3)混凝土搅拌运输车。

混凝土搅拌运输车是运送混凝土的专用设备。在运量大、运距远的情况下,能保证混凝土的质量均匀,一般用于混凝土制备点(商品混凝土站)与浇筑点距离较远时使用。它的运送方式有两种:一是在 10 km 范围内作短距离运送时,只用作运输工具,即将拌和好的混凝土接送至浇筑点,在运输途中为防止混凝土分离,让搅拌筒只作低速搅动,使混凝土拌合物不致分离、凝结;二是在运距较长时,搅拌运输两者兼用,即先在混凝土拌和站将干料(砂、石、水泥)按配合比装入搅拌筒内,并将水注入配水箱,开始只进行干料运送,然后在到达距使用点 10~15 min 路程时,启动搅拌筒回转,并向搅拌筒注入定量的水,这样在运输途中边运输边搅拌成混凝土拌合物,送至浇筑点卸出。

3)混凝土垂直运输工具

混凝土垂直运输工具有塔式起重机、混凝土快速提升机、井架升降机、混凝土输送泵等。

(1)塔式起重机。

塔式起重机主要用于大型建筑和高层建筑的垂直运输。塔式起重机可通过

料罐(又称料斗)将混凝土直接送到浇筑地点。料罐上部开口,下部有门;装料时平卧地上由搅拌机或汽车将混凝土自上口装入,吊起后料罐直立,在浇筑地点通过下口浇入模板内。目前,塔式起重机通常有行走式、附着式和内爬式三种。对于高层建筑,由于其高度很大,普通塔式起重机已不能满足要求,需要采用附着式或内爬式塔式起重机。

(2)混凝土快速提升机。

混凝土快速提升机是供快速输送大量混凝土的垂直提升设备。它是由钢井架、混凝土提升斗、高速卷扬机等组成,其提升速度可达 50～100 m/min。混凝土提升到施工楼层后,卸入楼面受料斗,再采用其他楼面水平运输工具(如手推车等)运送到施工部位浇筑。一般每台容量为 0.5 $m^3 \times 2$ 的双斗提升机,当其提升速度为 75 m/min 时,最高高度可达 120 m,混凝土输送能力可达 20 m^3/h。因此,对于混凝土浇筑量较大的工程,特别是高层建筑,在缺乏其他高效能机具的情况下,混凝土快速提升机是较为经济适用的混凝土垂直运输机具。

(3)井式升降机。

井式升降机一般由井架、台灵拔杆、卷扬机、吊盘、自动倾卸吊斗及钢丝缆风绳等组成,具有一机多用、构造简单、装拆方便等优点。使用井式升降机时一般有以下两种方式。

①用小车将混凝土推到井式升降机的升降平台,提升到楼层后再运到浇筑地点。

②将搅拌机直接安装在井式升降机旁,混凝土卸入升降机的料斗内,提升到楼层后再卸入小车内运到浇筑地点。用小车运送混凝土时,楼层上要加设行车跳板,以免压坏已扎好的钢筋。

(4)混凝土输送泵。

混凝土输送泵是将混凝土拌合物从搅拌机出口通过管道连续不断地泵送到浇筑仓面的一种混凝土输送机械。它以泵为动力,沿管道输送混凝土,可一次完成水平及垂直运输,将混凝土直接输送到浇筑点,是发展较快的一种混凝土的运输方法。泵送混凝土具有输送能力大、速度快、效率高、节省人力、能连续输送等特点。适用于大型设备基础、坝体、现浇高层建筑、水下与隧道等工程的垂直与水平运输。

(5)混凝土泵车。

混凝土泵车均装有 3～5 节折叠式全回转布料臂、液压操作。最大理论输送能力为 150 m^3/h,最大布料高度为 51 m,布料半径为 46 m,布料深度为 35.8 m。

混凝土泵车可在布料杆的回转范围内直接进行浇筑。

(6)混凝土布料杆。可根据现场混凝土浇筑的需要将布料杆设置在合适位置，布料杆有固定式、内爬式、移动式、船用式等。HGT41 型内爬式布料机的布料半径为 41 m，塔身高度为 24 m，爬升速度为 0.5 m/min，臂架为四节卷折全液压形式，回转角度为 360°，末端软管长度为 3 m。

2. 混凝土运输的注意事项

(1)尽可能使运输线路短直、道路平坦、车辆行驶平稳，减少运输时的振荡；避免运输的时间和距离过长、转运次数过多。

(2)混凝土容器应平整光洁、不吸水、不漏浆，装料前用水湿润，炎热气候或风雨天气宜加盖，防止水分蒸发或进水，冬季考虑保温措施。

(3)运至浇筑地点的混凝土发现有离析和初凝现象须二次搅拌均匀后方可入模，已凝结的混凝土应报废，不得用于工程中。

(4)溜槽运输的坡度不宜大于 30°，混凝土的移动速度不宜大于 1 m/s。如溜槽的坡度太小、混凝土移动太慢，可在溜槽底部加装小型振动器；当溜槽坡度太大或用皮带运输机运输，混凝土移动速度太快时，可在末端设置串筒或挡板，以保证垂直下落和落差高度。

选择混凝土运输方案时，技术上可行的方案可能不止一个，要进行综合的经济比较以选择最优方案。

5.3.4 混凝土浇筑

混凝土成型就是将混凝土拌合料浇筑在符合设计尺寸要求的模板内，加以捣实，使其具有良好的密实性，达到设计强度的要求。混凝土成型过程包括浇筑与捣实，是混凝土工程施工的关键，将直接影响构件的质量和结构的整体性。因此，混凝土经浇筑捣实后应内实外光、尺寸准确、表面平整、钢筋及预埋件位置符合设计要求、新旧混凝土结合良好。

1. 浇筑前的准备工作

(1)对模板及其支架进行检查，应确保标高、位置尺寸正确，强度、刚度、稳定性及严密性满足要求；模板中的垃圾、泥土和钢筋上的油污应加以清除；木模板应浇水润湿，但不允许留有积水。

(2)对钢筋及预埋件应请工程监理人员共同检查钢筋的级别、直径、排放位

置及保护层厚度是否符合设计和规范要求，并认真做好隐蔽工程记录。

(3)准备和检查材料、机具等；注意天气预报，不宜在雨雪天气浇筑混凝土。

(4)做好施工组织工作和技术、安全交底工作。

2. 浇筑工作的一般要求

(1)混凝土应在初凝前浇筑，如混凝土在浇筑前有离析现象，须重新拌和后才能浇筑。

(2)浇筑时，混凝土的自由倾落高度：对于素混凝土或少筋混凝土，由料斗进行浇筑时，应不超过 2 m；对竖向结构(如柱、墙)浇筑混凝土的高度不超过 3 m；对于配筋较密或不便捣实的结构，不宜超过 60 cm。否则应采用串筒、溜槽和振动串筒下料，以防产生离析。

(3)浇筑竖向结构混凝土前，底部应先浇入 50～100 mm 厚与混凝土成分相同的水泥砂浆，以避免产生蜂窝麻面现象。

(4)混凝土浇筑时的坍落度应符合设计要求。

(5)为了使混凝土振捣密实，混凝土必须分层浇筑。

(6)为保证混凝土的整体性，浇筑工作应连续进行。当由于技术或施工组织上的原因必须间歇时，其间歇时间应尽可能缩短，并应在前层混凝土凝结之前，将次层混凝土浇筑完毕。间歇的最长时间应按所用水泥品种及混凝土条件确定。

(7)正确留置施工缝。施工缝位置应在混凝土浇筑之前确定，并宜留置在结构受剪力较小且便于施工的部位。柱应留水平缝，梁、板、墙应留垂直缝。

(8)在混凝土浇筑过程中，应随时注意模板及其支架、钢筋、预埋件及预留孔洞的情况，当出现不正常的变形、位移时，应及时采取措施进行处理，以保证混凝土的施工质量。

(9)在混凝土浇筑过程中应及时认真填写施工记录。

3. 整体结构浇筑

为保证结构的整体性和混凝土浇筑工作的连续性，应在下一层混凝土初凝之前将上层混凝土浇筑完毕。因此，在编制浇筑施工方案时，应计算每小时需要浇筑的混凝土的数量以及所需搅拌机、运输工具和振捣器的数量，并据此拟定浇筑方案和组织施工。

4. 混凝土浇筑工艺

1)铺料

开始浇筑前，要在旧混凝土面上先铺一层 2～3 cm 厚的水泥砂浆（接缝砂浆），以保证新混凝土与基岩或旧混凝土结合良好。砂浆的水灰比应较混凝土水灰比减少 0.03～0.05，混凝土的浇筑应按一定厚度、次序、方向分层推进。

铺料厚度应根据拌和能力、运输距离、浇筑速度、气温及振捣器的性能等因素确定。如采用低流态混凝土及大型强力振捣设备，其浇筑层厚度应根据试验确定。

2)平仓

平仓是把卸入仓内成堆的混凝土摊平到要求的均匀厚度。平仓操作不当会造成离析，使骨料架空，严重影响混凝土质量。

(1)人工平仓：人工平仓用铁锹，平仓距离不超过 3 m。只适用于在靠近模板和钢筋较密的地方，以及设备预埋件等空间狭小的二期混凝土。

(2)振捣器平仓：振捣器平仓时应将振捣器倾斜插入混凝土料堆下部，使混凝土向操作者位置移动，然后一次一次地插向料堆上部，直至混凝土摊平到规定的厚度为止。如将振捣器垂直插入料堆顶部，平仓工效固然较高，但易造成粗骨料沿锥体四周下滑，砂浆则集中在中间形成砂浆窝，影响混凝土匀质性。经过振动摊平的混凝土表面可能已经泛出砂浆，但内部并未完全捣实，切不可将平仓和振捣合二为一，影响浇筑质量。

3)振捣

振捣是振动捣实的简称，它是保证混凝土浇筑质量的关键工序。振捣的目的是尽可能减少混凝土中的空隙，以消除混凝土内部的孔洞，并使混凝土与模板、钢筋及预埋件紧密结合，从而保证混凝土的最大密实度，提高混凝土质量。

(1)人工振捣。

当结构钢筋较密，振捣器难于施工，或混凝土内有预埋件、观测设备，周围混凝土振捣力不宜过大时，可采用人工振捣。人工振捣要求混凝土拌合物坍落度大于 5 cm，铺料层厚度小于 20 cm。人工振捣工具有捣固锤、捣固杆和捣固铲。捣固锤主要用来捣固混凝土的表面；捣固铲用于插边，使砂浆与模板靠紧，防止表面出现麻面；捣固杆用于钢筋稠密的混凝土中，以使钢筋被水泥砂浆包裹，增加混凝土与钢筋之间的握裹力。人工振捣工效低，混凝土质量不易保证。

(2)机械振捣。

混凝土振捣主要采用振捣器进行,振捣器产生小振幅、高频率的振动,使混凝土在其振动作用下,内摩擦力和黏结力大大降低,使干稠的混凝土获得流动性,在重力作用下骨料互相滑动而紧密排列,空隙由砂浆填满,空气被排出,从而使混凝土密实,并填满模板内部空间,且与钢筋紧密结合。一般工程均采用电动式振捣器。电动插入式振捣器又分为串激式振捣器、软轴振捣器和硬轴振捣器 3 种。混凝土振捣应在平仓之后立即进行,此时混凝土流动性好,容易振捣,捣实质量好。

①振捣棒。

振捣器的选用,对于素混凝土或钢筋稀疏的部位,宜用大直径的振捣棒;坍落度小的干硬性混凝土,宜选用高频和振幅较大的振捣器。振捣作业路线保持一致,并按顺序依次进行,以防漏振。振捣棒尽可能垂直地插入混凝土中,如振捣棒较长或把手位置较高,垂直插入感到操作不便,也可略带倾斜,但与水平面夹角不宜小于 45°,且每次倾斜方向应保持一致,否则下部混凝土将会发生漏振。

振捣棒应快插、慢拔。插入过慢,上部混凝土先捣实,就会阻止下部混凝土中的空气和多余的水分向上逸出;拔得过快,周围混凝土来不及填铺振捣棒留下的孔洞,将在每一层混凝土的上半部留下只有砂浆而无骨料的砂浆柱,影响混凝土的强度。为使上下层混凝土振捣密实均匀,可将振捣棒上下抽动,抽动幅度为 5～10 cm。振捣棒的插入深度,在振捣第一层混凝土时,以振捣器头部不碰到基岩或旧混凝土面,但相距不超过 5 cm 为宜;振捣上层混凝土时,则应插入下层混凝土 5 cm 左右,使上下两层结合良好。在斜坡上浇筑混凝土时,振捣棒仍应垂直插入,并且应先振低处再振高处,否则在振捣低处的混凝土时,已捣实的高处混凝土会自行向下流动,致使密实性受到破坏。软轴振捣棒插入深度为棒长的 3/4,过深则软轴和振捣棒结合处容易损坏。

振捣棒在每一孔位的振捣时间,以混凝土不再显著下沉、水分和气泡不再逸出并开始泛浆为准。振捣时间和混凝土坍落度、石子类型及最大粒径、振捣器的性能等因素有关,一般为 20～30 s。振捣时间过长,不但降低工效,且使砂浆上浮过多,石子集中下部,混凝土产生离析,严重时,整个浇筑层呈“千层饼”状态。

振捣器的插入间距控制在振捣器有效作用半径的 1.5 倍以内,实际操作时也可根据振捣后在混凝土表面留下的圆形泛浆区域能否在正方形排列(直线行列移动)的 4 个振捣孔径的中点,或三角形排列(交错行列移动)的 3 个振捣孔位的中点相互衔接来判断。在模板边、预埋件周围、布置有钢筋的部位以及两罐

(或两车)混凝土卸料的交界处,宜适当减少插入间距以加强振捣,但不宜小于振捣棒有效作用半径的 1/2,并注意不能触及钢筋、模板及预埋件。为提高工效,振捣棒插入孔位尽可能呈三角形分布。使用外部式振捣器时,操作人员应穿绝缘胶鞋,戴绝缘手套,以防触电。

②平板式振捣器。

平板式振捣器要保持拉绳干燥和绝缘,移动和转向时应蹬踏平板两端,不得蹬踏电机。操作时可倒顺开关控制电机的旋转方向,使振捣器的电机旋转方向正转或反转,从而使振捣器自动地向前或向后移动。沿铺料路线逐行进行振捣,两行之间要搭接 5 cm 左右,以防漏振。振捣时间仍以混凝土拌合物停止下沉、表面平整、往上返浆且已达到均匀状态并充满模壳为准,时间一般为 30 s 左右。在转移作业面时,要注意电缆线勿被模板、钢筋露头等挂住,防止拉断或造成触电事故。振捣混凝土时,一般横向和竖向各振捣一遍即可,第一遍主要是密实,第二遍是使表面平整,其中第二遍是在已振捣密实的混凝土面上快速拖行。

③附着式振捣器。

附着式振捣器安装时应保证转轴水平或垂直。在一个模板上安装多台附着式振捣器同时进行作业时,各振捣器频率必须保持一致,相对安装的振捣器的位置应错开。振捣器所装置的构件模板要坚固牢靠,构件的面积应与振捣器的额定振动板面积相适应。

④混凝土振动台。

混凝土振动台是一种强力振动成型机械装置,必须安装在牢固的基础上,地脚螺栓应有足够的强度并拧紧。在振捣作业中,必须安置牢固可靠的模板锁紧夹具,以保证模板和混凝土与台面一起振动。

5.3.5 混凝土的养护

混凝土浇筑完毕后,在一个相当长的时间内,应保持其适当的温度和足够的湿度,以提供良好的硬化条件,这就是混凝土的养护工作。混凝土表面水分不断蒸发,如不设法防止水分损失,水化作用未能充分进行,混凝土的强度将受到影响,还可能产生干缩裂缝。因此混凝土养护的目的有两个:一是创造有利条件,使水泥充分水化,加速混凝土的硬化;二是防止混凝土成型后因暴晒、风吹、干燥等自然因素影响,出现不正常的收缩、裂缝等现象。

混凝土的养护方法分为自然养护和热养护两类,养护时间取决于当地气温、

水泥品种和结构物的重要性。混凝土必须养护至其强度达到 1.2 MPa 以上，才准在其上行人和架设支架、安装模板，但不得冲击混凝土。

5.4　大体积混凝土施工

我国工程界一般认为当混凝土结构断面最小尺寸大于 2 m 时，就称为大体积混凝土。随着高层、超高层建筑的大量建造，各种大体积混凝土的结构形式，特别是大体积混凝土基础，得到越来越多的应用。但大体积混凝土在施工阶段会因水泥水化热释放引起内外温差过大而产生裂缝。因此，控制混凝土浇筑块体因水化热引起的温度升高、混凝土浇筑块体的内外温差及降温速度，是防止混凝土出现有害温度裂缝的关键问题。这需要在大体积混凝土结构的设计、混凝土材料的选择、配合比设计、拌制、运输、浇筑、保温养护及施工过程中混凝土内部温度和温度应力的监测等环节，采取一系列的技术措施，预防大体积混凝土温度裂缝的产生。

我们将大体积混凝土温度裂缝控制措施分为设计措施、施工措施和监测措施三个方面。

5.4.1　设计措施

(1)大体积混凝土的强度等级宜选用 C20～C35，利用 60 d 甚至 90 d 的后期强度。

(2)应优先采用水化热低的矿渣水泥配制大体积混凝土。配制混凝土所用水泥 7 d 的水化热不大于 25 kJ/kg。

(3)粗骨料宜采用连续级配，采用 5～40 mm 颗粒级配的石子。

(4)细骨料宜采用中砂，控制含泥量小于 1.5％。

(5)使用掺合料(粉煤灰)及外加剂(减水剂、缓凝剂和膨胀剂)。

(6)大体积混凝土基础除应满足承载力和构造要求外，还应增配承受因水泥水化热引起的温度应力控制裂缝开展的钢筋，以构造钢筋来控制裂缝，配筋尽可能采用小直径、小间距。

(7)当基础设置于岩石地基上时，宜在混凝土垫层上设置滑动层，滑动层构造可采用一毡二油，在夏季施工时也可采用一毡一油。也有涂抹两道海藻酸钠隔离剂，以减小地基水平阻力系数，一般可减小至 1～3 kPa。当为软土地基时，可以优先考虑采用砂垫层处理。因为砂垫层可以减小地基对混凝土基础的约束作用。

(8)大体积混凝土工程施工前,应对施工阶段大体积混凝土浇筑块体的温度、温度应力及收缩力进行验算,确定施工阶段大体积混凝土浇筑块体的升温峰值,内外温差不超过 25 ℃,制定温控施工的技术措施。

5.4.2 施工措施

(1)混凝土的浇筑方法可用分层连续浇筑或推移式连续浇筑。大体积混凝土结构多为厚大的桩基承台或基础底板等,整体性要求较高,往往不允许留施工缝,要求一次连续浇筑完毕。

根据结构特点不同,可分为全面分层、分段分层、斜面分层等浇筑方案。

①全面分层:当结构平面面积不大时,可将整个结构分为若干层进行浇筑,即第一层全部浇筑完毕后,再浇筑第二层,如此逐层连续浇筑,直到结束。为保证结构的整体性,要求次层混凝土在前层混凝土初凝前浇筑完毕。

②分段分层:当结构平面面积较大时,全面分层已不适应,这时可采用分段分层浇筑方案。即将结构划分为若干段,每段又分为若干层,先浇筑第一段各层,然后浇筑第二段各层,如此逐层连续浇筑,直至结束。为保证结构的整体性,要求次段混凝土应在前段混凝土初凝前浇筑并与之捣实成整体。

③斜面分层:当结构的长度超过厚度的 3 倍时,可采用斜面分层的浇筑方案。这里,振捣工作应从浇筑层斜面下端开始,逐渐上移,且振捣器应与斜面垂直。

混凝土的摊铺厚度应根据振捣器的作用深度及混凝土的和易性确定,当采用泵送混凝土时,混凝土的摊铺厚度不大于 600 mm;当采用非泵送混凝土时,混凝土的摊铺厚度不大于 400 mm。分层连续浇筑或推移式连续浇筑,其层间的间隔时间应尽量缩短,必须在前层混凝土初凝之前,将其次层混凝土浇筑完毕。层间最长的时间间隔不大于混凝土的初凝时间。若层间间隔时间超过混凝土的初凝时间,层面应按施工缝处理。

(2)混凝土的拌制、运输必须满足连续浇筑施工以及尽量降低混凝土出罐温度等方面的要求,并应符合下列规定。

①炎热季节浇筑大体积混凝土时,混凝土搅拌场站宜对砂、石骨料采取遮阳、降温措施。

②当采用泵送混凝土施工时,混凝土的运输宜采用混凝土搅拌运输车,混凝

土搅拌运输车的数量应满足混凝土连续浇筑的要求。

③必要时采取预冷骨料(水冷法、气冷法等)和加冰搅拌等。

④浇筑时间最好安排在低温季节或夜间,若在高温季节施工,则应采取减小混凝土温度回升的措施,譬如尽量缩短混凝土的运输时间、加快混凝土的入仓覆盖速度、缩短混凝土的暴晒时间、混凝土运输工具采取隔热遮阳措施等。对于泵送混凝土的输送管道,应全程覆盖并洒冷水,以减少混凝土在泵送过程中吸收太阳的辐射热,最大限度地降低混凝土的入模温度。

(3)在混凝土浇筑过程中,应及时清除混凝土表面的泌水。泵送混凝土的水灰比一般较大,泌水现象也较严重,不及时消除,将会降低结构混凝土的质量。

(4)混凝土浇筑完毕后,应及时按量控技术措施的要求进行保温养护,并应符合下列规定。

①保温养护措施,应使混凝土浇筑块体的里外温差及降温速度满足温控指标的要求。

②保温养护的持续时间,应根据温度应力(包括混凝土收缩产生的应力)加以控制、确定,但不得少于15 d,保温覆盖层的拆除应分层逐步进行。

③在保温养护过程中,应保持混凝土表面的湿润。保温养护是大体积混凝土施工的关键环节,其目的主要是降低大体积混凝土浇筑块体的内外温差值,以降低混凝土块体的自约束应力;其次是降低大体积混凝土浇筑块体的降温速度,充分利用混凝土的抗拉强度,以提高混凝土块体承受外约束应力的抗裂能力,达到防止或控制温度裂缝的目的。同时,在养护过程中保持良好的湿度和抗风条件,使混凝土在良好的环境下养护。施工人员应根据事先确定的温控指标要求来确定大体积混凝土浇筑后的养护措施。

(5)塑料膜、塑料泡沫板、喷水泥珍珠岩、挂双层草垫等可作为保温材料覆盖混凝土和模板,覆盖层的厚度应根据温控指标的要求计算,并可在混凝土终凝后,在板面做土围堰灌水5～10 cm深进行保温和养护。水的热容量大,比热容为4.1868 kJ/(kg·℃),覆水层相当于在混凝土表面设置了恒温装置。在寒冷季节可搭设挡风保温棚,并在草袋上设置碘钨灯。

(6)土是良好的养护介质,所以应及时回填土。

(7)在大体积混凝土拆模后,应采取预防寒潮袭击、突然降温和剧烈干燥等措施。

(8)采用二次振捣技术,改善混凝土强度,提高抗裂性。当混凝土浇筑后即将凝固时,在适当时间内再振捣,可以增加混凝土的密实度,减少内部微裂缝。

但必须掌握好二次振捣的时间间隔(以 2 h 为宜),否则会破坏混凝土内部结构,起到相反效果。

(9)利用预埋的冷却水管通低温水以散热降温。混凝土浇筑后立即通水,以降低混凝土的最高温升。

5.4.3 监测措施

(1)大体积混凝土的温控施工中,除应进行水泥水化热的测定外,在混凝土浇筑过程中还应进行混凝土浇筑温度的监测,在养护过程中应进行混凝土浇筑块体升降温、内外温差、降温速度及环境温度等监测。这些监测结果能及时反馈现场大体积混凝土浇筑块内温度变化的实际情况,以及所采用的施工技术措施的效果,为工程技术人员及时采取温控对策提供科学依据。

(2)混凝土的浇筑温度系指混凝土振捣后位于混凝土上表面以下 50～100 mm 深处的温度。混凝土浇筑温度的测试每工作班(8 h)应不少于 2 次。大体积混凝土浇筑块体内外温差降温速度及环境温度的测试一般在前期每 2～4 h 测一次,后期每 4～8 h 测一次。

(3)大体积混凝土浇筑块体温度监测点的布置,以能真实反映出混凝土块体的内外温差、降温速度及环境温度为原则。

5.5 框剪结构混凝土施工

5.5.1 浇筑要求

浇筑钢筋混凝土框剪结构首先要划分施工层和施工段。施工层一般按结构层划分,而每一施工层如何划分施工段,则要考虑工序数量、技术要求、结构特点等。要做到木工在第一施工层安装完模板,准备转移到第二施工层的第一施工段上时,该施工段所浇筑的混凝土强度应达到允许工人在其上操作的强度(1.2 MPa)。

混凝土浇筑前应做好必要的准备工作,如模板、钢筋和预埋管线的检查和清理以及隐蔽工程的验收;浇筑用脚手架、走道的搭设和安全检查;根据实验室下达的混凝土配合比通知单准备和检查材料等;做好施工用具的准备等。为保证捣实质量,混凝土应分层浇筑。

浇筑叠合式受弯构件时，应按设计要求确定是否设置支撑，且叠合面应根据设计要求预留凸凹槎（当无要求时，凸凹槎为 6 mm），形成延期粗糙面。

5.5.2　浇筑方法

1. 混凝土柱的浇筑

1) 混凝土的灌注

(1) 混凝土柱灌注前，柱底基面应先铺 5～10 cm 厚与混凝土内砂浆成分相同的水泥砂浆后，再分段分层灌注混凝土。

(2) 凡截面面积在 400 mm×400 mm 以内或有交叉箍筋的混凝土柱，应在柱模侧面开口装上斜溜槽来灌注，每段高度不得大于 2 m。如箍筋妨碍溜槽安装，可将箍筋一端解开提起，待混凝土浇至窗口的下口时，卸掉斜溜槽，将箍筋重新绑扎好，用模板封口，柱箍箍紧，继续浇上段混凝土。采用斜溜槽下料时，可将其轻轻晃动，加快下料速度。采用溜筒下料时，柱混凝土的灌注高度可不受限制。

(3) 当柱高不超过 3.5 m、截面面积大于 400 mm×400 mm 且无交叉钢筋时，混凝土可由柱模顶直接倒入；当柱高超过 3.5 m 时，必须分段灌注混凝土，每段高度不得超过 3.5 m。

(4) 柱子浇筑后，应间隔 1～1.5 h，待所浇混凝土拌合物初步沉实后，再浇筑上面的梁板结构。

2) 混凝土的振捣

(1) 混凝土的振捣一般需要 4 人协同操作，其中，2 人负责下料，1 人负责振捣，另外 1 人负责开关振捣器。

(2) 混凝土的振捣尽量使用插入式振捣器。当振捣器的软轴比柱长 0.5～1.0 m 时，待下料至分层厚度后，将振捣器从柱顶伸入混凝土内进行振捣。当用振捣器振捣比较高的柱子时，则应从柱模侧预留的洞口插入，待振捣器找到振捣位置时，再合闸振捣。

(3) 振捣时以混凝土不再塌陷，混凝土表面泛浆，柱模外侧模板拼缝均匀微露砂浆为好。也可用木槌轻击柱侧模判定，如声音沉实，则表示混凝土已振实。

2. 混凝土墙的浇筑

1) 混凝土的灌注

(1) 浇筑顺序应先边角后中部，先外墙后隔墙，以保证外部墙体的垂直度。

(2)高度在 3 m 以内的外墙和隔墙,混凝土可以从墙顶向模板内卸料,卸料时须在墙顶安装料斗缓冲,以防混凝土发生离析;高度大于 3 m 的任何截面墙体,均应每隔 2 m 开洞口,装斜溜槽进料。

(3)墙体上有门窗洞口时,应从两侧同时对称进料,以防将门窗洞口模板挤偏。

(4)墙体混凝土浇筑前,应先铺 5～10 cm 与混凝土内成分相同的水泥砂浆。

2)混凝土的振捣

(1)对于截面尺寸较大的墙体,可用插入式振捣器振捣,其方法同柱的振捣。对较窄或钢筋密集的混凝土墙,宜采用在模板外侧悬挂附着式振捣器振捣,其振捣深度约为 25 cm。

(2)遇有门窗洞口时应在两边同时对称振捣,不得用振捣棒棒头敲击预留孔洞模板、预埋件等。

(3)当顶板与墙体整体现浇时,楼顶板端头部分的混凝土应单独浇筑,保证墙体的整体性。

3. 梁、板混凝土的浇筑

1)混凝土的灌注

(1)肋形楼板混凝土的浇筑应顺次梁方向,主次梁同时浇筑。在保证主梁浇筑的前提下,将施工缝留在次梁跨中 1/3 的范围内。

(2)梁、板混凝土宜同时浇筑,顺次梁方向从一端开始向前推进。当梁高大于 1 m 时,可先浇筑主次梁,后浇筑板,其水平施工缝应布置在板底以下 2～3 cm 处。凡截面高大于 0.4 m、小于 1 m 的梁,应先分层浇筑梁混凝土,待混凝土浇平楼板底面后,梁、板混凝土同时浇筑。操作时先将梁的混凝土分层浇筑成阶梯形,并向前赶。当起始点的混凝土到达板底位置时,与板的混凝土一起浇筑。随着阶梯的不断延长,板的浇筑也不断向前推移。

(3)采用小车或料罐运料时,宜将混凝土料先卸在拌盘上,再用铁锹往梁里浇筑混凝土。在梁的同一位置上,模板两边下料应均衡。浇筑楼板时,可将混凝土料直接卸在楼板上,但应注意不可集中卸在楼板边角或上层钢筋处。楼板混凝土的虚铺高度可高于楼板设计厚度的 2～3 cm。

2)混凝土的振捣

(1)混凝土梁应采用插入式振捣器振捣,从梁的一端开始,先在起头的一小段内浇一层与混凝土成分相同的水泥砂浆,再分层浇筑混凝土。浇筑时 2 人配合,1 人在前面用插入式振捣器振捣混凝土,使砂浆先流到前面和底部,让砂浆

包裹石子;另 1 人在后面用捣钎靠着侧板及底部往回钩石子,以免石子阻碍砂浆往前流。待浇筑至一定距离后,再回头浇第二层,直至浇捣至梁的另一端。

(2)浇筑梁柱或主次梁接合部位时,由于梁上部的钢筋较密集,普通振捣器无法直接插振捣,此时可用振捣棒从钢筋空当处插入振捣,或将振动棒从弯起钢筋斜段间隙中斜向插入振捣。

(3)楼板混凝土的捣固宜采用平板振捣器振捣。当混凝土虚铺一定工作面后,用平板振捣器振捣。振捣方向应与浇筑方向垂直。由于楼板的厚度一般在 10 cm 以下,振捣一遍即可密实。但通常为使混凝土板面更平整,可将平板振捣器再快速拖拉一遍,拖拉方向与第一遍的振捣方向垂直。

第6章　预应力混凝土工程施工

6.1　先张法施工

先张法是在浇筑混凝土构件之前，将预应力筋临时锚固在台座或钢模上，张拉预应力筋，然后浇筑混凝土构件，待混凝土达到一定强度（一般不低于混凝土标准强度的75%），且预应力筋与混凝土间有足够黏结力时，放松预应力，预应力筋弹性回缩，借助于混凝土与预应力筋间的黏结力对混凝土产生预压应力的方法。

6.1.1　先张法的施工设备

先张法施工的主要设备包括台座、夹具和张拉设备。

1. 台座

用台座法生产预应力混凝土构件时，预应力筋锚固在台座横梁上，台座承受全部预应力筋的拉力，故台座应有足够的强度、刚度和稳定性，以免台座变形、倾覆或滑移而引起预应力损失。根据承力结构的不同，台座分为墩式台座、槽式台座等。

1）墩式台座

墩式台座由台面、横梁和承力结构等组成。台座的长度和宽度由场地大小、构件类型和产量而定，一般长度为100～200 m，宽度为2～4 m。由于台座长度较长，张拉一次可生产多根构件，也可减少钢筋滑动引起的预应力损失。目前，常用台面局部加厚、由台墩与台面共同受力的墩式台座。当生产空心板、平板等平面布筋的小型构件时，由于张拉力不大，可采用简易墩式台座。它将卧梁和台座浇筑成整体，锚固钢丝的角钢用螺栓锚固在卧梁上，充分利用台面受力。

2）槽式台座

生产吊车梁、屋架等预应力混凝土构件时，由于张拉力和倾覆力矩都较大，

大多采用槽式台座。槽式台座具有通长的钢筋混凝土压杆，可承受较大的张拉力和倾覆力矩，其上加砌砖墙，加盖后还可进行蒸汽养护。为方便混凝土运输和蒸汽养护，槽式台座多低于地面。为便于拆迁，压杆亦可分段浇制。

2. 夹具

夹具是先张法构件施工时保持预应力筋拉力，并将其固定在张拉台座(或设备)上的临时性锚固装置，按其用途不同可分为锚固夹具和张拉夹具。夹具进入施工现场时必须检查其出厂质量证明书，以及其中所列的各项性能指标，并进行必要的静载试验，符合质量要求后方可使用。

1)锚固夹具

(1)钢丝锚固夹具：多采用钢质锥形夹具和镦头夹具。钢质锥形夹具多用于锚固直径为 3～5 mm 的单根钢丝。镦头夹具是通过承力板或梳筋板将经过端部热镦或冷镦的钢丝进行锚固。多用于预应力钢丝周定端的锚固。

(2)钢筋锚固夹具：钢筋锚固常用圆套筒两片式或三片式夹具，由套筒和夹片组成。其型号有 YJ12 和 YJ14。用 YC-18 型千斤顶张拉时，适用于锚固直径为 12 mm 和 14 mm 的单根冷拉 HRB400、RRB400 级钢筋。

2)张拉夹具

常用的张拉夹具有钳式夹具、偏心式夹具和楔形夹具等，适用于张拉钢丝和直径 16 mm 以下的钢筋。

3. 张拉设备

张拉设备一般采用液压千斤顶。穿心式千斤顶最大张拉力为 20 kN，最大行程为 200 mm，一般可与圆套筒三片式夹具配合张拉锚固直径 12～20 mm 的单根冷拉 HRB400 和 RRB400 级钢筋，也可用于钢绞线或钢丝束的张拉。当预应力筋成组张拉时，多采用油压千斤顶进行张拉。

选择张拉设备时，为了保证设备、人身安全和张拉力准确，张拉设备的张拉力应不小于预应力筋张拉力的 1.5 倍，张拉设备的张拉行程应不小于预应力筋张拉伸长值的 1.3 倍。

6.1.2　先张法施工工艺

预应力混凝土先张法施工工艺的特点：预应力筋在浇筑混凝土前张拉，预应力的传递依靠预应力筋与混凝土之间的黏结力，为了获得良好质量的构件，在整个生产过程中，除确保混凝土质量以外，还必须确保预应力筋与混凝土之间的良好黏结，使预应力混凝土构件获得符合设计要求的预应力值。

碳素钢丝强度较高、表面光滑，与混凝土黏结力较差，因此，必要时可采取刻痕和压波措施，以提高钢丝与混凝土的黏结力。压波一般分局部压波和全部压波两种。施工经验认为波长取 39 mm、波高取 1.5～2.0 mm 比较合适。

1. 张拉前的准备工作

1）钢筋的接长与冷拉

（1）钢丝的接长。一般用钢丝拼接器用 20～22 号铁丝密排绑扎。绑扎长度的规定：冷拔低碳钢丝不得小于 40 倍钢丝直径，高强度钢丝不得小于 80 倍钢丝直径。

（2）预应力钢筋的接长与冷拉。预应力钢筋一般采用冷拉 HRB400 和 RRB400 热轧钢筋。预应力钢筋的接长及预应力钢筋与螺丝端杆的连接，宜采用对焊连接，且应先焊接后冷拉，以免焊接而降低冷拉后的强度。预应力钢筋的制作，一般有对焊和冷拉两道工序。

（3）预应力钢筋铺设时，钢筋与钢筋、钢筋与螺丝端杆的连接可采用套筒双拼式连接。

2）钢筋（丝）的镦头

预应力筋（丝）固定端采用镦头夹具锚固时，钢筋（丝）端头要镦粗形成镦粗头。镦头一般有热镦和冷镦两种工艺。热镦在手动电焊机上进行，钢筋（丝）端部在喇叭口紫铜模具内进行多次脉冲式通电加热、加压形成镦粗头。冷镦是利用模具在常温下对金属棒料镦粗（常为局部镦粗）成形的锻造方法。冷镦多在专用的冷镦机上进行，便于实现连续、多工位、自动化生产。

3）张拉机具设备及仪表定期维护和校验

张拉设备应配套校验，以确定张拉力与仪表读数的关系曲线，保证张拉力的准确，每半年校验一次。设备出现反常现象或检修后应重新校验。张拉设备宜定岗负责，专人专用。

4）预应力筋（丝）的铺设

长线台座面（或胎模）在铺放钢丝前，应清扫并涂刷隔离剂。一般涂刷皂角水溶性隔离剂，易干燥，易清除污染钢筋。涂刷均匀，不得漏涂，待其干燥后，铺

设预应力筋，一端用夹具锚固在台座横梁的定位承力板上，另一端卡在台座张拉端的承力板上待张拉。在生产过程中，应防止雨水或养护水冲刷掉台面隔离剂。

2. 预应力筋的张拉

预应力筋的张拉应根据设计要求，采用合适的张拉方法、张拉顺序和张拉程序，并应有可靠的质量保证措施和安全技术措施。

1）张拉控制应力的确定

张拉控制应力是指在张拉预应力筋时所达到的规定应力，应按设计规定采用。控制应力的数值直接影响预应力的效果。在施工中为了提高构件的抗裂性能，部分抵消由于应力松弛摩擦、钢筋分批张拉以及预应力筋与台座之间温度因素产生的预应力损失，张拉应力可按设计值提高 3%～5%。

2）张拉程序

预应力筋的张拉程序有超张拉和一次张拉两种。为了弥补预应力筋的松弛损失，一般采用超张拉程序的方法张拉预应力筋。

“松弛”，即钢材在常温、高应力状态下具有不断产生塑性变形的特性。松弛的数值与张拉控制应力和延续时间有关，控制应力高，松弛也大，所以钢丝、钢绞线的松弛损失比冷拉热轧钢筋大。松弛损失还随着时间的延续而增加，但在第 1 min 内可达到损失总值的 50%，24 h 内则可达到 80%。先超张拉 5%再持荷 2 min，则可减少 50%以上的松弛应力损失。

3）张拉力的计算

$$F_p = (1 + m)\sigma_{con} A_p \tag{6.1}$$

式中：m 为超张拉百分率，%；σ_{con} 为张拉控制应力，N/mm²；A_p 为预应力筋截面面积，mm²。

4）预应力筋的校核

预应力筋张拉后，一般应校核其伸长值。其实际伸长值与理论伸长值的偏差应在规范允许范围±6%内（预应力筋实际伸长值受许多因素影响，如钢材弹性模量变异、量测误差、千斤顶张拉力误差、孔道摩阻等，故规范允许有±6%的误差）。若超过，应暂停张拉，查明原因并采取措施予以调整后方可继续张拉。

先张法预应力筋张拉后与设计位置的偏差不得大于 5 mm，且不得大于构件截面最短边长的 4%。当同时张拉多根预应力筋时，应预先调整初应力，使各根预应力筋均匀一致。

对于长线台座生产，构件的预应力筋为钢丝时，一般常用弹簧测力计直接测定钢丝的张拉力，伸长值可不作校核，钢丝张拉锚固后，应采用钢丝测力仪检查钢丝的预应力值。

5)张拉方法与要求

预应力筋的张拉可采用单根张拉或多根同时张拉，当预应力筋数量不多、张拉设备拉力有限时，常采用单根张拉；当预应力筋数量较多且密集布筋，张拉设备拉力较大时，则可采用多根同时张拉。在确定预应力筋张拉顺序时，应考虑尽可能减少台座的倾覆力矩和偏心力，先张拉靠近台座截面重心处的预应力筋。

多根预应力筋同时张拉时，应预先调整初应力，使其相互之间的应力一致。预应力筋张拉锚固后，实际预应力值与工程设计规定检验值的相对允许误差应在±5%以内。在张拉过程中，预应力筋断裂或滑脱的数量严禁超过结构同一截面预应力筋总根数的5%，且严禁相邻两根断裂或滑脱，在浇筑混凝土前发生断裂或滑脱的预应力筋必须予以更换。预应力筋张拉锚固后，预应力筋位置与设计位置的偏差不得大于5 mm，且不得大于构件截面最短边长的4%。

张拉过程中，应按《混凝土结构工程施工质量验收规范》(GB 50204—2015)要求填写有关表格。

施工中应注意安全。张拉时，正对钢筋两端禁止站人；敲击锚具的锥塞或楔块时，不应用力过猛，以免损伤预应力筋而断裂伤人，但又要锚固可靠。冬期张拉预应力筋时，其温度不宜低于-15 ℃，且应考虑预应力筋容易脆断的危险。

3. 混凝土的浇筑与养护

混凝土的收缩是水泥浆在硬化过程中脱水密结和形成的毛细孔压缩的结果。混凝土的徐变是荷载长期作用下混凝土的塑性变形，因水泥石内凝胶体的存在而产生。为了减少混凝土的收缩和徐变引起的预应力损失，在确定混凝土配合比时，应优先选用干缩性小的水泥，采用低水胶比、控制水泥用量、对骨料采取良好的级配等技术措施。

预应力钢丝张拉、绑扎钢筋、预埋铁件安装及立模工作完成后，应立即浇筑混凝土，每条生产线应一次连续浇筑完成，不允许留设施工缝。采用机械振捣密实时，要避免碰撞钢丝。混凝土未达到一定强度前，不允许碰撞或踩踏钢丝。

采用重叠法生产构件时，应待下层构件的混凝土强度达到5.0 MPa后，方可浇筑上层构件的混凝土。

预应力混凝土可采用自然养护或湿热养护，自然养护不得少于14 d。干硬

性混凝土浇筑完毕后，应立即覆盖进行养护。但必须注意，当预应力混凝土构件进行湿热养护时，应采取正确的养护制度以减少温差引起的预应力损失。当预应力筋张拉后锚固在台座上，温度升高使预应力筋膨胀伸长，而混凝土逐渐硬结，将引起预应力筋的应力减小且永远不能恢复，并引起预应力损失。因此，先张法在台座上生产预应力混凝土构件时，其最高允许的养护温度应根据设计规定的允许温差（张拉钢筋时的温度与台座养护温度之差）计算确定。当混凝土强度达到 7.5 MPa（粗钢筋配筋）或 10 MPa（钢丝、钢绞线配筋）以上时，则可不受设计规定的温差限制。以机组流水法或传送带法用钢模制作预应力构件，湿热养护时，钢模与预应力筋同步伸缩，故不引起温差预应力损失。

4. 预应力筋的放张

1）放张要求

放张预应力筋时，混凝土必须达到设计要求的强度；如设计无要求，应不得低于混凝土强度标准值的 75%。同时，应保证预应力筋与混凝土之间具有足够的黏结力。对于重叠生产的构件，要求最上一层构件的混凝土强度不低于设计强度标准值的 75%时，方可进行预应力筋的放张。过早放张预应力筋会引起较大的预应力损失或产生预应力筋滑动。预应力混凝土构件在预应力筋放张前要对混凝土试块进行试压，以确定混凝土的实际强度。

2）放张方法

放张前，应拆除侧模，使放张时构件能自由压缩，否则将损坏模板或使构件开裂。预应力筋的放张工作，应缓慢进行，防止冲击。

（1）对于预应力钢丝混凝土构件，分 2 种情况放张：配筋不多的预应力钢丝放张采用剪切、割断和熔断的方法自中间向两侧逐根进行，以减少回弹量，利于脱模。配筋较多的预应力钢丝采用同时放张的方法，以防止最后的预应力钢丝因应力突然增大而断裂或使构件端部开裂。

（2）对于预应力钢筋混凝土构件，放张应缓慢进行。配筋不多的预应力钢筋，可采用剪切、割断或加热熔断逐根放张。对钢丝、热处理钢筋及冷拉Ⅳ级钢筋，不得用电弧切割，宜用砂轮锯或切断机切断。多根钢丝或钢筋的同时放张，应采用油压千斤顶、砂箱、楔块等。放张单根预应力筋，一般采用千斤顶放张。配筋较多的预应力钢筋，所有钢筋应同时放张，可采用砂箱或楔块等装置进行缓慢放张。

(3)采用湿热养护的预应力混凝土构件,宜热态放张预应力筋,而不宜降温后再放张。

3)放张顺序

预应力筋的放张顺序,应符合设计要求。如设计无要求,应满足下列规定。

(1)对承受轴心预压力的构件(如压杆、桩等),所有预应力筋应同时放张。

(2)对承受偏心预压力的构件(如吊车梁),先同时放张预压力较小区域的预应力筋,再同时放张预压力较大区域的预应力筋。

(3)如不能按以上规定放张,应分阶段、对称、相互交错地放张,以防止在放张过程中构件发生翘曲、裂纹及预应力筋断裂等现象。

(4)长线台座生产的钢弦构件,剪断钢丝宜从台座中部开始。

(5)叠层生产的预应力构件,宜按自上而下的顺序进行放张。

(6)板类构件放张时,从两边逐渐向中心进行。

6.2 后张法施工

后张法是先制作混凝土构件,在放置预应力筋的部位预先留有孔道,待构件混凝土达到规定强度后,将预应力筋穿入孔道内,用张拉机具夹持预应力筋将其张拉至设计规定的控制应力,然后借助锚具将预应力筋锚固在构件端部,最后进行孔道灌浆(亦有不灌浆的),预应力筋的张拉力主要通过锚具传递给混凝土构件,使混凝土产生预压应力的方法。

后张法的特点如下。

(1)预应力筋在构件上张拉,不需台座,不受场地限制。所以,后张法适用于大型预应力混凝土构件制作,既适用于工厂预制构件生产,也适用于现场制作大型预应力构件,同时又是预制构件拼装的手段。

(2)锚具为工作锚。预应力筋用锚具固定在构件上,不仅在张拉过程中起作用,而且在工作过程中也起作用,永远留在构件上,成为构件的一部分。

(3)预应力传递靠锚具。

6.2.1 预应力筋、锚具和张拉设备

在后张法中,预应力筋、锚具和张拉设备是配套使用的。目前,后张法中常用的预应力筋主要有单根粗钢筋、钢筋束(或钢绞线束)和钢丝束3类。张拉设

备多采用液压千斤顶。锚具需具有可靠的锚固能力，按其锚固性能分为2类。

Ⅰ类锚具：适用于承受动、静载的预应力混凝土结构。

Ⅱ类锚具：仅适用于有黏结预应力混凝土结构，且锚具处于预应力变化不大的部位。

Ⅰ、Ⅱ类锚具的静载锚固性能，由预应力锚具组装件静载试验测定的锚具效率系数和达到实测极限拉力时的总应变确定。

Ⅰ类锚具组装件，除必须满足静载锚固性能外，尚须满足循环次数为200万次的疲劳性能试验。如用在抗震结构中，还应满足循环次数为50次的周期荷载试验。

除上述外，锚具尚应具有下列性能。

(1)在预应力锚具组装件达到实际破断拉力时，全部零件均不得出现裂缝和破坏(设计规定者除外)。

(2)除能满足分级张拉和补张拉外，宜具有能放松预应力筋的性能。

(3)锚具或其附件上宜设置灌浆孔，灌浆孔应有足够的截面面积，以保证浆液畅通。

1. 单根粗钢筋

1)锚具

根据构件的长度和张拉工艺的要求，单根预应力钢筋可在一端或两端张拉。一般张拉端均采用螺丝端杆锚具。固定端除采用螺丝端杆锚具外，还可采用帮条锚具或镦头锚具。

(1)螺丝端杆锚具：适用于锚固直径不大于36 mm的冷拉HRB400级钢筋。它由螺丝端杆、螺母和垫板组成。螺丝端杆采用45号钢制作，螺母和垫板采用3号钢制作。螺丝端杆的长度一般为320 mm，当预应力构件长度大于24 m时，可根据实际情况增加螺丝端杆的长度，螺丝端杆的直径按预应力钢筋的直径对应选取。螺丝端杆与预应力钢筋的焊接应在预应力钢筋冷拉前进行。螺丝端杆与预应力筋焊接后，同张拉机械相连进行张拉，最后上紧螺母即完成对预应力钢筋的锚固。

(2)帮条锚具：适用于冷拉HRB400级钢筋，主要用于固定。它是由帮条和衬板组成。帮条采用与预应力筋同级别的钢筋，衬板采用普通低碳钢钢板。帮条施焊时，严禁将地线搭在预应力筋上并严禁在预应力筋上引弧，以防预应力筋咬边及温度过高，可将地线搭在帮条上。3根帮条与衬板相接触的截面应在一个垂直平面上，以免受力时产生扭曲，3 根帮条互成 120°角。帮条的焊接可在预应力筋冷拉前或冷拉后进行。

(3)镦头锚具：由镦头和垫板组成。镦头一般直接在预应力筋端部热镦、冷镦或锻打成型，垫板采用 3 号钢制作。

2)张拉设备

单根粗钢筋的张拉设备一般有 YL-60 型拉杆式千斤顶，YC-60 型、YC-20 型、YC-18 型穿心式千斤顶。

拉杆式千斤顶由主油缸、主缸活塞、回油缸、回油活塞、连接器、传力架、活塞拉杆等组成。张拉前，先将连接器旋在预应力筋的螺丝端杆上，相互连接牢固，千斤顶由传力架支承在构件端部的钢板上。张拉时，高压油进入主油缸，推动主缸活塞及拉杆，通过连接器和螺丝端杆，预应力筋被拉伸。千斤顶拉力的大小可由油泵压力表的读数直接显示，当张拉力达到规定数值时，拧紧螺丝端杆上的螺母，此时张拉完成的预应力筋被锚固在构件的端部。锚固后回油缸进油，推动回油活塞工作，千斤顶脱离构件，主缸活塞、拉杆和连接器回到原始位置。最后将连接器从螺丝端杆上卸掉，卸下千斤顶，张拉结束。

3)预应力筋的制作

单根粗钢筋预应力筋的制作，包括配料、对焊、冷拉等工序。预应力筋的下料长度应计算确定，计算时要考虑锚具种类、对焊接头或镦粗头的压缩量、张拉伸长值、冷拉的冷拉率和弹性回缩率、构件长度等因素。

2. 预应力钢筋束和钢绞线束

1)锚具及张拉设备

钢筋束和钢绞线束具有强度高、柔性好的优点。目前常用的锚具有 JM12 型、精铸 JM12 型、KT-Z 型(可锻铸铁锥形)、XM 型、QM 型锚具。

(1)JM12 型锚具：是一种利用楔块原理锚固多根预应力筋的锚具，它既可作为张拉端的锚具，亦可作为固定端的锚具，或作为重复使用的工具锚。JM12 型锚具由锚环和夹片组成。JM12 型锚具性能好，锚固时钢筋束或钢绞线束被单根夹紧，不受直径误差的影响，且预应力筋是在呈直线状态下被张拉和锚固，受力性能好。JM12 型锚具宜选用相应的 YC-60 型穿心式千斤顶张拉预应力筋。

(2)KT-Z 型锚具：为可锻铸铁锥形锚具，由锚塞和锚环组成。KT-Z 型锚具

可用于锚固3～6根ϕ12钢筋束或钢绞线束。该锚具为半埋式,使用时先将锚环小头嵌入承压钢板中,并用断续焊缝焊牢,然后共同预埋在构件端部。KT-Z型锚具用于螺纹钢筋束时,宜用锥锚式双作用千斤顶张拉;用于钢绞线束,则宜用YC-60型双作用千斤顶张拉。

(3)XM型锚具:由锚板与三片夹片组成。它既适用于锚固钢绞线束,又适用于锚固钢丝束;既可锚固单根预应力筋,又可锚固多根预应力筋。当用于锚固多根预应力筋时,既可单根张拉、逐根锚固,又可成组张拉,成组锚固。另外,它既可用作工作锚具,又可用作工具锚具。

2)钢筋束和钢绞线束的制作

钢筋束和钢绞线束一般成盘状供应,长度较长,不需要对焊接长。其制作工序:开盘→下料→编束。下料时,宜采用切断机或砂轮锯切机,不得采用电弧切割。钢绞线在切断前,在切口两侧各50 mm处应用铅丝绑扎,以免钢绞线松散。编束是将钢绞线理顺后,用铅丝每隔1.0 m左右绑扎成束,在穿筋时应注意防止扭结。

3. 钢丝束

1)锚具

钢丝束一般由几根到几十根直径3～5 mm平行的碳素钢丝组成。目前常用的锚具有钢质锥形锚具、锥形螺杆锚具和钢丝束镦头锚具,也可用XM型锚具和QM型锚具。

(1)钢质锥形锚具:由锚环和锚塞组成。锚塞表面刻有细齿槽,以防止被夹紧的预应力钢丝滑动。锚固时,将锚塞塞入锚环,顶紧,钢丝就夹紧在锚塞周围,锚塞上刻有细齿槽,夹紧钢丝后,可以防止滑动。钢质锥形锚具用于锚固以锥锚式双作用千斤顶张拉的钢丝束,适用于锚固6、12、18或24根直径5 mm的钢丝束。钢质锥形锚具工作时,钢丝锚固呈辐射状态,弯折处受力较大,易使钢丝咬伤。若钢丝直径误差较大,易产生单根钢丝滑动,引起无法补救的预应力损失,如用加大顶锚力的办法来防止滑丝,过大的顶锚力更容易使钢丝咬伤。

(2)钢丝束镦头锚具:用于锚固12～54根ϕ5碳素钢丝的钢丝束,分为张拉端使用的DM5A型和固定端使用的DM5B型。DM5A型由锚环和螺母组成,DM5B型仅有一块锚板,墩头锚具的滑移值应不大于1 mm,其镦头强度不得低于钢丝规定抗拉强度标准值的98%。

钢丝束镦头锚具的锚环与锚板用45钢制作，且应先进行调质热处理再加工，螺母亦用45钢制作不经热处理。锚环和锚杯的内外壁均有丝扣，内丝扣用于连接张拉螺杆，外丝扣用于拧紧螺母，以锚固钢丝束。锚环四周钻孔，以固定带有镦粗头的钢丝，孔数及间距由锚固的钢丝根数而定。当用锚杯时，锚杯底部则为钻孔的锚板，并在此板中部留一个灌浆孔，便于从端部预留孔道灌浆。

张拉时，张拉螺丝杆一端与锚环（或锚杯）内丝扣连接，另一端与拉杆式千斤顶的拉头连接，拉杆式千斤顶通过传力架支承在混凝土构件端部，当张拉到控制应力时，锚环（杯）被拉出，再用螺帽拧紧在锚环（杯）外丝扣上，固定在混凝土构件端部。

(3)锥形螺杆锚具：用于锚固14、16、20、24或28根直径为5 mm的碳素钢丝。锥形螺杆锚具由锥形螺杆、套筒、螺帽和垫板组成。锥形螺杆采用45钢制作，调质热处理后进行精加工，最后对锥形螺杆的锥头70 mm范围内的螺纹进行表面高频或盐液淬火热处理。套筒为中间带有圆锥孔的圆柱体，热处理45钢制作。螺帽和垫板采用3钢制作。制作时注意套筒淬火要合适，如淬火过高，易产生裂缝，螺杆淬火过高容易断裂，在使用前应仔细检查，如有裂缝或变形，则不能使用。

锥形螺杆锚具的安装方法：首先把钢丝套上锥形螺杆的锥体部分，使钢丝均匀整齐地贴紧锥体，然后戴上套筒，用手锤将套筒均匀地打紧，并使螺杆中心与套筒中心在同一直线上，最后用拉伸机使螺杆锥体通过钢丝挤压套筒，并使套筒发生变形，从而使钢丝和锥形锚具的套筒、螺杆锚成一个整体。这个过程一般叫“预顶”，预顶用的力应为张拉力的105%。锥形锚具外径较大，为了缩小构件孔道直径，一般仅在构件两端将孔道扩大。因此，钢丝束锚具一端可事先安装，另一端则要将钢丝束穿入孔道后进行锚固。

锥形螺杆锚具与YL-60型、YL-90型拉杆式千斤顶配套使用，YC-60型、YC-90型穿心式千斤顶亦可应用。

2)张拉设备

钢质锥形锚具用锥锚式双作用千斤顶进行张拉。镦头锚具用YC-60型千斤顶（穿心式千斤顶）或拉杆式千斤顶张拉。大跨度结构、长钢丝束等引伸量大者，用穿心式千斤顶为宜。锥形螺杆锚具宜用拉杆式千斤顶或穿心式千斤顶张拉。

(1)拉杆式千斤顶：适用于张拉以螺丝端杆锚具为张拉锚具的粗钢筋，张拉以锥形螺杆锚杆为张拉锚具的钢丝束，张拉以DM5A型墩头锚具为张拉锚具的

钢丝束。

(2)锥锚式双作用千斤顶:适用于张拉以 KT-Z 型锚具为张拉锚具的钢筋束和钢绞线束,张拉以钢质锥形锚具为张拉锚具的钢丝束。其张拉油缸用于张拉预应力筋,顶压油缸用于顶压锥塞。

(3)穿心式千斤顶:YC-60 型穿心式千斤顶适用于张拉各种形式的预应力筋,是目前我国预应力混凝土构件施工中应用较为广泛的张拉机械。YC-60 型穿心式千斤顶加装撑脚、张拉杆和连接器后,又可作为拉杆式千斤顶使用,可以张拉以螺丝端杆锚具为张拉锚具的单根粗钢筋,张拉以锥形螺杆锚具和 DM5A 型镦头锚具为张拉锚具的钢丝束。在千斤顶前端装分束顶压器,并在千斤顶与撑套之间用钢管接长后,可作为 YZ 型锥锚式千斤顶使用,张拉钢制锥形锚具。

3)钢丝束的制作

随锚具形式的不同,钢丝束的制作方式也有差异,一般包括调直、下料、编束和安装锚具等工序。用钢质锥形锚具锚固的钢丝束,其制作和下料长度计算基本同钢筋束。

用镦头锚具锚固的钢丝束,其下料长度应力求精确,对直的或一般曲率的钢丝束,下料长度的相对误差要控制在其长度的 1/5000 以内,并且不大于 5 mm。为此,要求钢丝在应力状态下切断下料,下料的控制应力为 300 MPa。钢丝下料长度,取决于是 A 型或 B 型锚具以及一端张拉或两端张拉。用锥形螺杆锚固的钢丝束,经过矫直的钢丝可以在非应力状态下料。

为防止钢丝扭结,必须进行编束。在平整场地上先把钢丝理顺平放,然后在其全长中每隔 1 m 左右用 22 号铅丝编成帘子状,再每隔 1 m 放一个按端杆直径制成的螺丝衬圈,并将编好的钢丝帘绕衬圈围成圆束并绑扎牢固。

6.2.2　后张法施工工艺

后张法施工步骤是先制作混凝土构件,预留孔道;待构件混凝土达到规定强度后,在孔道内穿放预应力筋,张拉并锚固;最后孔道灌浆。

下面主要介绍孔道留设、预应力筋张拉和孔道灌浆三部分内容。

1. 孔道留设

孔道留设是后张法构件制作中的关键工作。孔道直径取决于预应力筋和锚具:用螺丝端杆的粗钢筋,孔道直径应比螺丝端杆的螺纹直径大 10～15 mm;用

JM12 型锚具的钢筋束或钢绞线束，对于 JM12-3 型、JM12-4 型孔道直径为 42 mm，对于 JM12-5 型、JM12-6 型则为 50 mm。

1)孔道留设的基本要求

(1)孔道直径应保证预应力筋(束)能顺利穿过。

(2)孔道应按设计要求的位置、尺寸埋设准确、牢固，浇筑混凝土时不应出现移位和变形。

(3)在设计规定位置上留设灌浆孔和排气孔。

(4)在曲线孔道的曲线波峰部位应设置排气兼泌水管，必要时可在最低点设置排水管。

(5)灌浆孔及泌水管的孔径应能保证浆液畅通。

2)孔道留设的方法

预留孔道形状有直线、曲线和折线形，留设方法一般有钢管抽芯法、胶管抽芯法和预埋管法。

(1)钢管抽芯法。预先将钢管埋设在模板内孔道位置处，在混凝土浇筑过程中和浇筑之后，每间隔一定时间慢慢转动钢管，使之不与混凝土黏结，待混凝土初凝后、终凝前抽出钢管，即形成孔道。该法只可留设直线孔道。

钢管要平直，表面要光滑，安放位置要准确，一般用间距不大于 1 m 的钢筋井字架固定钢管位置。每根钢管的长度最好不超过 15 m，以便于旋转和抽管，较长构件则用两根钢管，中间用 0.5 mm 厚的铁皮套管连接。

掌握合适的抽管时间，过早会塌孔，太晚则抽管困难。一般在初凝后、终凝前，以手指按压混凝土不粘浆且无明显印痕时则可抽管。抽管顺序宜先上后下，抽管可用人工或卷扬机，抽管要边抽边转，速度均匀，与孔道成一直线。

在留设孔道的同时还要在设计规定位置留设灌浆孔和排气孔，其目的是方便构件孔道灌浆，可用木塞或白铁皮管留设。一般在构件两端和中间每隔 12 m 留一个直径 20 mm 的灌浆孔，并在构件两端各设一个排气孔。

(2)胶管抽芯法。胶管有 5 层或 7 层夹布胶管和钢丝网胶管两种。前者质软，用间距不大于 0.5 m 的钢筋井字架固定位置，浇筑混凝土前，胶管内充入压力为 0.6～0.8 MPa 的压缩空气或压力水，此时胶管直径增大 3 mm 左右，待浇筑的混凝土初凝后，放出压缩空气或压力水，管径缩小而与混凝土脱离，便于抽出。后者质硬，具有一定弹性，留孔方法与钢管一样，只是浇筑混凝土后无须转动，由于其有一定弹性，抽管时在拉力作用下断面缩小而易于拔出。

胶管抽芯法预留孔道，混凝土浇筑后不需要旋转胶管，抽管一般以 200 h 作为控制时间。

抽管时应先上后下，先曲后直。胶管抽芯法施工省去了转管工序，又由于胶管便于弯曲，所以胶管抽芯法既适用于直线孔道留设，也适用于曲线孔道留设。

胶管抽芯法的灌浆孔和排气孔的留设方法同钢管抽芯法。

(3)预埋管法。预埋管法是用间距不大于 0.8 m 的钢筋井字架将黑铁皮管、薄钢管或金属螺旋管固定在设计位置上，在混凝土构件中埋管成型的一种施工方法。预埋管法因省去抽管工序，且孔道留设的位置、形状也易保证，故目前应用较为普遍。

预埋管法适用于预应力筋密集或曲线预应力筋的孔道埋设，但电热后张法施工中，不得采用波纹管或其他金属管作埋设的管道。

对螺旋管的基本要求：一是在外荷载作用下，有抵抗变形的能力；二是在浇筑混凝土过程中，水泥浆不得渗入管内。

螺旋管的连接可采用大一号同型螺旋管作为接头管。接头管的长度为 200～300 mm，用塑料热塑管或密封胶带封口。

螺旋管安装前，应根据预应力筋的曲线坐标在侧模或箍筋上画线，以确定螺旋管的安装位置。螺旋管间距为 600 mm。钢筋托架应焊在箍筋上，箍筋下面要用垫块垫实。螺旋管安装就位后，必须用铁丝将螺旋管与钢筋托架扎牢，以防浇筑混凝土时螺旋管上浮而引起质量事故。

灌浆孔与螺旋管的连接是在螺旋管上开洞，其上覆盖海绵垫片与带嘴的塑料弧形压板，并用铁丝扎牢，再用增强塑料管插在嘴上，并将其引出梁顶面400～500 mm。灌浆孔间距不宜大于 30 m，曲线孔道的曲线波峰位置宜设置泌水管。

在混凝土浇筑过程中，为了防止螺旋管偶尔漏浆引起孔道堵塞，应采用通孔器通孔。通孔器由长 60～80 mm 的圆钢制成，其直径小于孔径 10 mm，用尼龙绳牵引。

2. 预应力筋张拉

张拉预应力筋时，构件混凝土的强度应按设计规定，如设计无规定则不宜低于混凝土标准强度的 75%。用块体拼装的预应力构件，其拼装立缝处混凝土或砂浆的强度，如设计无规定，应不低于块体混凝土标准强度的 40%，且不得低于 15 MPa。

1)张拉控制应力

后张法施工张拉控制应力应符合设计规定。在施工中需要对预应力筋进行超张拉时，可比设计要求提高 5%。

后张法施工的张拉程序、预应力筋张拉力计算及伸长值验算与先张法相同。

2)张拉方法

为减少预应力筋与预留孔孔壁摩擦而引起的应力损失，预应力筋张拉端的设置应符合设计要求。当无设计规定时，应符合下列规定。

(1)抽芯成形孔道：曲线形预应力筋和长度大于 24 m 的直线预应力筋，应采用两端张拉；长度等于或小于 24 m 的直线预应力筋，可一端张拉。

(2)预埋管孔道：曲线形预应力筋和长度大于 30 m 的直线预应力筋宜在两端张拉；长度等于或小于 30 m 直线预应力筋，可在一端张拉。

(3)当同一截面中有多根一端张拉的预应力筋时，张拉端宜分别设置在构件两端。用双作用千斤顶两端同时张拉钢筋束、钢绞线束或钢丝束时，为减少顶压时的应力损失，可先顶压一端的锚塞，而另一端在补足张拉力后再行顶压。

后张法预应力筋张拉还应注意下列问题。

(1)对配有多根预应力筋的构件，不可能同时张拉，只能分批、对称地进行张拉，以免构件承受过大的偏心压力。分批张拉，要考虑后批预应力筋张拉时产生的混凝土弹性压缩，会对先批张拉的预应力筋的张拉应力产生影响。

(2)对平卧叠浇的预应力混凝土构件，上层构件的重量产生的水平摩阻力会阻止下层构件在预应力筋张拉时混凝土弹性压缩的自由变形，待上层构件起吊后，摩阻力影响消失会增加混凝土弹性压缩的变形，从而引起预应力损失。该损失值随构件形式、隔离层和张拉方式而不同。为便于施工，可由上到下采取逐层加大超张拉的办法来弥补该预应力损失，但底层超张拉值不宜比顶层张拉力大 5%(钢丝、钢绞线、热处理钢筋)或 9%(冷拉 HRB400 级及以上钢筋)，并且要保证底层构件的控制应力，冷拉 HRB400 级及以上钢筋不得大于 95%的屈服强度值，钢丝、钢绞线和热处理钢筋不大于标准强度的 80%。如隔离层的隔离效果好，也可采用同一张拉应力值。

3. 孔道灌浆

预应力筋张拉锚固后，应随即进行孔道灌浆，以防止预应力筋锈蚀，增加结构的抗裂性、耐久性和整体性。

灌浆宜用强度等级不低于 32.5 级的普通硅酸盐水泥调制的水泥浆，对空隙大的孔道，水泥浆中可掺适量的细砂，但水泥浆和水泥砂浆的强度不宜低于 20 MPa，且应有较大的流动性和较小的干缩性、泌水性(搅拌后 3 h 的泌水率宜控

制在 2%)。水灰比一般为 0.40～0.45。

为使孔道灌浆饱满,可在灰浆中掺入木质素磺酸钙。

灌浆前,用压力水冲洗和润湿孔道。灌浆过程中,可用电动或手动灰浆泵进行灌浆,水泥浆应均匀缓慢地注入,不得中断。灌满孔道并封闭气孔后,宜继续以 0.5～0.6 MPa 的压力灌浆,并稳定一段时间,以确保孔道灌浆的密实性。对不掺外加剂的水泥浆,可采用二次灌浆法来提高灌浆的密实性。

灌浆顺序应先下后上,曲线孔道灌浆宜由最低点注入水泥浆,至最高点排气孔排尽空气并溢出浓浆为止。

6.3　无黏结预应力施工

无黏结预应力混凝土施工就是在浇筑混凝土之前,将钢丝束的表面覆裹一层涂塑层,并绑扎好钢丝束,埋在混凝土内,待混凝土强度达到设计强度之后,用张拉机具进行张拉,当达到设计的张拉应力后,两端再用特制的锚具锚固。

优点:一是可以降低楼层高度;二是空间大,可以提高使用功能;三是可提高结构的整体刚度;四是可减少材料用量。

6.3.1　无黏结预应力筋的制作

1. 无黏结预应力筋的组成及要求

无黏结预应力筋主要由预应力筋、涂料层、外包层和锚具组成。要求各种材料合格,符合有关规范的规定。

(1)无黏结筋宜采用柔性较好的预应力筋制作,选用 7 根 ϕS4 或 7 根 ϕS5 钢绞线。

(2)涂料层:无黏结筋的涂料层可采用防腐油脂或防腐沥青制作。涂料层的作用是使无黏结筋与混凝土隔离,减少张拉时的摩擦损失,防止无黏结筋腐蚀等。涂料层应符合下列要求:

①在 −20 ℃～70 ℃温度范围内,不流淌、不裂缝、不变脆,并有一定韧性;

②使用期内化学稳定性高;

③润滑性能好,摩擦阻力小;

④不透水、不吸湿;

⑤防腐性能好。

(3)外包层:无黏结筋的外包层可用高压聚乙烯塑料带或塑料管制作。外包层的作用是使无黏结筋在运输、储存、铺设和浇筑混凝土等过程中不会发生不可修复的破坏。外包层应符合下列要求:

①在－20～70 ℃温度范围内,低温不脆化,高温化学稳定性好;

②必须具有足够的韧性,抗破损性强;

③对周围材料无侵蚀作用;

④防水性强。

制作单根无黏结筋时,宜优先选用防腐油脂做涂料层,塑料外包层应用塑料注塑机注塑成型,防腐油脂应填充饱满,外包层应松紧适度。成束无黏结筋可用防腐沥青或防腐油脂做涂料层,当使用防腐沥青时,应用密缠塑料带做外包层,塑料带各圈之间的搭接宽度应不小于带宽的 1/2,缠绕层数不少于 4 层。防腐油脂涂料层无黏结筋的张拉摩擦系数应不大于 0.12,防腐沥青涂料层无黏结筋的张拉摩擦系数应不大于 0.25。

2. 锚具

预应力钢筋是高强钢丝时,用镦头锚具;为钢绞线时,用 XM 型、QM 型锚具。

3. 成型工艺

成型工艺主要有涂包成型工艺、挤压涂塑工艺。

涂包成型工艺是无黏结筋经过涂料槽涂刷涂料后,通过归束滚轮成束并补充涂刷,涂料厚度一般为 2 mm,涂好涂料的无黏结筋随即通过绕布转筒自动地交叉缠绕两层塑料布,当达到需要的长度后再进行切割,成为一根完整的无黏结预应力筋的方法。涂包成型工艺的特点是质量好,适应性较强。

挤压涂塑工艺主要是无黏结筋通过涂油装置涂油,涂油无黏结筋通过塑料挤压机涂刷塑料薄膜,再经冷却筒槽成型塑料套管。挤压涂塑工艺的特点是效率高、质量好、设备性能稳定,与电线、电缆包裹塑料套管的工艺相似。

6.3.2 无黏结预应力筋的施工工艺

1. 预应力筋的铺设

无黏结预应力筋一般由 7 根 5 mm 高强度钢丝组成钢丝束,或拧成钢绞线,

通过专用设备涂包防锈油脂，再套上塑料套管。

制作工艺：编束放盘→涂上涂料层→覆裹塑料套→冷却→调直→成型。

在单向连续梁板中，无黏结筋的铺设比较简单，如同普通钢筋一样铺设在设计位置上。在双向连续平板中，无黏结筋一般为双向曲线配筋，两个方向的无黏结筋相互穿插，给施工操作带来困难，因此确定铺设顺序很重要。铺设双向配筋的无黏结筋时，应先铺设标高较低的无黏结筋，再铺设标高较高的无黏结筋，并应尽量避免两个方向的无黏结筋相互穿插编结。

无黏结筋应严格按设计要求的曲线形状就位并固定牢靠。铺设无黏结筋时，无黏结筋的曲率可垫铁马凳控制。铁马凳高度应根据设计要求的无黏结筋曲率确定，铁马凳间隔不宜大于 2 m 并应用铁丝将其与无黏结筋扎紧。也可以用铁丝将无黏结筋与非预应力钢筋绑扎牢固，以防止无黏结筋在浇筑混凝土过程中发生位移，绑扎点的间距为 0.7～1.0 m。无黏结筋控制点的安装偏差：矢高方向±5 mm，水平方向±30 mm。

2. 预应力筋的张拉

张拉前的准备：检查混凝土的强度，达到 75%的设计强度标准值后方可进行张拉，此外还要检查机具、设备。

张拉要点：张拉中严防钢丝被拉断，要控制同一截面的断裂不超过预应力筋总根数的 2%，最多只允许 1 根断裂；当预应力筋的长度小于 25 m 时，宜采用一端张拉；当长度大于 25 m 时，宜采用两端张拉。张拉伸长值按设计要求确定。

3. 预应力筋的端部处理

无黏结筋端部锚头的防腐处理应特别重视。采用 XM 型夹片式锚具的钢绞线，张拉端头构造简单，无须另加设施，端头钢绞线预留长度不小于 150 mm，多余部分切断并将钢绞线散开打弯，埋设在混凝土中以加强锚固。

6.4　施工质量检查与安全措施

6.4.1　质量检查

混凝土工程的施工质量检验应按主控项目、一般项目规定的检验方法进行检验。

1. 主控项目

(1)预应力筋进场时,应按现行国家标准《预应力混凝土用钢绞线》(GB/T 5224—2014)的规定抽取试件作力学性能检验,其质量必须符合有关标准的规定。

检查数量:按进场的批次和产品的抽样检验方案确定。

检验方法:检查产品合格证、出厂检验报告和进场复检报告。

(2)无黏结预应力筋的涂包质量应符合无黏结预应力钢绞线标准的规定。

检查数量:每 60 t 为一批,每批抽取一组试件。

检验方法:观察,检查产品合格证、出厂检验报告和进场复验报告。

(3)预应力筋用锚具、夹具和连接器应按设计要求采用,其性能应符合现行国家标准《预应力筋用锚具、夹具和连接器》(GB/T 14370—2015)等的规定。

孔道灌浆用水泥应采用普通硅酸盐水泥,其质量应符合有关规范的规定。孔道灌浆用外加剂的质量应符合有关规范的规定。

检查数量:按进场批次和产品的抽样检验方案确定。

检验方法:检查产品合格证、出厂检验报告和进场复验报告。

(4)预应力筋安装时,其品种、级别、规格、数量必须符合设计要求。

先张法预应力施工时应选用非油脂类模板隔离剂,并应避免沾污预应力筋。施工过程中应避免电火花损伤预应力筋;受损伤的预应力筋应予以更换。

检查数量:全数检查。

检验方法:观察,钢尺检查。

(5)预应力筋张拉或放张时,混凝土强度应符合设计要求;当设计无具体要求时,应不低于设计的混凝土立方体抗压强度标准值的 75%。

检查数量:全数检查。

检验方法:检查同条件养护试件试验报告。

(6)预应力筋的张拉力、张拉或放张顺序及张拉工艺应符合设计及施工技术方案的要求,并应符合《混凝土结构工程施工质量验收规范》(GB 50204—2015)规定。

检查数量:全数检查。

检验方法:检查张拉记录。

(7)预应力筋张拉锚固后实际的预应力值与工程设计规定检验值的相对允许偏差为 5%。

检查数量:对先张法施工,每工作班抽查预应力筋总数的 1%,且不少于 3

根；对后张法施工，在同一检验批内，抽查预应力筋总数的 3%，且不少于 5 束。

检验方法：先张法施工，检查预应力筋应力检测记录；后张法施工，应检查张拉记录。

(8)张拉过程中应避免预应力筋断裂或滑脱，当发生断裂或滑脱时，必须符合下列规定：对后张法预应力结构构件，断裂或滑脱的数量严禁超过同一截面预应力筋总根数的 3%，且每束钢丝不得超过 1 根；对多跨双向连续板，其同一截面应按每跨计算；对先张法预应力构件，在浇筑混凝土前发生断裂或滑脱的预应力筋必须予以更换。

检查数量：全数检查。

检验方法：观察，检查张拉记录。

(9)后张法有黏结预应力筋张拉后应尽早进行孔道灌浆，孔道内水泥浆应饱满、密实。

检查数量：全数检查。

检验方法：观察，检查灌浆记录。

(10)锚具的封闭保护应符合设计要求；当设计无具体要求时，应符合下列规定：应采取防止锚具腐蚀和遭受机械损伤的有效措施，凸出式锚固端锚具的保护层厚度应不小于 50 mm。外露预应力筋的保护层厚度：处于正常环境时，应不小于 20 mm；处于易受腐蚀的环境时，应不小于 50 mm。

检查数量：在同一检验批内，抽查预应力筋总数的 5%，且不少于 5 处。

检验方法：观察，钢尺检查。

2. 一般项目

(1)预应力筋使用前应进行外观检查，要求：有黏结预应力筋展开后应平顺，不得有弯折，表面不能有裂纹、小刺、机械损伤、氧化铁皮和油污等；无黏结预应力筋护套应光滑，无裂缝，无明显褶皱。

预应力筋用锚具、夹具和连接器使用前应进行外观检查，其表面应无污物、锈蚀、机械损伤和裂纹。

预应力混凝土用金属螺旋管在使用前应进行外观检查，其内外表面应清洁，无锈蚀，不应有油污、孔洞和不规则的褶皱，咬口不应有开裂或脱扣。

检查数量：全数检查。

检验方法：观察。

(2)预应力混凝土用金属螺旋管的尺寸和性能应符合国家现行标准《预应力混凝土用金属波纹管》(JG/T 225—2020)的规定。

检查数量：按进场批次和产品的抽样检验方案确定。

检验方法：检查产品合格证、出厂检验报告和进场复验报告。

(3)预应力筋应采用砂轮锯或切断机切断，不得采用电弧切割。当钢丝束两端采用镦头锚具时，同一束中各根钢丝长度的极差应不大于钢丝长度的1/5000，且应不大于5 mm；成组张拉长度不大于10 m的钢丝时，同组钢丝长度的极差不得大于2 mm。

检查数量：每工作班抽查预应力筋总数的3%，且不少于3束。

检验方法：观察，钢尺检查。

(4)预应力筋端部锚具的制作质量应符合下列要求：挤压锚具制作时压力表油压应符合操作说明书的规定，挤压后预应力筋外端应露出挤压套筒。

(5)钢绞线压花锚成型时，表面应清洁、无油污，梨形头尺寸和直线段长度应符合设计要求；钢丝镦头的强度不得低于钢丝强度标准值的98%。

检查数量：对挤压锚，每工作班抽查5%，且应不少于5件；对压花锚，每工作班抽查3件；对钢丝镦头强度，每批钢丝检查6个镦头试件。

检验方法：观察，钢尺检查，检查镦头强度试验报告。

(6)后张法有黏结预应力筋预留孔道的规格、数量、位置和形状应符合设计要求和规范规定。

检查数量：全数检查。

检验方法：观察，钢尺检查。

(7)预应力筋束形控制点的竖向位置偏差应符合设计要求和规范规定。

检查数量：在同一检验批内，抽查各类型构件中预应力筋总数的5%，且对各类型构件均不少于5束，每束应不少于5处。

检验方法：钢尺检查。

(8)无黏结预应力筋的铺设除应符合上条的规定外，尚应符合下列要求：无黏结预应力筋的定位应牢固，浇筑混凝土时不应出现移位和变形；端部的预埋锚垫板应垂直于预应力筋；内埋式固定端垫板不应重叠，锚具与垫板应贴紧；无黏结预应力筋成束布置时应能保证混凝土密实并能裹住预应力筋；无黏结预应力筋的护套应完整，局部破损处应采用防水胶带缠绕紧密。

检查数量：全数检查。

检验方法：观察。

(9)浇筑混凝土前穿入孔道的后张法有黏结预应力筋，宜采取防止锈蚀的措施。

检查数量：全数检查。

检验方法：观察。

(10)先张法预应力筋张拉后与设计位置的偏差不得大于 5 mm。且不得大于构件截面短边边长的 4%。

锚固阶段张拉端预应力筋的内缩量应符合设计要求；当设计无具体要求时，应符合相关规定。

检查数量：每工作班抽查预应力筋总数的 3%，且不少于 3 束。

检验方法：钢尺检查。

(11)后张法预应力筋锚固后的外露部分宜采用机械方法切割，其外露长度不宜小于预应力筋直径的 1.5 倍，且不宜小于 30 mm。

检查数量：在同一检验批内，抽查预应力筋总数的 3%，且不少于 5 束。

检验方法：观察，钢尺检查。

(12)灌浆用水泥浆的水灰比应不大于 0.45，搅拌后 3 h 泌水率不宜大于 2%，且应不大于 3%。泌水应能在 24 h 内全部重新被水泥浆吸收。

检查数量：同一配合比检查一次。

检验方法：检查水泥浆性能试验报告。

(13)灌浆用水泥浆的抗压强度应不小于 30 MPa。

检查数量：每工作班留置一组边长为 70.7 mm 的立方体试件。

检验方法：检查水泥浆试件强度试验报告。

6.4.2 安全措施

所用张拉设备仪表，应由专人负责使用与管理，并定期进行维护与检验，设备的测定期不超过半年，否则必须及时重新测定。施工时，根据预应力筋种类等合理选择张拉设备，预应力筋的张拉力不应大于设备额定张拉力，严禁在负荷时拆、换油管或压力表。按电源时，机壳必须接地，经检查绝缘可靠后，才可试运转。

先张法施工中，张拉机具与预应力筋应在一条直线上；顶紧锚塞时，用力不要过猛，以防钢丝折断。台座法生产，其两端应设有防护设施，并在张拉预应力筋时，沿台座长度方向每隔 4～5 m 设置一个防护架，两端严禁站人，更不准进入台座。

后张法施工中，张拉预应力筋时，任何人不得站在预应力筋两端，同时在千斤顶后面设立防护装置。操作千斤顶的人员应严格遵守操作规程，应站在千斤顶侧面工作。在油泵开动过程中，不得擅自离开岗位，如须离开，应将油阀全部松开或切断电路。

第7章 防水工程施工

7.1 地下工程防水施工

7.1.1 防水混凝土施工

1. 防水混凝土的基本要求

防水混凝土可通过调整配合比，或掺加外加剂、掺合料等配制而成，其抗渗等级不得小于P6；防水混凝土的施工配合比应通过试验确定，试配混凝土的抗渗等级应比设计要求提高0.2 MPa；防水混凝土应满足抗渗等级要求，并应根据地下工程所处的环境和工作条件，满足抗压、抗冻和抗侵蚀等耐久性要求。

防水混凝土结构是指因本身的密实性而具有一定防水能力的整体式混凝土或钢筋混凝土结构。防水混凝土适用于有防水要求的地下整体式混凝土结构。

防水混凝土一般分为普通防水混凝土、外加剂防水混凝土和膨胀剂或膨胀水泥防水混凝土三大类。外加剂防水混凝土又分为引气剂防水混凝土、减水剂防水混凝土、三乙醇胺防水混凝土、氯化铁防水混凝土。

2. 防水混凝土施工

1)防水混凝土施工缝的处理

防水混凝土应连续浇筑，宜少留施工缝。当留设施工缝时，应符合下列规定。

(1)墙体水平施工缝不应留在剪力最大处或底板与侧墙的交接处，应留在高出底板表面不小于300 mm的墙体上。拱(板)墙结合的水平施工缝，宜留在拱(板)墙接缝线以下150～300 mm处。墙体有预留孔洞时，施工缝距孔洞边缘应不小于300 mm。

(2)垂直施工缝应避开地下水和裂隙水较多的地段，并宜与变形缝相结合。

2)防水混凝土的施工工艺

(1)模板安装。防水混凝土所有模板,除满足一般要求外,应特别注意模板拼缝严密不漏浆,构造应牢固稳定,固定模板的螺栓(或铁丝)不宜穿过防水混凝土结构。固定模板用的螺栓必须穿过混凝土结构时,可采用工具式螺栓、螺栓加堵头、螺栓上加焊方形止水环等做法。

止水环尺寸及环数应符合设计规定。如设计无规定,则止水环应为10 cm × 10 cm 的方形止水环,且至少有一环。

①工具式螺栓做法:用工具式螺栓将固定模板用螺栓固定并拉紧,以压紧固定模板,拆模时将工具式螺栓取下,再以嵌缝材料及聚合物水泥砂浆将螺栓凹槽封堵严密。

②螺栓加焊止水环做法:在对拉螺栓中部加焊止水环,止水环与螺栓必须满焊严密。拆模后应沿混凝土结构边缘将螺栓割断。此法将消耗所用螺栓。

③预埋套管加焊止水环做法:套管采用钢管,其长度等于墙厚(或其长度加上两端垫木的厚度之和等于墙厚),兼具撑头作用,以保持模板之间的设计尺寸。止水环在套管上满焊严密。支模时在预埋套管中穿入对拉螺栓拉紧固定模板。拆模后将螺栓抽出,套管内以膨胀水泥砂浆封堵密实。套管两端有垫木的,拆模时连同垫木一并拆除,除密实封堵套管外,还应将两端垫木留下的凹坑用同样方法封实。此法可用于抗渗要求一般的结构。

(2)钢筋施工。做好钢筋绑扎前的除污、除锈工作。绑扎钢筋时,应按设计规定留足保护层,且迎水面钢筋保护层厚度应不小于 50 mm。应以相同配合比的细石混凝土或水泥砂浆制成垫块,将钢筋垫起,以保证保护层厚度。严禁以垫铁或钢筋头垫钢筋,或将钢筋用铁钉及钢丝直接固定在模板上。钢筋应绑扎牢固,避免因碰撞、振动使绑扣松散、钢筋移位,造成露筋。钢筋及绑扎钢丝均不得接触模板。采用铁马凳架设钢筋时,在不便取掉铁马凳的情况下,应在铁马凳上加焊止水环。在钢筋密集的情况下,更应注意扎或焊接质量,并用自密实高性能混凝土浇筑。

(3)混凝土搅拌。选定配合比时,其试配要求的抗渗强度值应较其设计值提高 0.2 MPa,并准确计算及称量每种用料,投入混凝土搅拌机。外加剂的掺入方法应遵从所选外加剂的使用要求。

(4)混凝土运输。运输过程中应采取措施防止混凝土拌合物产生离析,以及坍落度和含气量的损失,同时要防止漏浆。防水混凝土拌合物在常温下应于0.5 h以内运至现场;运送距离较远或气温较高时,可掺入缓凝型减水剂,缓凝时间宜

为 6～8 h。

(5)混凝土浇筑和振捣。在结构中若有密集管群,以及预埋件或钢筋稠密之处,不易使混凝土浇捣密实,应选用免振捣的自密实高性能混凝土进行浇筑。

在浇筑大体积结构中,遇有预埋大管径套管或面积较大的金属板,其下部的倒三角形区域因不易浇捣密实而形成空隙,造成漏水,为此,可在管底或金属板上预先留置浇筑振捣孔,以利于浇捣和排气,浇筑后再将孔补焊严密。

混凝土浇筑应分层,每层厚度不宜超过 30～40 cm,相邻两层浇筑时间间隔应不超过 2 h,夏季可适当缩短。混凝土在浇筑地点须检查坍落度,每工作班至少检查两次。普通防水混凝土坍落度不宜大于 50 mm。

防水混凝土必须采用高频机械振捣,振捣时间宜为 10～30 s,以混凝土泛浆和不冒气泡为准。要依次振捣密实,应避免漏振、欠振和超振。掺加引气剂或引气型减水剂时,应采用高频插入式振捣器振捣密实。

(6)混凝土养护。防水混凝土的养护对其抗渗性能影响极大,早期湿润养护更为重要,一般在混凝土进入终凝(浇筑后 4～6 h)即应覆盖,浇水湿润养护不少于 14 d。防水混凝土不宜用电热法养护和蒸汽养护。

(7)模板拆除。防水混凝土要求较严,因此不宜过早拆模。拆模时混凝土的强度必须超过设计强度等级的 70%,混凝土表面温度与环境之差不得大于 15 ℃,以防止混凝土表面产生裂缝。拆模时应注意勿使模板和防水混凝土结构受损。

(8)防水混凝土结构的保护。地下工程的结构部分拆模后,经检查合格应及时回填。回填前应将基坑清理干净,无杂物且无积水。回填土应分层夯实。地下工程周围 800 mm 以内宜用灰土、黏土或粉质黏土回填;回填土中不得含有石块、碎砖、灰渣、有机杂物以及冻土。回填施工应均匀对称进行。回填后地面建筑周围应做不小于 800 mm 宽的散水,其坡度宜为 5%,以防地表水侵入地下。

完工后的防水结构,严禁再在其上打洞。若结构表面有蜂窝麻面,应及时修补。修补时应先用水冲洗干净,涂刷一道水胶比为 0.4 的水泥浆,再用水胶比为 0.5 的 1∶2.5 水泥砂浆填实抹平。

7.1.2 水泥砂浆防水层施工

防水砂浆包括聚合物水泥防水砂浆、掺外加剂或掺合料的水泥防水砂浆,宜采用多层抹压法施工。水泥砂浆的品种和配合比设计应根据防水工程要求确定。聚合物水泥防水砂浆厚度单层施工宜为 6～8 mm,双层施工宜为 10～12

mm;掺外加剂或掺合料的水泥防水砂浆厚度宜为18～20 mm。

水泥砂浆防水层可用于地下工程主体结构的迎水面或背水面,不应用于受持续振动或温度高于80 ℃的地下工程防水。水泥砂浆防水层应在基础垫层、初期支护、围护结构及内衬结构验收合格后施工。水泥砂浆防水层的基层混凝土强度或砌体用的砂浆强度均应不低于设计值的80%。

1.防水砂浆的施工要求

1)一般要求

(1)基层表面应平整、坚实、清洁,并应充分湿润、无明水。基层表面的孔洞、缝隙,应采用与防水层相同的防水砂浆堵塞并抹平。施工前应将预埋件、穿墙管预留凹槽内嵌填密封材料后,再对水泥砂浆层进行施工。

(2)防水砂浆的配合比和施工方法应符合相关材料的规定,其中聚合物水泥防水砂浆的用水量应包括乳液中的含水量。水泥砂浆防水层应分层铺抹或喷射,铺抹时应压实、抹平,最后一层表面应提浆压光。聚合物水泥防水砂浆拌和后应在规定时间内用完,施工中不得任意加水。

(3)水泥砂浆防水层各层应紧密黏合,每层宜连续施工;必须留设施工缝时,应采用阶梯坡形样,但离阴阳角处的距离不得小于200 mm。

(4)水泥砂浆防水层不得在雨天、5级及以上大风中施工。冬期施工时,气温应不低于5 ℃。夏季不宜在30 ℃以上或烈日照射下施工。

(5)水泥砂浆防水层终凝后应及时进行养护,养护温度不宜低于5 ℃,并应保持砂浆表面湿润,养护时间不得少于14 d。

(6)聚合物水泥防水砂浆未达到硬化状态时,不得浇水养护或直接受雨水冲刷,硬化后应采用干湿交替的养护方法。潮湿环境中,可在自然条件下养护。

2)基层处理

基层处理十分重要,是保证防水层与基层表面结合牢固、不空鼓和密实不透水的关键。基层处理包括清理、浇水、刷洗、补平等工序,使基层表面保持潮湿、清洁、平整、坚实、粗糙。

(1)混凝土基层的处理。

①新建混凝土工程处理:拆除模板后,立即用钢丝刷将混凝土表面刷毛,并在抹面前浇水冲刷干净。

②旧混凝土工程处理:补做防水层时,须用钻子、剁斧、钢丝刷将表面凿毛,

清理平整后再冲水，用棕刷刷洗干净。

③混凝土基层表面凹凸不平、蜂窝孔洞的处理：超过 1 cm 的棱角及凹凸不平处，应剔成慢坡形，并浇水清洗干净，用素灰和水泥砂浆分层找平；混凝土表面的蜂窝孔洞，应先将松散不牢的石子除掉，浇水冲洗干净，用素灰和水泥砂浆交替抹到与基层面相平；混凝土表面的蜂窝麻面不深，石子黏结较牢固，用水冲洗干净后，用素灰打底，水泥砂浆压实找平。

④混凝土结构的施工缝处理：要沿缝将施工缝剔成八字形凹槽，用水冲洗后，用素灰打底，水泥砂浆压实抹平。

(2)砖砌体基层的处理。

对于新砌体，应将其表面残留的砂浆等污物清除干净，并浇水冲洗；对于旧砌体，要将其表面酥松表皮及砂浆等污物清理干净，至露出坚硬的砖面，并浇水冲洗；对于石灰砂浆或混合砂浆砌的砖砌体，应将缝剔深 1 cm，缝内成直角。

2. 防水砂浆的施工方法

1)普通水泥砂浆防水层施工

(1)混凝土顶板与墙面防水层操作。

第 1 层：素灰层，厚 2 mm。先抹一道 1 mm 厚素灰，用铁抹子往返用力刮抹，使素灰填实基层表面的孔隙。随即在已刮抹过素灰的基层表面再抹一道厚 1 mm 的素灰找平层，抹完后，用湿毛刷在素灰层表面按顺序涂刷一遍。

第 2 层：水泥砂浆层，厚 4～5 mm。在素灰层初凝时抹第 2 层水泥砂浆层，要防止素灰层过软或过硬，过软将破坏素灰层，过硬黏结不良，要使水泥砂浆层薄薄压入素灰层厚度的 1/4 左右。抹完后，在水泥砂浆初凝时用扫帚按顺序向一个方向扫出横向条纹。

第 3 层：素灰层，厚 2 mm。在第 2 层水泥砂浆凝固并具有一定强度(常温下间隔一昼夜)，适当浇水湿润后，方可进行第 3 层操作，其方法同第 1 层。

第 4 层：水泥砂浆层，厚 4～5 mm。按照第 2 层的操作方法将水泥砂浆抹在第 3 层上，抹后在水泥砂浆凝固前水分蒸发过程中，分次用铁抹子压实，一般以抹压 3～4 次为宜，最后再压光。

第 5 层：在第 4 层水泥砂浆抹压两遍后，用毛刷均匀地将水泥浆刷在第 4 层表面，随第 4 层抹实压光。

(2)砖墙面和拱顶防水层的操作。第 1 层是刷一道水泥浆，厚度约为 1 mm，用毛刷往返涂刷均匀，涂刷后，可抹第 2、3、4 层等，其操作方法与混凝土基层防水相同。

2)地面防水层施工

地面防水层施工与墙面、顶板施工的不同:素灰层(第1、3层)不采用刮抹的方法,而是把拌和好的素灰倒在地面上,用棕刷往返用力涂刷均匀,第2层和第4层是在素灰层初凝前把拌和好的水泥砂浆按厚度要求均匀铺在素灰层上,按墙面、顶板操作要求抹压,各层厚度也均与墙面、顶板防水层相同。地面防水层在施工时要防止践踏,应由里向外顺序进行。

3)特殊部位施工

结构阴阳角处的防水层均应抹成圆角,阴角直径5 cm,阳角直径1 cm。防水层的施工缝应留斜坡阶梯形槎,槎子的搭接要依照层次操作顺序层层搭接。留槎的位置一般留在地面上,亦可留在墙面上,所留的槎子均应离阴阳角20 cm以上。

7.1.3　卷材防水层施工

1.防水卷材的使用要求

卷材防水层宜用于经常处在地下水环境,且受侵蚀性介质作用或受振动作用的地下工程;应敷设在混凝土结构的迎水面;用于建筑物地下室时,应敷设在结构底板垫层至墙体防水设防高度的结构基面上;用于单建式的地下工程时,应从结构底板垫层敷设至顶板基面,并应在外围形成封闭的防水层。

防水卷材的品种、规格和层数,应根据地下工程防水等级、地下水位高低及水压力作用状况、结构构造形式和施工工艺等因素确定。

2.防水卷材的施工方法

地下防水工程一般把卷材防水层设置在建筑结构的外侧迎水面上,称为外防水。外防水有两种设置方法,即外防内贴法和外防外贴法。外防水层的铺贴法可以借助土压力压紧,并与结构一起抵抗有压地下水的渗透和侵蚀作用,防水效果良好,采用比较广泛。

铺贴卷材的基层必须牢固、无松动现象;基层表面应平整干净;阴阳角处均应做成圆弧形或钝角。铺贴卷材前,应在基面上涂刷基层处理剂。当基层较潮湿时,应涂刷湿固化型胶黏剂或潮湿界面隔离剂。基层处理剂应与卷材和胶黏剂的材性相容,基层处理剂可采用喷涂法或涂刷法施工。喷涂应均匀一致,不露底,待表面干燥后,再铺贴卷材。铺贴卷材时,每层的沥青胶要求涂布均匀,厚度一般为1.5～2.5 mm。外贴法铺贴卷材应先铺平面,后铺立面,平、立面交接处

应交叉搭接;内贴法宜先铺垂直面,后铺水平面。铺贴垂直面时应先铺转角,后铺大面。墙面铺贴时应待冷底子油干燥后自下而上进行。

卷材接的搭接长度:高聚物改性沥青卷材为 150 mm,合成高分子卷材为 100 mm。当使用两层卷材时,上下两层和相邻两幅卷材的接缝应错开 1/3～1/2 幅宽,并不得互相垂直铺贴。在立面与平面的转角处,卷材的接缝应留在平面距立面不小于 600 mm 处。在所有转角处均应铺贴附加层,并仔细粘贴紧密。粘贴卷材时应展平压实。卷材与基层和各层卷材间必须粘贴紧密,搭接缝必须用沥青胶仔细封严。最后一层卷材贴好后,应在其表面均匀涂刷一层 1～1.5 mm 的热沥青胶,以保护防水层。铺贴高聚物改性沥青卷材时应采用热熔法施工,在幅宽内卷材底表面均匀加热,不可过分加热或烧穿卷材,只使卷材的黏结面材料加热呈熔融状态后,立即与基层或已粘贴好的卷材黏结牢固,但对厚度小于 3 mm 的高聚物改性沥青防水卷材不能采用热熔法施工。铺贴合成高分子卷材要采用冷粘法施工,所使用的胶黏剂必须与卷材材性相容。

1)外防内贴法

外防内贴法是浇筑混凝土垫层后,在垫层上将永久保护墙全部砌好,将卷材防水层铺贴在垫层和永久保护墙上的方法。其施工程序如下。

(1)在已施工好的混凝土垫层上砌筑永久保护墙,保护墙全部砌好后,用 1∶3 水泥砂浆在垫层和永久保护墙上抹找平层。保护墙与垫层之间须干铺一层油毡。

(2)找平层干燥后即涂刷冷底子油或基层处理剂,干燥后方可铺贴卷材防水层,铺贴时应先铺立面、后铺平面,先铺转角、后铺大面。在全部转角处应铺贴卷材附加层,附加层可为两层同类油毡或一层抗拉强度较高的卷材,并应仔细粘贴紧密。

(3)卷材防水层铺完经验收合格后即应做好保护层。立面可抹水泥砂浆、贴塑料板,或用氯丁系胶黏剂粘铺石油沥青纸胎油毡;平面可抹水泥砂浆,或浇筑不小于 50 mm 厚的细石混凝土。

(4)进行需防水结构的施工,将防水层压紧。如为混凝土结构,则永久保护墙可当一侧模板;结构顶板卷材防水层上的细石混凝土保护层厚度应不小于 70 mm,防水层如为单层卷材,则其与保护层之间应设置隔离层。

(5)结构完工后,方可回填土。

2)外防外贴法

外防外贴法是将立面卷材防水层直接敷设在需防水结构的外墙外表面,施工程序如下。

(1)先浇筑需防水结构的底面混凝土垫层;在垫层上砌筑永久性保护墙,墙下铺一层干油毡。墙的高度不小于需防水结构底板厚度再加 100 mm。

(2)在永久性保护墙上用石灰砂浆接砌临时保护墙,墙高为 300 mm,并抹1∶3水泥砂浆找平层;在临时保护墙上抹石灰砂浆找平层并刷石灰浆。如用模板代替临时性保护墙,应在其上涂刷隔离剂。

(3)待找平层基本干燥后,即可根据所选卷材的施工要求进行铺贴。

(4)在大面积铺贴卷材之前,应先在转角处粘贴一层卷材附加层,然后进行大面积铺贴,先铺平面,后铺立面。在垫层和永久性保护墙上应将卷材防水层空铺,而在临时保护墙(或模板)上应将卷材防水层临时贴附,并分层临时固定在其顶端。

(5)浇筑需防水结构的混凝土底板和墙体,在需防水结构外墙外表面抹找平层。

(6)主体结构完成后,铺贴立面卷材时,应先将接槎部位的各层卷材揭开,并将其表面清理干净,如卷材有局部损伤,应及时进行修补。当使用两层卷材接槎时,卷材应错槎接缝,上层卷材应盖过下层卷材。

(7)待卷材防水层施工完毕,并经过检查验收合格后,应及时做好卷材防水层的保护结构。保护结构的几种做法如下。

①砌筑永久保护墙,并每隔 5～6 m 及在转角处断开,断开的缝中填以卷材条或沥青麻丝;保护墙与卷材防水层之间的空隙应随砌随用砌筑砂浆填实,保护墙完工后方可回填土。注意:在砌保护墙的过程中切勿损坏防水层。

②抹水泥砂浆。在涂抹卷材防水层最后一道沥青胶结材料时,趁热撒上干净的热砂或散麻丝,冷却后随即抹一层 10～20 mm 厚 1∶3 水泥砂浆,水泥砂浆经养护达到强度后即可回填土。

③贴塑料板。在卷材防水层外侧直接用氯丁系胶粘固定 5～6 mm 厚的聚乙烯泡沫塑料板,完工后即可回填土。亦可用聚醋酸乙烯乳液粘贴 40 mm 厚的聚苯泡沫塑料板代替。

7.1.4　涂料防水层施工

1. 防水涂料的使用要求

无机防水涂料宜用于地下工程结构主体的背水面;有机防水涂料宜用于主体结构的迎水面,用于背水面的有机防水涂料应具有较高的抗渗性,且与基层有较好的黏结性。

采用有机防水涂料时，基层阴阳角应做成圆弧形，阴角直径宜大于 50 mm，阳角直径宜大于 10 mm，在底板转角部位应增加胎体增强材料，并应增涂防水涂料。防水涂料宜采用外防外涂或外防内涂。

掺外加剂、掺合料的水泥基防水涂料厚度不得小于 3.0 mm；水泥基渗透结晶型防水涂料的用量应不小于 1.5 kg/m^2，且厚度应不小于 1.0 mm；有机防水涂料的厚度不得小于 1.2 mm。

2. 防水涂料的施工方法

涂膜施工的顺序：基层处理→涂刷底层卷材（即聚氨酯底胶，增强涂布或增补涂布）→涂布第一道涂膜防水层（聚氨酯涂膜防水材料，增强涂布或增补涂布）→涂布第二道（或面层）涂膜防水层（聚氨酯涂膜防水材料）→稀撒石渣→铺抹水泥砂浆→设置保护层。

涂布顺序：先垂直面，后水平面；先阴阳角及细部，后大面。每层涂布方向应互相垂直。

1）涂布与增补涂布

在阴阳角、排水口、管道周围、预埋件及设备根部、施工缝或开裂处等需要增强防水层抗渗性的部位，应做增强或增补涂布。

增强涂布或增补涂布可在粉刷底层卷材后进行，也可以在涂布第一道涂膜防水层以后进行。还有将增强涂布夹在每相邻两层涂膜之间的做法。

增强涂布的做法：在涂布增强膜中敷设玻璃纤维布，用板刷涂刮驱气泡，将玻璃纤维布紧密地粘贴在基层上，不得出现空鼓或褶皱。增强涂布一般为条形。增补涂布为块状，做法同增强涂布，但可做多层涂抹。

增强、增补涂布与基层卷材是组成涂膜防水层的最初涂层，对防水层的抗渗性能具有重要作用，因此涂布操作时要认真仔细，保证质量，不得有气孔、鼓泡、褶皱、翘边，玻璃布应按设计规定搭接，且不得露出面层表面。

2）涂布第一道涂膜

在前一道卷材固化干燥后，应先检查其上是否有残留气孔或气泡。如无，即可涂布施工；如有，则应用橡胶板刷将混合料用力压入气孔填实补平，然后再进行第一层涂膜施工。

涂布第一道聚氨酯防水材料，可用塑料板刷均匀涂刮，厚薄一致，厚度约为 1.5 mm。平面或坡面施工后，在防水层未固化前不宜上人踩踏，涂抹施工过程

中应留出施工退路，可以分区分片用后退法涂刷施工。

在施工温度低或混合液流动度低的情况下，涂层表面留有板刷或抹子涂后的刷纹，为此应预先在混合搅拌液内适当加入二甲苯稀释，用板刷涂抹后，再用滚刷滚涂均匀，涂膜表面即可平滑。

3)涂布第二道涂膜

第一道涂膜固化后，即可在其上涂刮第二道涂膜，方法与第一道相同，但涂刮方向应与第一道施工垂直。涂布第二道涂膜与第一道相间隔的时间应以第一道涂膜的固化程度（手感不黏）确定，一般不小于 24 h，也不大于 72 h。当 24 h 后涂膜仍发黏，而又须涂刷下一道时，可先涂一些涂膜防水材料即可上人操作，不影响施工质量。

4)稀撒石渣

在第二道涂膜固化之前，在其表面稀撒粒径约为 2 mm 的石渣。涂膜固化后，这些石渣即牢固地黏结在涂膜表面，其作用是增强涂膜与其保护层的黏结能力。

5)设置保护层

最后一道涂膜固化干燥后，即可设置保护层。保护层可根据建筑要求设置相适宜的形式：立面、平面可在稀撒石渣上抹水泥砂浆，铺贴瓷砖、陶瓷锦砖；一般房间的立面可以铺抹水泥砂浆，平面可铺设缸砖或水泥方砖，也可抹水泥砂浆或浇筑混凝土；若用于地下室墙体外壁，可在稀撒石渣层上抹水泥砂浆保护层，然后回填土。

7.2　室内防水工程施工

结合以往成熟的施工经验，厕浴间和厨房的防水施工工艺和作业要求可按使用要求和选材选择。

7.2.1　聚合物乳液(丙烯酸)防水涂料施工

1. 施工机具

(1)清理基面工具：开刀、凿子、锤子、钢丝刷、扫帚、抹布。

(2)涂覆工具：滚子、刷子。

2. 施工工艺

工艺流程:清理基层→涂刷底部防水层→涂刷细部附加层→涂刷中层、面层防水层→防水层第一次蓄水试验→保护层或饰面层施工→第二次蓄水试验。

操作要点如下。

(1)清理基层。基层表面必须将浮土打扫干净,清除杂物、油渍、明水等。

(2)涂刷底部防水层。取丙烯酸防水涂料倒入一个空桶中约 2/3 桶身高度,少许加水稀释并充分搅拌,用滚刷均匀地涂刷底层,用量约为 0.4 kg/m^2,待手摸不沾手后进行下一道工序。

(3)涂刷细部附加层。

①嵌填密封膏:按设计要求在管根等部位的凹槽内嵌填密封膏,密封材料应压嵌严密,防止裹入空气,并与缝壁黏结牢固,不得有开裂、鼓泡和下塌现象。

②地漏、管根、阴阳角等易漏水部位的凹槽内用丙烯酸防水涂料涂覆找平。

③在地漏、管根、阴阳角和出入口等易发生漏水的薄弱部位,须增加一层胎体增强材料,宽度不得小于 300 mm,搭接宽度不得小于 100 mm,施工时先涂刷丙烯酸防水涂料,再铺增强层材料,然后再涂刷两遍丙烯酸防水涂料。

(4)涂刷中层、面层防水层。取丙烯酸防水涂料,用滚刷均匀地涂在底层防水层上面,每遍为 0.5～0.8 kg/m^2,其下层增强层和中层必须连续施工,不得间隔,若厚度不够,加涂一层或数层以达到设计规定的涂膜厚度要求。

(5)第一次蓄水试验。在做完全部防水层干固 48 h 以后,蓄水 24 h,未出现渗漏为合格。

(6)保护层或饰面层施工。第一次蓄水合格后,即可做保护层或饰面施工。

(7)第二次蓄水试验。在保护层或饰面施工完工后,应进行第二次蓄水试验,以确保防水工程质量。

3. 成品保护

(1)操作人员应严格保护好已完工的防水层,非防水施工人员不得进入现场踩踏。

(2)为确保排水畅通,地漏、排水口应避免杂物堵塞。

(3)施工时严防涂料污染已做好的其他部位。

7.2.2 单组分聚氨酯防水涂料施工

单组分聚氨酯防水涂料是以异氰酸酯、聚醚为主要原料,配以各种助剂制

成，属于无有机溶剂挥发型合成高分子的单组分柔性防水涂料。

1. 主要施工机具

（1）涂料涂刮工具：橡胶刮板。

（2）地漏、转角处等涂料涂刷工具：油漆刷。

（3）清理基层工具：铲刀。

（4）修补基层工具：抹子。

2. 施工工艺

工艺流程：清理基层→细部附加层施工→第一遍涂膜施工→第二遍涂膜施工→第三遍涂膜施工→第一次蓄水试验→保护层、饰面层施工→第二次蓄水试验。

操作要点如下。

（1）清理基层。基层表面必须认真清扫干净。

（2）细部附加层施工。厕浴间的地漏、管根、阴阳角等处应用单组分聚氨酯涂刮一遍做附加层处理。

（3）第一遍涂膜施工。用橡胶刮板在基层表面均匀涂刮单组分聚氨酯涂料，厚度一致，涂刮量以 0.6～0.8 kg/m^2 为宜。

（4）第二遍涂膜施工。在第一遍涂膜固化后，再进行第二遍聚氨酯涂料涂刮。对平面的涂刮方向应与第一遍涂刮方向相垂直，涂刮量与第一遍相同。

（5）第三遍涂膜和黏砂粒施工。第二遍涂膜固化后，进行第三遍聚氨酯涂料涂刮，达到设计厚度。在最后一遍涂膜施工完毕尚未固化时，在其表面应均匀地撒上少量干净的粗砂，以增加与即将覆盖的水泥砂浆保护层之间的黏结。厕浴间和厨房防水层经多遍涂刷，单组分聚氨酯涂膜总厚度应不小于 1.5 mm。

（6）当涂膜固化完全并经第一次蓄水试验验收合格才可进行保护层、饰面层施工。

7.2.3　聚合物水泥防水涂料施工

聚合物水泥防水涂料（简称 JS 防水涂料）是以聚合物乳液和水泥为主要原料，加入其他添加剂制成的液料与粉料两部分，按规定比例混合拌匀使用。

1. 主要施工机具

（1）基层清理工具：锤子、凿子、铲子、钢丝刷、扫帚。

(2)取料配料工具:台秤、搅拌器、材料桶。

(3)涂料涂覆工具:滚刷、刮板、刷子等。

2. 施工工艺

工艺流程:清理基层→涂刷底面防水层→细部附加层施工→涂刷中间防水层→涂刷表面防水层→第一次蓄水试验→保护层、饰面层施工→第二次蓄水试验。

操作要点如下。

(1)清理基层。表面必须彻底清扫干净,不得有浮尘、杂物、明水等。

(2)涂刷底面防水层。底层用料由专人负责材料配制,先按配合比分别称出配料所用的液料、粉料、水,在桶内用手提电动搅拌器搅拌均匀,使粉料均匀分散。用滚刷或油漆刷均匀地涂刷底面防水层,不得露底,一般用量为 0.3～0.4 kg/m^2。待涂层干固后,才能进行下一道工序。

(3)细部附加层施工。对地漏、管根、阴阳角等易发生漏水的部位,应进行密封或加强处理。按设计要求在管根等部位的凹槽内嵌填密封膏,密封材料应压嵌严密,防止裹入空气,并与缝壁黏结牢固,不得有开裂、鼓泡和下塌现象。在地漏、管根、阴阳角和出入口等易发生漏水的薄弱部位,可加一层增强胎体材料,材料宽度不小于 300 mm,搭接宽度应不小于 100 mm。施工时先涂一层 JS 防水涂料,再铺胎体增强材料,最后再涂一层 JS 防水涂料。

(4)涂刷中层、面层防水层。按设计要求提供的防水涂料配合比,将配制好的Ⅰ型或Ⅱ型 JS 防水涂料,均匀涂刷在底面防水层上。每遍涂刷量以 0.8～1.0 kg/m^2 为宜(涂料用量均为液料和粉料的原材料用量,不含稀释加水量)。多遍涂刷(一般 3 遍以上),直到达到设计规定的涂膜厚度要求。大面涂刷涂料时,不得加铺胎体,如设计要求增加胎体,须使用耐碱网格布或 40 g/m^2 的聚酯无纺布。

(5)第一次蓄水试验。在最后一遍防水层干固 48 h 后蓄水 24 h,以无渗漏为合格。

(6)保护层或饰面层施工。第一次蓄水试验合格后,即可做保护层、饰面层施工。

(7)第二次蓄水试验。在保护层或饰面层完工后,进行第二次蓄水试验,确保厕浴间和厨房的防水工程质量。

3. 成品保护

(1)操作人员应严格保护已做好的涂膜防水层。涂膜防水层未干时,严禁在

上面踩踏;在做完保护层以前,任何与防水作业无关的人员不得进入施工现场;在第一次蓄水试验合格后应及时做好保护层,以免损坏防水层。

(2)地漏或排水口要防止杂物堵塞,确保排水畅通。

(3)施工时,涂膜材料不得污染已做好饰面的墙壁、卫生洁具、门窗等。

7.2.4　水泥基渗透结晶型防水材料施工

水泥基渗透结晶型防水材料施工是指采用涂料涂刷或使用防水砂浆施抹进行防水层施工。

水泥基渗透结晶型防水材料按使用方法分为防水涂料和防水剂。水泥基渗透结晶型防水涂料包括浓缩剂、增效剂,均是粉状材料,化学活性较强,经与水拌和调配成浆料:浓缩剂浆料直接刷涂或喷涂于混凝土表面;增效剂浆料用于浓缩剂涂层的表面,在浓缩剂涂层上形成坚硬的表层,可增强浓缩剂的渗透效果,单独使用于结构表面时起防潮作用。水泥基渗透结晶型防水剂(又称掺合剂)是以专有的多种特殊活性化学物质为主要原料,配以各种其他辅料制成的防水材料。

1. 水泥基渗透结晶型防水涂料施工

水泥基渗透结晶型防水涂料是一种刚性防水材料,其与水作用后,材料中含有的活性化学物质通过载体向混凝土内部渗透,在混凝土中形成不溶于水的结晶体,填塞毛细孔道,从而使混凝土致密、防水。

1)主要施工机具

手用钢丝刷、电动钢丝刷、凿子、锤子、计量水和料的器具、拌料器具、专用尼龙刷、油漆刷,喷雾器具、胶皮手套等。

2)作业条件

(1)水泥基渗透结晶型防水涂料不得在环境温度低于 4 ℃时使用。

(2)基层应粗糙、干净、湿润。无论新浇筑的或旧的混凝土基面,均应用水润湿透(但不得有明水)。新浇筑的混凝土以浇筑后 24～72 h 为涂料最佳使用时段。

(3)基层不得有缺陷部位,否则应进行处理后方可进行施工。

3)施工工艺

工艺流程:基层检查→基层处理→制浆→重点部位的加强处理→第一遍涂刷涂料→第二遍涂刷涂料→养护→检验。

操作要点如下。

(1)基层检查。检查混凝土基层有无裂纹、孔洞以及有机物、油漆和杂物等。

(2)基层处理。先修理缺陷部位,如封堵孔洞,除去有机物、油漆等其他黏结物,遇有大于0.4 mm以上的裂纹应进行裂缝修理;对蜂窝结构或疏松结构均应凿除,松动杂物用水冲刷至见到坚实的混凝土基面并将其润湿,涂刷浓缩剂浆料,用量为1 kg/m^2,再用防水砂浆填补、压实,掺合剂的掺量为水泥含量的2%。打毛混凝土基面,使毛细孔充分暴露。底板与边墙相交的阴角处加强处理,用浓缩剂料团(浓缩剂粉∶水=5∶1,用抹子调和2 min即可使用)趁潮湿嵌填于阴角处,用手锤或抹子捣固压实。

(3)制浆。防水涂料用量:总用量不小于0.8 kg/m^2,浓缩剂不小于0.4 kg/m^2,增效剂不小于0.4 kg/m^2。制浆工艺:按防水涂料∶水=5∶2(体积比)将粉料与水倒入容器内,搅拌3~5 min,混合均匀。一次制浆不宜过多,要在20 min内用完,混合物变稠时要频繁搅动,中间不得加水、加料。

(4)重点部位加强处理。厨房、厕浴间的地漏、管根、阴阳角、非混凝土或水泥砂浆基面等处用柔性涂料做加强处理,做法同柔性涂料或参考细部构造做法。

(5)第一遍涂刷涂料。涂料涂刷时应用半硬的尼龙刷,不宜用抹子、滚筒、油漆刷等;涂刷时应来回用力,以保证凹凸处都能涂上,涂层要求均匀,不应过薄或过厚,控制在单位用量之内。

(6)第二遍涂刷涂料。待上道涂层终凝6~12 h后,仍呈潮湿状态时进行,如第一遍涂层太干,则应先喷洒一些雾水后再进行增效剂涂刷。此遍涂层也可使用相同量的浓缩剂。

(7)养护。养护必须用干净的水,在涂层终凝后做喷雾养护,不应出现明水,一般每天需喷雾水3次,连续数天,在热天或干燥天气应多喷几次,使其保持湿润状态,防止涂层过早干燥。蓄水试验应在养护完3~7 d后进行。

(8)检验。涂料涂层施工后,须检查涂层是否均匀,用量是否准确、有无漏涂,如有缺陷应及时修补。经蓄水试验合格后,进行下道工序施工。

4)成品保护及注意事项

(1)保护好防水涂层,在养护期内任何人员不得进入施工现场。

(2)地漏要防止杂物堵塞,确保排水畅通。

(3)拌料和涂刷涂料时应戴胶皮手套。

(4)防水涂料必须储存在干燥的环境中,最低温度为7 ℃,一般储存条件下有效期为1年。

2. 水泥基渗透结晶型防水砂浆施工

水泥基渗透结晶型防水砂浆由水泥基渗透结晶型防水剂（又称掺合剂）、硅酸盐水泥、中（粗）砂（含泥量不大于2%）按比例制成。

1）主要施工机具

（1）基面处理工具：手用钢丝刷、电动钢丝刷、凿子、锤子等。

（2）计量工具：计量防水剂、水泥、砂子、水等。

（3）拌和材料及运料工具：锹、桶、砂浆搅拌机、推车等。

（4）施抹防水砂浆工具：抹子。

（5）地漏等细部构造涂刷工具：油漆刷。

（6）防水层养护工具：喷雾器具。

2）作业条件

（1）水泥基渗透结晶型防水砂浆不得在环境温度低于4 ℃时使用，雨天不得施工。

（2）基层应粗糙、干净，以提供充分开放的毛细管系统，以利于渗透。

（3）基层需要润湿，无论新浇筑的或是旧的混凝土基面都应用水润湿，但不得有明水；基层有缺陷时应修补处理后方可进行施工。

3）施工工艺

工艺流程：基层检查→基层处理→重点部位加强处理→第一遍涂刷水泥净浆→拌制防水砂浆→抹防水砂浆→加分格缝→养护。

操作要点如下。

（1）基层检查。检查混凝土基层有无油漆、有机物、杂物以及孔洞或大于0.4 mm的裂纹等缺陷。

（2）基层处理。先处理缺陷部位、封堵孔洞，除去有机物、油漆等其他黏结物，清除油污及疏松物等。如有0.4 mm以上的裂纹，应先进行裂缝修理；沿裂缝两边凿出20 mm（宽）×30 mm（深）的U形槽，用水冲净，润湿后除去明水，沿槽内涂刷浆料后用浓缩剂半干料团（粉水比为6∶1）填满、夯实；遇有蜂窝或疏松结构均应凿除，将所有松动的杂物用水冲刷掉，直至见到坚实的混凝土基面并将其润湿后涂刷灰浆（粉水比为5∶2），用量为1 kg/m^2，再用防水砂浆填补、压实，防水剂的掺量为水泥用量的2%～3%。经处理过的混凝土基面，不应存留任何悬浮物等物质。底板与边墙相交的阴角处做加强处理。用浓缩剂料团（防水剂粉水比为5∶1，用抹子调和2 min即可使用）趁潮湿嵌填于阴角处，用手锤或抹子捣固压实。

(3)重点部位附加层处理。厕浴间和厨房的地漏、管根、阴阳角等处用柔性涂料做附加层处理,方法同柔性涂料施工。

(4)第一遍涂刷水泥净浆。用油漆刷等将水泥净浆涂刷在基层上,用量为1～2 kg/m^2。

(5)拌制防水砂浆。人工搅拌时,配合比为水泥∶砂∶水∶防水剂=1∶2.5(3)∶0.5∶2(3),将配好量的硅酸盐水泥与砂预混均匀后再在中间留有盛水坑;将配好量的防水剂与水在容器中搅拌均匀后倒入盛水坑中拌匀,再与水泥砂子的混合物搅拌成稠浆状;机械搅拌时,将按比例配好的砂子、防水剂、水泥、水依次放入搅拌机内,搅拌 3 min 即可使用。

(6)抹防水砂浆。将制备好的防水砂浆均摊在处理过的结构基层上,用抹子用力抹平、压实,不得有空鼓、裂纹现象,如发生此类现象应及时修复;所有的施工方法按防水砂浆的标准施工方法进行。陶粒、砖等砌筑墙面在做地面砂浆防水层时,可进行侧墙的防水砂浆层的施抹,施抹完成后即完成了防水施工作业。

(7)加分格缝。防水砂浆施工面积大于 36 m^{2}时应加分格缝,缝隙用柔性嵌缝膏嵌填。

(8)养护。防水砂浆层必须用干净水做喷雾养护,不应出现明水,一般每天须喷雾水 3 次,连续 3～4 d,在热天或干燥天气应多喷几次,用湿草垫或湿麻袋片覆盖养护,保持湿润状态,防止防水砂浆层过早干燥。蓄水试验应在养护完3～7 d 后进行,蓄水验收合格后才可进行下一道工序施工。

4)成品保护及注意事项

(1)严格保护已做好的防水层,在养护期内任何人员不得进入施工现场。

(2)地漏应防止杂物堵塞,确保排水畅通。

(3)拌料时应戴胶皮手套。

(4)水泥基渗透结晶型防水砂浆必须储存在干燥环境中,最低温度为 7 ℃,储存有效期为 1 年。

7.3 外墙防水施工

7.3.1 外保温外墙防水防护施工

(1)保温层应固定牢固,表面平整、干净。

(2)外墙保温层的抗裂砂浆层施工应符合下列规定。

①抗裂砂浆层的厚度、配合比应符合设计要求。当内掺纤维等抗裂材料时,比例应符合设计要求,并应搅拌均匀。

②当外墙保温层采用有机保温材料时,抗裂砂浆施工时应先涂刮界面处理材料,然后分层抹压抗裂砂浆。

③抗裂砂浆层的中间宜设置耐碱玻纤网格布或金属网片。金属网片应与墙体结构固定牢固。玻纤网格布铺贴应平整无褶皱,两幅间的搭接宽度应不小于50 mm。

④抗裂砂浆应抹平压实,表面无接槎印痕,网格布或金属网片不得外露。防水层为防水砂浆时,抗裂砂浆表面应搓毛。

⑤抗裂砂浆终凝后应进行保湿养护。防水砂浆养护时间不宜少于14 d,养护期间不得受冻。

(3)外墙保温层上的防水层施工应符合规范规定。

(4)防水透气膜施工应符合下列规定。

①基层表面应平整、干净、牢固,无尖锐凸起物。

②敷设宜从外墙底部一侧开始,将防水透气膜沿外墙横向展开铺于基面上,沿建筑立面自下而上横向敷设,按顺水方向上下搭接,当无法满足自下而上敷设顺序时,应确保沿顺水方向上下搭接。

③防水透气膜横向搭接宽度不得小于100 mm,纵向搭接宽度不得小于150 mm。搭接缝应采用配套胶黏带黏结。相邻两幅膜的纵向搭接缝应相互错开,间距不小于500 mm。

④防水透气膜搭接缝应采用配套胶黏带覆盖密封。

⑤防水透气膜应随铺随固定,固定部位应预先粘贴小块丁基胶带,用带塑料垫片的塑料锚栓将防水透气膜固定在基层墙体上,每平方米固定点不得少于3处。

⑥敷设在窗洞或其他洞口处的防水透气膜,以“I”字形裁开,用配套胶黏带固定在洞口内侧。与门、窗框连接处应使用配套胶黏带粘满密封,四角用密封材料封严。

⑦幕墙体系中穿透防水透气膜的连接件周围应用配套胶黏带封严。

7.3.2　无外保温外墙防水防护施工

(1)外墙结构表面的油污、浮浆应清除,孔洞、缝隙应堵塞抹平,不同结构材

料交接处的增强处理材料应固定牢固。

(2)外墙结构表面宜进行找平处理,找平层施工应符合下列规定。

①外墙结构表面清理干净后,方可进行界面处理。

②界面处理材料的品种和配合比应符合设计要求,拌和应均匀一致,无粉团、沉淀等缺陷。涂层应均匀,不露底。待表面收水后,方可进行找平层施工。

③找平层砂浆的强度和厚度应符合设计要求,厚度在 10 mm 以上时,应分层压实、抹平。

(3)外墙防水层施工前,宜先做好节点处理,再进行大面积施工。

(4)防水砂浆施工应符合下列规定。

①基层表面应为平整的毛面,光滑表面应做界面处理并充分润湿。

②防水砂浆的配制应符合规范规定。配制好的防水砂浆宜在 1 h 内用完,施工中不得任意加水。

③界面处理材料涂刷厚度应均匀,覆盖完全,收水后应及时进行防水砂浆施工。

④防水砂浆涂抹施工应符合下列规定。

a. 厚度大于 10 mm 时应分层施工,第二层应待前一层指触不黏时进行,各层应黏结牢固。

b. 每层宜连续施工。当需留槎时,应采用阶梯坡形槎,接槎部位离阴阳角不得小于 200 mm;上下层接槎应错开 300 mm 以上。接槎应依层次顺序操作,层层搭接紧密。

c. 喷涂施工时,喷枪的喷嘴应垂直于基面,合理调整压力、喷嘴与基面距离。

d. 涂抹时应压实、抹平。遇气泡时应挑破,保证铺抹密实。

e. 抹平、压实应在初凝前完成。

⑤窗台、窗楣和凸出墙面的腰线等部位上表面的流水坡应找坡准确,外口下沿的滴水线应连续、顺直。

⑥砂浆防水层分格缝的留设位置和尺寸应符合设计要求。分格缝的密封处理应在防水砂浆达到设计强度的 80%后进行,密封前应将分格缝清理干净,密封材料应嵌填密实。

⑦砂浆防水层转角宜抹成圆弧形,圆弧半径应不小于 5 mm,转角抹压应顺直。

⑧门框、窗框、管道、预埋件等与防水层相接处应留 8～10 mm 宽的凹槽,密封处理应符合规范要求。

⑨砂浆防水层未达到硬化状态时，不得浇水养护或直接受雨水冲刷。聚合物水泥防水砂浆硬化后应采用干湿交替的养护方法；普通防水砂浆防水层应在终凝后进行保湿养护。养护时间不宜少于14 d。养护期间不得受冻。

(5)防水涂料施工应符合下列规定。

①施工前应先对细部构造进行密封或增强处理。

②涂料的配制和搅拌应符合下列规定。

a.双组分涂料配制前，应将液体组分搅拌均匀。配料应按照规定要求进行，不得任意改变配合比。

b.应采用机械搅拌，配制好的涂料应色泽均匀，无粉团、沉淀。

③涂膜防水层的基层宜干燥。防水涂料涂布前，应先涂刷基层处理剂。

④涂膜宜多遍完成，后一遍涂布应在前一遍涂层干燥成膜后进行。挥发性涂料的每遍用量不宜大于0.6 kg/m^2。

⑤每遍涂布应交替改变涂层的涂布方向，同一涂层涂布时，先后接槎宽度宜为30～50 mm。

⑥涂膜防水层的甩槎应避免污损，接涂前应将甩槎表面清理干净，接槎宽度应不小于100 mm。

⑦胎体增强材料应铺贴平整、排除气泡，不得有褶皱和胎体外露；胎体层充分浸透防水涂料；胎体的搭接宽度应不小于50 mm；胎体的底层和面层涂膜厚度均应不小于0.5 mm。

⑧涂膜防水层完工并经验收合格后，应及时做好饰面层。饰面层施工时应有成品保护措施。

7.4　屋面工程施工

7.4.1　找坡层和找平层施工

1.装配式钢筋混凝土板的板缝嵌填施工

装配式钢筋混凝土板的板缝嵌填施工应符合下列规定。

(1)嵌填混凝土前板缝内应清理干净，并应保持湿润。

(2)当板缝宽度大于40 mm或上窄下宽时，板缝内应按设计要求配置钢筋。

(3)嵌填细石混凝土的强度等级应不低于C20,填缝高度宜低于板面10～20 mm,且应振捣密实和浇水养护。

(4)板端缝应按设计要求增加防裂的构造措施。

2. 找坡层和找平层的基层施工

找坡层和找平层的基层的施工应符合下列规定。

(1)应清理结构层、保温层上面的松散杂物,凸出基层表面的硬物应剔平扫净。

(2)抹找坡层前,宜对基层洒水润湿。

(3)突出屋面的管道、支架等根部,应用细石混凝土堵实和固定。

(4)对不易与找平层结合的基层应做界面处理。

找坡层和找平层所用材料的质量和配合比应符合设计要求,并应准确计量和机械搅拌;找坡应按屋面排水方向和设计坡度要求进行,找坡层最薄处厚度不宜小于20 mm;找坡材料应分层敷设和适当压实,表面宜平整和粗糙,并应适时浇水养护;找平层应在水泥初凝前压实抹平,水泥终凝前完成收水后应二次压光,并应及时取出分格条。养护时间不得少于7 d。卷材防水层的基层与突出屋面结构的交接处,以及基层的转角处,找平层均应做成圆弧形,且应整齐平顺。找坡层和找平层的施工环境温度不宜低于5 ℃。

7.4.2 保温层和隔热层施工

1. 保温隔热材料

屋面保温隔热材料宜选用聚苯乙烯硬质泡沫保温板、聚氨酯硬质泡沫保温板、喷涂硬泡聚氨酯或绝热玻璃棉等。聚氨酯硬质泡沫保温板应符合国家标准《建筑绝热用硬质聚氨酯泡沫塑料》(GB/T 21558—2008)的要求。

喷涂硬泡聚氨酯保温材料的主要物理性能应符合国家标准《硬泡聚氨酯保温防水工程技术规范》(GB 50404—2017)的要求。绝热玻璃棉应符合国家标准《建筑绝热用玻璃棉制品》(GB/T 17795—2019)的要求。

2. 保温层施工

(1)板状材料保温层施工。

板状材料保温层施工应符合下列规定。

①基层应平整、干燥、干净。

②相邻板块应错缝拼接，分层敷设的板块上下层接缝应相互错开，板间缝隙应采用同类材料嵌填密实。

③采用干铺法施工时，板状保温材料应紧靠在基层表面上，并应铺平垫稳。

④采用黏结法施工时，胶黏剂应与保温材料相容，板状保温材料应贴严、粘牢，在胶黏剂固化前不得上人踩踏。

⑤采用机械固定法施工时，固定件应固定在结构层上，固定件的间距应符合设计要求。

(2)纤维材料保温层施工。

纤维材料保温层施工应符合下列规定。

①基层应平整、干燥、干净。

②纤维保温材料在施工时，应避免重压，并应采取防潮措施。

③纤维保温材料敷设时，平面拼接缝应贴紧，上下层拼接缝应相互错开。

④屋面坡度较大时，纤维保温材料宜采用机械固定法施工。

⑤在敷设纤维保温材料时，应做好劳动保护工作。

(3)喷涂硬泡聚氨酯保温层施工。

喷涂硬泡聚氨酯保温层施工应符合下列规定。

①基层应平整、干燥、干净。

②施工前应对喷涂设备进行调试，并应对喷涂试块进行材料性能检测。

③喷涂时喷嘴与施工基面的间距应由试验确定。

④喷涂硬泡聚氨酯的配合比应准确计量，发泡厚度应均匀一致。

⑤一个作业面应分几遍喷涂完成，每遍喷涂厚度不宜大于 15 mm，硬泡聚氨酯喷涂后 20 min 内严禁上人。

⑤喷涂作业时，应采取防止污染的遮挡措施。

(4)现浇泡沫混凝土保温层施工。

现浇泡沫混凝土保温层施工应符合下列规定。

①基层应清理干净，不得有油污、浮尘和积水。

②现浇泡沫混凝土应按设计要求的干密度和抗压强度进行配合比设计，拌制时应计量准确，并应搅拌均匀。

③泡沫混凝土应按设计的厚度设定浇筑面标高线，找坡时宜采取挡板辅助措施。

④泡沫混凝土的浇筑出料口离基层的高度不宜超过 1 m，泵送时应采取低

压泵送。

⑤泡沫混凝土应分层浇筑，一次浇筑厚度不宜超过 200 mm，终凝后应进行保湿养护，养护时间不得少于 7 d。

3. 隔汽层施工

隔汽层施工应符合下列规定。

①隔汽层施工前，基层应进行清理，宜进行找平处理。

②屋面周边隔汽层应沿墙面向上连续敷设，高出保温层上表面不得小于 150 mm。

③采用卷材做隔汽层时，卷材宜空铺，卷材搭接缝应粘满，其搭接宽度应不小于 80 mm；采用涂膜做隔汽层时，涂料涂刷应均匀，涂层不得有堆积、起泡和露底现象。

④穿过隔汽层的管道周围应进行密封处理。

4. 倒置式屋面保温层施工

倒置式保温防水屋面施工工艺流程：基层清理检查，工具准备，材料检验→节点增强处理→防水层施工、检验→保温层敷设、检验→现场清理→保护层施工→验收。

①防水层施工。根据不同的材料，采用相应的施工方法和工艺施工并检验。

②保温层施工。保温材料可以直接干铺或用专用黏结剂粘贴，聚苯板不得选用溶剂型黏结剂粘贴。保温材料接缝处可以是平缝，也可以是企口缝，接缝处可以灌入密封材料以连成整体。块状保温材料的施工应采用斜缝排列，以利于排水。当采用现喷硬泡聚氨酯保温材料时，要在成型的保温层面进行分格处理，以减少收缩开裂。大风天气和雨天不得施工，同时注意喷施人员的劳动保护。

③面层施工。

a. 上人屋面。采用 40～50 mm 厚钢筋细石混凝土作面层时，应按刚性防水层的设计要求进行分格缝的节点处理；采用混凝土块材作上人屋面保护层时，应用水泥砂浆坐浆平铺，板缝用砂浆勾缝处理。

b. 不上人屋面。当屋面是非功能性上人屋面时，可采用平铺预制混凝土板的方法进行压埋，预制板要有一定强度，厚度也应不小于 30 mm。选用卵石或砂砾作保护层时，其直径应为 20～60 mm，铺埋前，应先敷设聚酯纤维无纺布或油毡等隔离，再铺埋卵石，并要注意雨水口的畅通。压置物的质量应保证最大风力

时保温板不被刮起，保温层在积水状态下不浮起。聚苯乙烯保温层不能直接受太阳照射，以防紫外线照射导致老化，还应避免与溶剂接触和在高温环境下(80℃以上)使用。

5. 屋面排汽构造施工

如果保温层采用吸水率低($\omega<6\%$)的材料时，材料基本不会再吸水，保温性能就能得到保证。如果保温层采用吸水率高的材料，施工时如遇雨水或施工用水侵入造成很高含水率，则应使保温层干燥，但许多工程找平层已施工，一时无法干燥，为了避免因保温层含水率高而导致防水层起鼓，使屋面在使用过程中逐渐将水分蒸发(需几年或几十年时间)，过去采取"排汽屋面"的技术措施，也有人称为呼吸屋面。排汽屋面就是在保温层中设置纵横排汽道，在交叉处安放向上的排汽管，目的是当温度升高时，水分蒸发，并沿排汽道、排汽管与大气连通，不会产生压力，潮气还可以从孔中排出，排汽屋面要求排汽道不得堵塞。这种做法确实有一定的效果，因此规范规定如果保温层含水率过高(超过15%)，不管设计时是否有规定，施工时都必须做排汽屋面处理。当然如果采用低吸水率保温材料，就可以不采取这种做法。

排汽屋面构造施工应符合下列规定。

①排汽道及排汽孔的设置应符合规范规定。

②排汽道应与保温层连通，排汽道内可填入透气性好的材料。

③施工时，排汽道及排汽孔均不得被堵塞。

④屋面纵横排汽道的交叉处可埋设金属或塑料排汽管，排汽管宜设置在结构层上，穿过保温层及排汽道的管壁四周应打孔。排汽管应做好防水处理。

7.4.3 屋面卷材防水层施工

1. 防水卷材的选用

防水卷材的选用应符合下列规定：

①根据当地历年最高气温、最低气温、屋面坡度和使用条件等因素，选择耐热度、柔性相适应的卷材；

②根据地基变形程度，结构形式，当地年温差、日温差和震动等因素，选择拉伸性相适应的卷材；

③根据屋面防水卷材的暴露程度，选择耐紫外线、耐穿刺、耐老化保持率或

耐霉性能相适应的卷材；

④自粘橡胶沥青防水卷材和自粘聚酯毡改性沥青防水卷材(0.5 mm 厚铝箔覆面者除外)不得用于外露的防水层。

2. 卷材防水层基层要求

卷材防水层基层应坚实、干净、平整，应无孔隙、起砂和裂缝。基层的干燥程度应根据所选防水卷材的特性确定。

采用基层处理剂时，其配制与施工应符合下列规定：

①基层处理剂应与防水卷材相容；

②基层处理剂应配比准确，并应搅拌均匀；

③喷涂基层处理剂前，应先对屋面细部进行涂刷；

④基层处理剂可选用喷涂或涂刷施工工艺，喷涂应均匀一致，干燥后应及时进行卷材施工。

3. 卷材铺贴顺序和卷材搭接

(1)卷材铺贴顺序。

卷材铺贴应按“先高后低，先远后近”的顺序施工。高低跨屋面，应先铺高跨屋面，后铺低跨屋面；在同高度大面积的屋面，应先铺离上料点较远的部位，后铺较近部位。

应先细部结构处理，然后大面积由屋面最低标高向上铺贴。卷材大面积铺贴前，应先做好节点密封处理、附加层和屋面排水较集中部位(屋面与水落口连接处，檐口、天沟、檐沟、屋面转角处、板端缝等)的处理、分格缝的空铺条处理等，然后由屋面最低标高处向上施工。铺贴天沟、檐沟卷材时，宜顺天沟、檐沟方向铺贴，从水落口处向分水线方向铺贴，以减少搭接。卷材宜平行屋脊铺贴，上下层卷材不得相互垂直铺贴。立面或大坡面铺贴卷材时，应采用满粘法，并宜减少卷材短边搭接。

为了保证防水层的整体性，减少漏水的可能性，屋面防水工程尽量不划分施工段；当需要划分施工段时，施工段的划分宜设在屋脊，天沟、变形缝等处。

(2)卷材搭接卷材搭接缝。

卷材搭接卷材搭接缝应符合下列规定：

①平行屋脊的搭接缝应顺流水方向，搭接缝宽度应符合规范规定；

②同一层相邻两幅卷材短边搭接缝错开应不小于 500 mm；

③上下层卷材长边搭接缝应错开，且应不小于幅宽的1/3；

④当卷材叠层敷设时，上下层不得相互垂直铺贴，以免在搭接缝垂直交叉处形成挡水条。

叠层敷设的各层卷材，在天沟与屋面的连接处应采取叉接法搭接，搭接缝应错开，搭接缝宜留在屋面与天沟侧面，不宜留在沟底。

卷材铺贴的搭接方向，主要考虑到坡度大或受震动时卷材易下滑，尤其是含沥青（温感性大）的卷材，高温时软化下滑是经常发生的。高分子卷材对铺贴方向要求不严格，为便于施工，一般顺屋脊方向铺贴，搭接方向应顺流水方向，不得逆流水方向，避免流水冲刷接缝，使接缝损坏。垂直屋脊方向铺卷材时，应顺大风方向。在铺贴卷材时，不得污染檐口的外侧和墙面。高聚物改性沥青防水卷材和合成高分子防水卷材的搭接缝，宜用材料性能相容的密封材料封严。

4. 卷材施工工艺

卷材与基层连接方式有满粘、空铺、条粘、点粘四种。在工程应用中根据建筑位、使用条件、施工情况，可以用其中一种或两种，在图纸上应该注明。

（1）卷材冷粘法施工工艺。

冷粘法施工是指在常温下采用胶黏剂等材料进行卷材与基层、卷材与卷材间黏结的施工方法。一般合成高分子卷材采用胶黏剂、胶黏带粘贴施工，聚合物改性沥青采用冷玛琋脂粘贴施工。卷材采用自粘胶铺贴施工也属该施工工艺。该工艺在常温下作业，不需要加热或明火，施工方便、安全，但要求基层干燥，胶黏剂的溶剂（或水分）充分挥发，否则不能保证黏结的质量。冷粘法施工选择的胶黏剂应与卷材配套、相容且黏结性能满足设计要求。

卷材冷粘法施工工艺具体步骤如下。

①涂刷胶黏剂。底面和基层表面均应涂胶黏剂。卷材表面涂刷基层胶黏剂时，先将卷材展开摊铺在旁边平整干净的基层上，用长柄滚刷蘸胶黏剂，均匀涂刷在卷材的背面，不得涂刷得太薄而露底，也不能涂刷过多而产生聚胶。还应注意在搭接缝部位不得涂刷胶黏剂，此部位留作涂刷接缝胶黏剂，留置宽度即卷材搭接宽度。

涂刷基层胶黏剂的重点和难点与涂刷基层处理剂相同，即阴阳角、平立面转角处、卷材收头处、排水口、伸出屋面管道根部等节点部位，这些部位有增强层时应用接缝胶黏剂，涂刷工具宜用油漆刷。涂刷时，切忌在一处来回涂滚，以免将底胶“咬起”形成凝胶而影响质量，应按规定的位置和面积涂刷胶黏剂。

②卷材的铺贴。各种胶黏剂的性能和施工环境不同,有的可以在涂刷后立即粘贴卷材,有的须待溶剂挥发一部分后才能粘贴卷材,因此要控制好胶黏剂涂刷与卷材铺贴的间隔时间。一般要求基层及卷材上涂刷的胶黏剂达到表干程度,其间隔时间与胶黏剂性能及气温、湿度、风力等因素有关,通常为 10～30 min,施工时可凭经验确定,用指触不黏手时即可开始粘贴卷材。间隔时间的控制是冷粘法施工的难点,这对黏结力和黏结的可靠性影响很大。

卷材铺贴时应对准已弹好的粉线,并且在铺贴好的卷材上弹出搭接宽度线,以便进行后续卷材铺贴时能以此为准进行铺贴。

平面上铺贴卷材时,一般可采用以下两种方法进行。

一种是抬铺法,在涂布好胶黏剂的卷材两端各安排 1 个工人,拉直卷材,中间根据卷材的长度安排 1～4 人,同时将卷材沿长向对折,使涂布胶黏剂的一面向外,抬起卷材,将一边对准搭接缝处的粉线,再翻开上半部卷材铺在基层上,同时拉开卷材使之平服。操作过程中,对折、抬起卷材、对粉线、翻平卷材等工序,几人均应同时进行。

另一种是滚铺法,将涂布完胶黏剂并达到要求干燥度的卷材用 ϕ50～ϕ100 的塑料管或原来用来装运卷材的纸筒芯重新成卷,使涂布胶黏剂的一面朝外,成卷时两端要平整,不应出现笋状,以保证铺贴时能对齐粉线,并要注意防止砂子、灰尘等杂物粘在卷材表面。成卷后用一根 $\phi 30\times1500$ 的钢管穿入中心的塑料管或纸筒芯内,由 2 人分别持钢管两端,抬起卷材的端头,对准粉线,固定在已铺好的卷材顶端搭接部位或基层面上,抬卷材的 2 人同时匀速向前展开卷材,并随时注意将卷材边缘对准线,并应使卷材铺贴平整,直到铺完一幅卷材。

每铺完一幅卷材,应立即用干净而松软的长柄压辊(一般重 30～40 kg)滚压,使其粘贴牢固。滚压应从中间向两侧边移动,做到排气彻底。平立面交接处,则先粘贴好平面,经过转角,由下向上粘贴卷材,粘贴时切勿拉紧,要轻轻沿转角压紧压实,再往上粘贴,同时排除空气,最后用手持压辊滚压密实,滚压时要从上往下进行。

③搭接缝的粘贴。卷材铺好压粘后,应将搭接部位的结合面清除干净,可用棉纱蘸少量汽油擦洗。然后采用油漆刷均匀涂刷接缝胶黏剂,不得出现露底、堆积现象。涂胶量可按产品说明控制,待胶黏剂表面干燥后(指触不黏)即可进行黏合。黏合时应从一端开始,边压合边驱除空气,不许有气泡和褶皱现象,然后用手持压辊顺边认真仔细辊压一遍,使其黏结牢固。

层重叠处最不易压严,要用密封材料预先填封,否则将会成为渗水通道,搭

接缝全部粘贴后，缝口要用密封材料封严，密封时用刮刀沿缝刮涂，不能留有缺口，密封宽度应不小于 10 mm。

(2)卷材热粘法施工工艺。

热粘法施工是指采用热玛琋脂或采用火焰加热熔化热熔防水卷材底层的热熔胶进行黏结的施工方法。常用的有 SBS 或 APP(APAO)改性沥青热熔卷材、热玛琋脂或热熔改性沥青黏结胶粘贴的沥青卷材或改性沥青卷材。这种工艺主要针对以沥青为主要成分的卷材和胶黏剂，它采取科学有效的加热方法，对热源进行有效控制，为以沥青为主的防水材料的应用创造了广阔的天地，同时取得了良好的防水效果。

厚度小于 3 mm 的卷材严禁采用热粘法施工，因为小于 3 mm 的卷材在加热热熔底胶时极易烧坏胎体或烧穿卷材。大于 3 mm 的卷材在采用火焰加热器加热卷材时既不能过分加热，以免烧穿卷材或使底胶焦化，也不能加热不充分，以免卷材不能很好地与基层黏结牢固，所以必须来回摆动火焰，均匀加热，使沥青呈光亮即止。热熔卷材铺贴常采取滚铺法，即边加热卷材边立即滚推卷材铺贴于基层，并用刮板用力推刮排除卷材下的空气，使卷材铺平，无褶皱、不起泡，与基层粘贴牢固。推刮或辊压时，以卷材两边接缝处溢出沥青热熔胶为宜，并将溢出的热熔胶回刮封边。铺贴卷材亦应弹好标线，铺贴应顺直，搭接尺寸准确。

卷材热粘法施工工艺如下。

①滚铺法。滚铺法是一种不展开卷材而边加热烘烤边滚动卷材铺贴的方法。滚铺法的步骤如下。

a. 起始端卷材的铺贴。将卷材置于起始位置，对好长、短方向搭接缝，滚展卷材 1000 mm 左右，掀开已展开的部分，开启喷枪点火，喷枪头与卷材保持 50～100 mm 的距离，与基层成 30°～45°角，将火焰对准卷材与基层交接处，同时加热卷材底面热熔胶面和基层，至热熔胶层出现黑色光泽、发亮至稍有微泡出现，慢慢放下卷材平铺于基层，然后进行排气辊压，使卷材与基层黏结牢固。当起始端铺贴至剩下 300 mm 左右时，将其翻放在隔热板上，用火焰加热余下起始端基层后，再加热卷材起始端的余下部分，然后将其粘贴于基层。

b. 滚铺。卷材起始端铺贴完成后即可进行大面积滚铺。持枪人位于卷材滚铺的前方，按上述方法同时加热卷材和基层，条粘时加热两侧边，加热宽度各为 150 mm 左右。推滚卷材的人蹲在已铺好的卷材起始端上面，等卷材充分加热后缓缓推压卷材，并随时注意卷材的平整顺直和搭接缝宽度。其后紧跟 1 人用棉纱团等从中间向两边抹压卷材，赶出气泡，并用刮刀将溢出的热熔胶刮压接边

缝。另1个用压辊压实卷材，使之与基层粘贴密实。

②展铺法。展铺法是先将卷材平铺于基层，再沿边掀起卷材予以加热粘贴。此方法主要适用于条粘法铺贴卷材，其施工方法如下。

a.先将卷材展铺在基层上，对好搭接缝，按滚铺法的要求先铺贴好起始端卷材。

b.拉直整幅卷材，使其无褶皱、无波纹，能平坦地与基层相贴，并对准长边搭接缝，然后对末端做临时固定，防止卷材回缩，可采用站人等方法。

c.由起始端开始熔贴卷材，掀起卷材边缘约200 mm高，将喷枪头伸入侧边卷材底下，加热卷材边宽约200 mm的底面热熔胶和基层，边加热边向后退。然后另1人用棉纱团等由卷材中间向两边赶出气泡，并抹压平整。再由紧随的操作人员持辊压实两侧边卷材，并用刮刀将溢出的热熔胶刮压平整。

d.铺贴到距末端1000 mm左右时，撤去临时固定，按前述滚压法铺贴末端卷材。

③搭接缝施工。热熔卷材表面一般有一层防粘隔离纸，因此在热熔黏结接缝之前，应先将下层卷材表面的隔离纸烧掉，以利搭接牢固严密。操作时，由持枪人手持烫板(隔火板)柄，将烫板沿搭接粉线后退，喷枪火焰随烫板移动，喷枪应离开卷材50～100 mm，贴近烫板。移动速度要控制合适，以刚好熔去隔离纸为宜。烫板和喷枪要密切配合，以免烧损卷材。排气和辊压方法与前述相同。当整个防水层熔贴完毕后，所有搭接缝应用密封材料涂封严密。

(3)卷材自粘法施工工艺。

自粘法施工是指自粘型卷材的铺贴方法。自粘型卷材在工厂生产时，在其底面涂有层压敏胶，胶黏剂表面敷有一层隔离纸。施工时只要剥去隔离纸，即可直接铺贴。自粘型卷材通常为高聚物改性沥青卷材，施工时一般可采用满粘法和条粘法进行铺贴。采用条粘法时，需与基层脱离的部位可在基层上刷一层石灰水或加铺一层撕下的隔离纸。铺贴时为增加黏结强度，基层表面也应涂刷基层处理剂；干燥后应及时铺贴卷材，可采用滚铺法或抬铺法进行。

铺贴自粘卷材施工工艺如下。

①滚铺法。操作小组由5人组成，2人用1500 mm长的管材穿入卷材芯孔，1人一边架空慢慢向前转动，1人负责撕拉卷材底面的隔离纸，由1名有经验的操作工负责铺贴并尽量排除卷材与基层之间的空气，1名操作工负责在铺好的卷材面进行滚压及收边。

开卷后撕掉卷材端头500～1000 mm长的隔离纸，对准长边线和端头的位

置贴牢就可铺贴。负责转动铺开卷材的两人还要看好卷材的铺贴和撕拉隔离纸的操作情况，一般保持1000 mm左右。在自然松弛状态下对准长边线粘贴。使用铺卷材器时，要对准弹在基面的卷材边线滚动。

卷材铺贴的同时应从中间和向前方顺压，使卷材与基层之间的空气全部排出；在铺贴好的卷材上用压辊滚压平整，确保无褶皱、无扭曲、无鼓包等缺陷。

卷材的接口处用手持小辊沿接缝顺序滚压，要将卷材末端处滚压严实，并使黏结胶略有外露为好。

卷材的搭接部分要保持洁净，严禁掺入杂物，上下层及相邻两幅的搭接缝均应错开，长短边搭接宽度不少于80 mm，如遇气温低，搭接处黏结不牢，可用加热器适当加热，确保粘贴牢固。溢出的自粘胶随即刮平封口。

②抬铺法。抬铺法是先将待铺卷材剪好，反铺于基层上，并剥去卷材全部隔离纸后再铺贴卷材的方法，适合于较复杂的铺贴部位，或隔离纸不易掀剥的场合。

施工时按下述方法进行。首先根据基层形状裁剪卷材。裁剪时，将卷材铺展在待铺部位，实测基层尺寸（考虑搭接宽度）裁剪卷材。然后将剪好的卷材认真仔细地剥除隔离纸，用力要适度，已剥开的隔离纸与卷材宜成锐角，这样不易拉断隔离纸。如出现小片隔离纸粘连在卷材上，可用小刀仔细挑出，实在无法剥离时，应用密封材料加以涂盖。全部隔离纸剥离完毕后，将卷材带胶面朝外，沿长向对折卷材。然后抬起并翻转卷材，使搭接边转向搭接粉线。当卷材较长时，在中间安排数人配合，一起将卷材抬到待铺位置，使搭接边对准粉线，从短边搭接缝开始沿长向铺放好搭接缝侧半幅卷材，然后再铺放另半幅。在铺放过程中，各操作人员要默契配合，铺贴的松紧与滚铺法相同。铺放完毕后再进行排气、辊压。

③立面和大坡面的铺贴。自粘型卷材与基层的黏结力相对较低，在立面或大坡面上，卷材容易产生下滑现象，因此在立面或大坡面上粘贴施工时，宜用手持式汽油喷灯将卷材底面的胶黏剂适当加热后再进行粘贴、排气和辊压。

④搭接缝粘贴。自粘型卷材上表面常带有防粘层（聚乙烯膜或其他材料），在铺贴卷材前，应将相邻卷材待搭接部位上表面的防粘层先熔化掉，使搭接缝能黏结牢固。操作时，用手持汽油喷灯沿搭接粉线进行。黏结搭接缝时，应掀开搭接部位卷材，宜用扁头热风枪加热卷材底面胶黏剂，加热后随即粘贴、排气、辊压，溢出的自粘胶随即刮平封口。搭接缝粘贴密实后，所有接缝口均用密封材料封严，宽度应不小于10 mm。

(4)卷材热风焊接施工工艺。

热风焊接施工是指采用热空气加热热塑性卷材的黏合面进行卷材与卷材接缝黏结的施工方法,卷材与基层间可采用空铺、机械固定、胶黏剂黏结等方法。热风焊接主要适用于树脂型(塑料)卷材。焊接工艺结合机械固定使防水设防更有效。目前采用焊接工艺的材料有PVC卷材、高密度和低密度聚乙烯卷材。这类卷材热收缩值较高,适用于有埋置的防水层,宜采用机械固定,点粘或条粘工艺。它强度大,耐穿刺性好,焊接后整体性好。

热风焊接卷材在施工时,首先应将卷材在基层上铺平顺直,切忌扭曲,有褶皱,并保持卷材清洁,尤其在搭接处,要求干燥、干净,更不能有油污、泥浆等,否则会严重影响焊接效果,造成接缝渗漏。如果采取机械固定,应先行用射钉固定;若用胶黏结,也需要先行黏结,留准搭接宽度。焊接时应先焊长边,后焊短边,否则一旦有微小偏差,长边很难调整。

热风焊接卷材防水施工工艺的关键是接缝焊接,焊接的参数是加热温度和时间,而加热的温度和时间与施工时的气候如温度、湿度、风力等有关。优良的焊接质量必须使用经培训并真正熟练掌握加热温度、时间的工人才能保证。温度低或加热时间过短,会形成假焊,焊接不牢。温度过高或加热时间过长,会烧焦或损伤卷材。当然漏焊、跳焊更是不允许的。

(5)热熔法铺贴卷材施工工艺。

热熔法铺贴卷材施工工艺如下。

①清理基层。剔除基层上的隆起异物,清除基层上的杂物,清扫干净尘土。

②涂刷基层处理剂。高聚物改性沥青卷材施工,按产品说明书配套使用,基层处理剂应与铺贴的卷材材性相容。可将氯丁橡胶沥青胶黏剂加入工业汽油稀释,搅拌均匀,用长把滚刷均匀涂刷于基层表面上,常温经过4 h后开始铺贴卷材。

③节点附加增强处理。待基层处理剂干燥后,按设计节点构造图做好节点(女儿墙、水落管、管根、檐口、阴阳角等细部)的附加增强处理。

④定位、弹线。在基层上按规范要求,排布卷材,弹出基准线。

⑤热熔铺贴卷材。按弹好的基准线位置,将卷材沥青膜底面朝下,对正粉线,点燃火焰喷枪(喷灯)对准卷材底面与基层的交接处,使卷材底面的沥青熔化。喷枪头距加热面50～100 mm,与基层成30°～45°角为宜。当烘烤到沥青熔化,卷材底有光泽并发黑,有薄的熔层时,即用胶皮压辊压密实。这样边烘烤边推压,当端头只剩下300 mm左右时,将卷材翻放于隔热板上加热,同时加热基

层表面,粘贴卷材并压实。

⑥搭接缝黏结。搭接缝黏结之前,先熔烧下层卷材上表面搭接宽度内的防粘隔离层。处理时,操作者一手持烫板,一手持喷枪,使喷枪靠近烫板并距卷材50～100 mm,边熔烧,边沿搭接线后退。为防火焰烧伤卷材其他部位,烫板与喷枪应同步移动。处理完毕隔离层,即可进行接缝黏结。

⑦蓄水试验。卷材铺贴完毕后 24 h,按要求进行检验。平屋面可采用蓄水试验,蓄水深度为 20 mm,蓄水时间不宜少于 72 h;坡屋面可采用淋水试验,持续淋水时间不少于 2 h,屋面无渗漏和积水、排水系统通畅为合格。

(6)机械固定法铺贴卷材施工工艺。

机械固定法铺贴卷材应符合下列规定。

①固定件应与结构层连接牢固。

②固定件间距应根据抗风揭试验和当地的使用环境与条件确定,并不宜大于 600 mm。

③卷材防水层周边 800 mm 范围内应满粘,卷材收头应采用金属压条钉压固定和做密封处理。

7.4.4　涂膜防水层施工

1. 涂膜防水层的基层要求

涂膜防水层基层应坚实平整,排水坡度应符合设计要求,否则会导致防水层积水;同时防水层施工前基层应干净,无孔隙、起砂和裂缝,以保证涂膜防水层与基层有较好的黏结强度。溶剂型、热熔型和反应固化型防水涂料,涂膜防水层施工时,基层要求干燥,否则会导致防水层成膜后出现空鼓、起皮现象。水乳型或水泥基类防水涂料对基层的干燥度没有严格要求,但从成膜质量和涂膜防水层与基层黏结强度来考虑,干燥的基层比潮湿基层有利。基层处理剂的施工应符合规范规定。

2. 防水涂料配料

双组分或多组分防水涂料应按配合比准确计量,应采用电动机具搅拌均匀,已配制的涂料应及时使用。配料时,可加入适量的缓凝剂或促凝剂调节固化时间,但不得将其加入已固化的涂料。

3. 涂膜防水的操作方法

涂膜防水的操作方法有涂刷法、涂刮法、喷涂法。

(1)涂刷法。

①用刷子涂刷一般采用蘸刷法,也可边倒涂料边用刷子刷匀,涂布垂直面层的涂料时,最好采用蘸刷法。涂刷应均匀一致,倒料时要注意涂料应均匀倒洒,不可在一处倒得过多,否则涂料难以刷开,造成涂膜厚薄不均匀现象。涂刷时,不能将气泡裹进涂层中,如遇气泡应立即消除。涂刷遍数必须按事先试验确定的遍数进行。

②涂布时应先涂立面,后涂平面。在立面或平面涂布时,可采用分条或按顺序进行。分条进行时,每条宽度应与胎体增强材料宽度一致,以免操作人员踩踏刚涂好的涂层。

③前一遍涂膜干燥后,方可进行下一层涂膜的涂刷。涂刷前应将前一遍涂膜表面的灰尘、杂物等清理干净,同时还应检查前一遍涂层是否有缺陷。如涂层有气泡、露底、漏刷,胎体材料有褶皱、翘边、杂物混入涂层等不良现象,应先进行修补,再涂布下一道涂料。

④后续涂层的涂刷,材料用量控制要严格,用力要均匀,涂层厚薄要一致,仔细认真涂刷。各道涂层之间的涂刷方向应相互垂直,以提高防水层的整体性和均匀性。涂层间的接槎处,在每遍涂刷时应退槎 50～100 mm,接槎时也应超过 50 mm,以免接槎不严造成渗漏。

⑤刷涂施工质量要求涂膜厚薄一致,平整光滑,无明显接槎。施工操作中不应出现流淌、褶皱、露底、刷花和起泡等弊病。

(2)涂刮法。

①刮涂就是利用刮刀将厚质防水涂料均匀地刮涂在防水基层上,形成厚度符合设计要求的防水涂膜。

②刮涂时应用力按刀,使刮刀与被涂面的倾斜角为 50°～60°,按刀要用力均匀。

③涂层厚度控制采用预先在刮板上固定铁丝(或木条)或在屋面上做好标志的方法。铁丝(或木条)的高度应与每遍涂层厚度要求一致。

④刮涂时只能来回刮 1 次,不能往返多次刮涂,否则将会出现“皮干里不干”现象。

⑤为了加快施工进度,可采用分条间隔施工,待先批涂层干燥后,再抹后批

空白处。分条宽度一般为0.8～1.0 m，以便抹压操作，并与胎体增强材料宽度一致。

⑥待前一遍涂料完全干燥后（干燥时间不宜少于12 h）可进行下一遍涂料施工。后一遍涂料的刮涂方向应与前一遍刮涂方向垂直。

⑦当涂膜出现气泡、褶皱、凹陷、刮痕等情况，应立即进行修补。补好后才能进行下一道涂膜施工。

（3）喷涂法。

①喷涂施工是利用压力或压缩空气将防水涂料涂布于防水基层面上的机械施工方法，其特点是涂膜质量好、工效高、劳动强度低，适用于大面积作业。

②作业时，喷涂压力为0.4～0.8 MPa，喷枪移动速度一般为400～600 mm/min，喷嘴至受喷面的距离一般应控制在400～600 mm。

③喷枪移动的范围不能太大，一般直线喷涂800～1000 mm后，拐弯180°向后喷下一行。根据施工条件可选择横向或竖向往返喷涂。

④第一行与第二行喷涂面的重叠宽度，一般应控制在喷涂宽度的1/3～1/2，以使涂层厚度比较一致。

⑤每一涂层一般要求两遍成活，横向喷涂一遍，再竖向喷涂一遍。两遍喷涂的时间间隔由防水涂料的品种及喷涂厚度而定。

⑥如有喷枪喷涂不到的地方，应用油刷刷涂。

4. 涂膜防水层的施工工艺

（1）涂膜防水施工程序。

施工工艺流程：施工准备工作→板缝处理及基层施工→基层检查及处理→涂刷基层处理剂→节点和特殊部位附加增强处理→涂布防水涂料，铺贴胎体增强材料→防水层清理与检查整修→保护层施工。其中板缝处理和基层施工及检查处理是保证涂膜防水施工质量的基础，防水涂料的涂布和胎体增强材料的敷设是最主要和关键的工序，这道工序的施工方法取决于涂料的性质和设计方法。

涂膜防水的施工与卷材防水层一样，也必须按照“先高后低，先远后近”的原则进行，即遇有高低跨的屋面，一般先涂布高跨屋面，后涂布低跨屋面。在相同高度的大面积屋面上，要合理划分施工段，施工段的交接处应尽量设在变形缝处，以便于操作和运输顺序的安排，在每段中要先涂布离上料点较远的部位，后涂布较近的部位。先涂布排水较集中的水落口、天沟、檐口，再往高处涂布至屋脊或天窗下。先做节点、附加层，然后再进行大面积涂布。一般涂布方向应顺屋

脊方向，如有胎体增强材料，涂布方向应与胎体增强材料的铺贴方向一致。

(2)防水涂料的涂布。

根据防水涂料种类的不同，防水涂料可以采用涂刷、刮涂或机械喷涂的方法涂布。

涂布前，应根据屋面面积、涂膜固化时间和施工速度估算一次涂布用量，确定配料量，保证在固化干燥前用完，这一规定对于双组分反应固化型涂料尤为重要。已固化的涂料不能与未固化的涂料混合使用，否则会降低防水涂膜的质量。涂布的遍数应按设计要求的厚度事先通过试验确定，以便控制每遍涂料的涂布厚度和总厚度。胎体增强材料上层的涂布应不少于 2 遍。

涂料涂布应分条或按顺序进行。分条进行时，每条的宽度应与胎体增强材料的宽度一致，以免操作人员踩踏刚涂好的涂层。每次涂布前应仔细检查前遍涂层是否有缺陷。如涂层有气泡、露底、漏刷、胎体增强材料褶皱、翘边、杂物混入等现象，应先进行修补，再涂布后一遍涂层。立面部位涂层应在平面涂布前进行，而且应采用多次薄层涂布，尤其是流平性好的涂料，否则会产生流坠现象，使上部涂层变薄，下部涂层增厚，影响防水性能。

(3)胎体增强材料的敷设。

胎体增强材料的敷设方向与屋面坡度有关。屋面坡度小于 3∶20 时可平行屋脊敷设；屋面坡度大于 3∶20 时，为防止胎体增强材料下滑，应垂直屋脊敷设。敷设时由屋面最低标高处开始向上操作，使胎体增强材料搭接顺流水方向，避免呛水。

胎体增强材料搭接时，其长边搭接宽度不得小于 50 mm，短边搭接宽度不得小于 70 mm。采用两层胎体增强材料时，胎体增强材料的纵向和横向延伸率不同，因此上下层胎体应同方向敷设，使两层胎体材料有一致的延伸性。上下层的搭接缝还应错开，其间距不得小于 1/3 幅宽，以免产生重缝。

胎体增强材料的敷设可采用湿铺法或干铺法施工。当涂料的渗透性较差或胎体增强材料比较密实时，宜采用湿铺法施工，以便涂料可以很好地浸润胎体增强材料。铺贴好的胎体增强材料不得有褶皱、翘边、空鼓等缺陷，也不得有露白现象。铺贴时切忌拉伸过紧，刮平时也不能用力过大，敷设后应严格检查表面是否有缺陷或搭接不足的问题，否则应进行修补后才能进行下一道工序。

(4)细部节点的附加增强处理。

屋面细部节点，如天沟、檐沟、檐口、泛水、出屋面管道根部、阴阳角和防水层收头等部位，均应加铺有胎体增强材料的附加层。一般先涂刷 1～2 遍涂料，铺

贴裁剪好的胎体增强材料，使其贴实、平整，干燥后再涂刷一遍涂料。

7.4.5　接缝密封防水施工

1. 密封防水部位的基层

密封防水部位的基层应符合下列规定。

①密封防水部位的基层应牢固，表面应平整、密实，不得有裂缝、蜂窝、麻面、起皮和起砂等现象。

②密封防水部位的基层应清洁、干燥，应无油污、无灰尘。

③嵌入的背衬材料与接缝壁间不得留有空隙。

④密封防水部位的基层宜涂刷基层处理剂，涂刷应均匀，不得漏涂。

2. 施工准备及施工工艺

(1)施工方法。

热灌法：采用塑化炉加热，将锅内材料加热，使其熔化，加热温度为 110～130 ℃，然后用灌缝车或鸭嘴壶将密封材料灌入缝中，浇灌时的温度不低于 110 ℃。

批刮法：密封材料无须加热，手工嵌填时可用腻子刀或刮刀将密封材料分次刮到缝槽两侧的黏结面，然后将密封材料填满整个接缝。

挤出法：可采用专用的挤出枪，并根据接缝的宽度选用合适的枪嘴，将密封材料挤入接缝内。若采用管装密封材料，可将包装筒塑料嘴斜向切开作为枪嘴，将密封材料挤入接缝内。

(2)缝槽要求。

缝槽应清洁、干燥，表面应密实、牢固、平整，否则应予以清洗和修整。用直尺检查接缝的宽度和深度，必须符合设计要求，如尺寸不符合要求，应修整。

(3)施工工艺。

施工工艺流程：嵌填背衬材料→敷设防污条→刷涂基层处理剂→嵌填密封材料→保护层施工。其施工要点如下。

①嵌填背衬材料。先将背衬材料加工成与接缝宽度和深度相符合的形状(或选购多种规格)，然后将其压入接缝里。

②敷设防污条。防污条粘贴要成直线，保持密封膏线条美观。

③刷涂基层处理剂。单组分基层处理剂摇匀后即可使用。双组分基层处理

剂需按产品说明书配比，用机械搅拌均匀，一般搅拌10 min。用刷子将接缝周边涂刷薄薄的一层，要求刷匀，不得漏涂和出现气泡、斑点，表干后应立即嵌填密封材料，表干时间一般为20～60 min，如超过24 h应重新涂刷。

④嵌填密封材料。密封材料的嵌填按施工方法分为热灌法和冷嵌法两种。热灌时应从低处开始向上连续进行，先灌垂直屋脊板缝，遇纵横交叉时，应向平行屋脊的板缝两端各延伸150 mm，并留成斜槎。灌缝一般宜分两次进行，第一次先灌缝深的1/3～1/2，用竹片或木片将油膏沿缝两边反复搓擦，使之不露白茬，第二次灌满并略高于板面和板缝两侧各20 mm。密封材料在嵌填完毕但未干前，用刮刀用力将其压平与修整，并立即揭去遮挡条，养护2～3 d，养护期间不得碰损或污染密封材料。

⑤保护层施工。密封材料表干后，按设计要求做保护层；如无设计要求，可用密封材料稀释做"一布二涂"的涂膜保护层，宽度为200～300 mm。

7.4.6 保护层和隔离层施工

1. 浅色涂层的施工

浅色涂层可在防水层上涂刷，涂刷面除干净外，还应干燥，涂膜应完全固化，刚性层应硬化干燥。涂刷时应均匀，不露底、不堆积，一般应涂刷两遍以上。

浅色涂料保护层施工应符合下列规定。

①浅色涂料应与卷材、涂膜相容，材料用量应根据产品说明书的规定使用。

②浅色涂料应多遍涂刷，当防水层为涂膜时，应在涂膜固化后进行。

③涂层应与防水层黏结牢固，厚薄应均匀，不得漏涂。

④涂层表面应平整，不得流消和堆积。

2. 金属反射膜粘铺

金属反射膜在工厂生产时一般敷于热熔改性沥青卷材表面，也可以用黏结剂粘贴于涂膜表面。在现场将金属反应膜粘铺于涂膜表面时，应2人滚铺，从膜下排除空气后，立即辊压，使其黏结牢固。

3. 蛭石、云母粉、粒料(砂、石片)撒布

这些粒料用于热熔改性沥青卷材表面时，应在工厂生产时黏附。在现场将这些粒料粘铺于防水层表面，在涂刷最后一遍热玛瑅脂或涂料时，立即均匀撒铺

粒料并轻轻地辊压一遍，待完全冷却或干燥固化后，再将上面未粘牢的粒料扫去。

4. 纤维毡、塑料网格布的施工

纤维毡一般在四周用压条钉压固定于基层，中间可采取点粘固定，塑料网格布在四周亦应固定，中间均应用咬口连接。

5. 块体敷设

在敷设块体前应先用点粘法铺贴一层聚酯毡。块体有各式各样的混凝土制品，如方砖、六角形、多边形，只要铺摆就可以。如果是上人屋面，则要求用坐砂、坐浆铺砌。块体施工时应铺平垫稳，缝隙均匀一致。

6. 水泥砂浆、聚合物水泥砂浆或干粉砂浆铺抹

铺抹砂浆也应按设计要求，如需隔离层，则应先铺一层无纺布，再按设计要求铺抹砂浆，抹平压光，并按设计分格，也可以在硬化后用锯切割，但必须注意不可伤及防水层，锯割深度为砂浆厚度的 1/3～1/2。

7. 混凝土、钢筋混凝土施工

混凝土、钢筋混凝土保护层施工前应在防水层上做隔离层，隔离层可采用低标号砂浆(石灰黏土砂浆)、油毡、聚酯毡、无纺布等。隔离层应铺平，然后铺放绑扎配筋，支好分格缝模板，浇筑细石混凝土，也可以全部浇筑硬化后用锯切割混凝土缝，但缝中应嵌填密封材料。

第 8 章　装饰工程施工

8.1　抹灰工程施工

8.1.1　一般抹灰施工

施工工艺如下。

墙面抹灰：基层处理→弹线、找规矩、套方→贴饼、冲筋→做护角→抹底灰→抹罩面灰→抹水泥灰窗台板→抹墙裙、踢脚。

顶板抹灰：基层处理→弹线、找规矩→抹底灰→抹中层灰→抹罩面灰。

1. 内墙一般抹灰

(1)找规矩：四角找方、横线找平、竖线吊直，弹出顶棚、墙裙及踢脚板线。根据设计，如果墙面另有造型，按图纸要求实测弹线或画线标出。

(2)做标筋：较大面积墙面抹灰时，为了控制设计要求的抹灰层平均总厚度，先在上方两角处以及两角水平距离之间 1.5 m 左右的必要部位做灰饼标志块。可采用底层抹灰砂浆或采用横向水平冲筋，横向水平冲筋较有利于控制大面与门窗洞口在抹灰过程中保持平整。

(3)做护角：为防止门窗洞口及墙(柱)面阳角部位的抹灰饰面在使用中被碰撞损坏，应采用 1∶2 水泥砂浆抹制暗护角，以增加阳角部位抹灰层的硬度和强度。护角部位的高度应不低于 2 m，每侧宽度应不小于 50 mm。

(4)底层、中层抹灰：在标筋及阳角的护角条做好后，在墙面标筋之间即可进行底层和中层抹灰。底层抹灰凝结后再进行中层抹灰，厚度略高出标筋，然后用刮杠按标筋整体刮平。待中层抹灰面全部刮平时，再用木抹子搓抹一遍，使表面密实、平整。

(5)面层抹灰：待中层砂浆达到凝结程度，即可抹面层，面层抹灰必须保证平整、光洁、无裂痕。

2. 外墙一般抹灰

(1)找规矩:建筑外墙面抹灰同内墙抹灰一样要设置标筋,但因为外墙面自地坪到檐口的整体灰面过大,门窗、雨篷、阳台、明柱、腰线、勒脚等都要横平竖直,而抹灰操作必须按自上而下逐一步架的顺序进行,因此,外墙抹灰找规矩需在四大角先挂好垂直通线,然后于每步架大角两侧选点弹控制线、拉水平通线,再根据抹灰层厚度要求做标志块灰饼以及抹制标筋。

(2)贴分格条:外墙大面积抹灰饰面,为避免罩面砂浆收缩后产生裂缝等不良现象,一般均设计有分格缝,分格缝同时具有美观的作用。

(3)抹灰:目前水泥砂浆采用较多,配合比通常为水泥∶砂=1∶(2.5～3)。

3. 顶棚一般抹灰

(1)弹线、找规矩:根据标高线,在四周墙上弹出靠近顶板的水平线,作为顶板抹灰的水平控制线。

(2)抹底灰:先将顶板基层润湿,然后刷一道界面剂,随刷随抹底灰。底灰一般用1∶3水泥砂浆(或1∶0.3∶3水泥混合砂浆),厚度通常为3～5 mm。以墙上水平线为依据,将顶板四周找平。抹灰时应用力挤压,使底灰与顶板表面结合紧密。最后用软刮尺刮平,木抹子搓平、搓毛。局部较厚时,应分层抹灰找平。

(3)抹中层灰:抹底灰后紧跟着抹中层灰以保证中层灰与底灰黏结牢固。先从板边开始,用抹子顺抹纹方向抹灰,用刮尺刮平,木抹子搓毛。

(4)抹罩面灰:罩面灰采用1∶2.5水泥砂浆(或1∶0.3∶2.5水泥混合砂浆),厚度一般为5 mm左右。待中层灰约六七成干时在表面上薄薄地刮一道聚合物水泥浆,紧接着抹罩面灰,用刮尺刮平,再用铁抹子抹平压实压光,使其黏结牢固。

8.1.2　装饰抹灰施工

装饰抹灰主要包括水刷石、斩假石、干粘石和假面砖等项目,如若处理得当并精工细作,其抹灰层既能保持与一般抹灰的相同功能,又可取得独特的装饰艺术效果。

1. 水刷石装饰抹灰

(1)底层、中层抹灰:应按设计规定,一般多采用1∶3水泥砂浆进行底层、中层抹灰,总厚度约为12 mm。

(2)水刷石面层施工:抹水泥石粒浆之前,要等待中层砂浆凝结硬化后,按设计要求弹分格线并粘贴分格条,然后根据中层抹灰的干燥程度适当洒水湿润,用铁抹子满刮水灰比为0.37～0.40(内掺适量的胶黏剂)的聚合物水泥浆一道,随即抹面层水泥石粒浆。

(3)喷水冲刷:冲水是确保水刷石饰面质量的重要环节之一,如冲洗不净会使水刷石表面色泽晦暗或明暗不一。当罩面层凝结(表面略有发黑,手感稍有柔软但不显指痕),用刷子刷扫石粒不掉时,即可开始喷水冲刷。喷刷分两遍进行,第一遍先用软毛刷蘸水刷掉面层水,喷射要均匀,喷头距墙面100～200 mm,将面层表面及石粒间的水泥浆冲出,使石粒露出表面1/3～1/2粒径,达到清晰可见。冲刷时要做好排水工作,使水不会直接顺墙面流下。

(4)喷刷完成后即可取出分格条,刷光并清理干净分格缝,并用水泥浆勾缝。

2. 斩假石装饰抹灰

斩假石又称剁斧石,是在水泥砂浆抹灰中层上批抹水泥石粒浆,待其硬化后用剁斧、齿斧及钢凿等工具剁出有规律的纹路,使之具有类似经过雕琢的天然石材的表面形态,即斩假石装饰抹灰饰面。所用施工工具除一般抹灰常用工具外,应备有剁斧(斩斧)、单刃或多刃斧、花锤(棱点锤)、钢凿和尖锥等。

8.2 饰面工程施工

饰面工程是在墙柱表面镶贴或安装具有保护和装饰功能的块料而形成的饰面层。块料的种类可分为饰面板和饰面砖两大类。饰面板有石材饰面板(包括天然石材和人造石材)、金属饰面板、塑料饰面板、镜面玻璃饰面板等;饰面砖有釉面瓷砖、外墙面砖、陶瓷锦砖和玻璃马赛克等。

8.2.1 饰面板施工

1. 大理石、磨光花岗石、预制水磨石饰面施工

(1)薄型小规格块材粘贴。

薄型小规格块材(边长小于400 mm、厚度10 mm以下)工艺流程:基层处理

→吊垂直、套方、找规矩、贴灰饼→抹底层砂浆→弹线分格→排块材→浸块材→镶贴块材→表面勾缝与擦缝。

①基层处理和吊垂直、套方、找规矩，操作方法同镶贴面砖的施工方法。需要注意同一墙面不得有一排以上的非整砖，并应将其镶贴在较隐蔽的部位。

②在基层湿润的情况下，先刷 108 胶素水泥浆一道（内掺水重 10%的 108 胶），随刷随打底；底灰采用 1∶3 水泥砂浆，厚度约 12 mm，分两遍操作，第一遍约 5 mm，第二遍约 7 mm，待底灰压实刮平后，将底子灰表面划毛。

③待底灰凝固后便可进行分块弹线，随即将已湿润的块材抹上厚度为 2～3 mm 的素水泥浆，内掺水重 20%的 108 胶进行镶贴（也可以用胶粉），用木槌轻敲，用靠尺找平找直。

(2)大规格块材安装。

大规格块材（边长大于 400 mm）工艺流程：施工准备（钻孔、别槽）→穿铜丝或镀锌铁丝与块材固定→绑扎、固定钢筋网→吊垂直、找规矩弹线→安装大理石、磨光花岗石或预制水磨石→分层灌浆→擦缝。

①钻孔、别槽。安装前先将饰面板按照设计要求用台钻打眼，事先应钉木架使钻头直对板材上端面，在每块板的上、下两个面打眼，孔位打在距板宽的两端 1/4 处，每个面各打两个眼，孔径 5 mm，深为 12 mm，孔位距石板背面以 8 mm 为宜（指钻孔中心）。如大理石或预制水磨石、磨光花岗石，板材宽度较大，可以增加孔数。钻孔后用钢錾子把石板背面的孔壁轻轻剔一道槽，深约 5 mm，连同孔洞形成象鼻眼，以备埋卧铜丝用。

若饰面板规格较大，特别是预制水磨石和磨光花岗石板，如下端不好拴绑镀锌铁丝或铜丝，亦可在未镶贴饰面板的一侧，采用手提轻便小薄砂轮（4～5 mm），按规定在板高的 1/4 处，上、下各开一槽（槽长 3～4 mm，槽深约 12 mm，与饰面板背面打通，竖槽一般居中，亦可偏外，但以不损坏外饰面和不反碱为宜），可将镀锌铁丝或铜丝卧入槽内，便可拴绑与钢筋网固定。

②穿钢丝或镀锌铁丝。把备好的铜丝或镀锌铁丝剪成约 20 cm 长，一端用木楔粘环氧树脂将铜丝或镀锌铁丝进孔内固定牢固，另一端将铜丝或镀锌铁丝顺孔槽弯曲并卧入槽内，使大理石或预制水磨石、磨光花岗石板上下端面没有铜丝或镀锌铁丝突出，以便和相邻石板接缝严密。

③绑扎钢筋网。首先剔出墙上的预埋筋，把墙面镶贴大理石或预制水磨石的部位清扫干净。先绑扎一道竖向 $\phi 6$ 钢筋，并把绑好的竖筋用预埋筋弯压于墙面。横向钢筋为绑扎大理石或预制水磨石、磨光花岗石板材所用，如板材高度

为 60 cm，第一道横筋在地面以上 10 cm 处与主筋绑牢，用作绑扎第一层板材的下口固定铜丝或镀锌铁丝；第二道横筋绑在 50 cm 水平线上 7～8 cm，比石板上口低 2～3 cm 处，用于绑扎第一层石板上口固定铜丝或镀锌铁丝，再往上每 60 cm 绑一道横筋即可。

④弹线。首先将大理石或预制水磨石、磨光花岗石的墙面、柱面和门窗套用大线锤从上至下找出垂直（高层应用经纬仪找垂直）。应考虑大理石或预制水磨石、磨光花岗石板材厚度、灌注砂浆的空隙和钢筋网所占尺寸，一般大理石或预制水磨石、磨光花岗石外皮距结构面的厚度应以 5～7 cm 为宜。找出垂直后，在地面上顺墙弹出大理石或预制水磨石板等外轮廓尺寸线（柱面和门窗套等同），此线即第一层大理石或预制水磨石等的安装基准线。编好号的大理石或预制水磨石板等在弹好的基准线上画出就位线，每块留 1 mm 缝隙（如设计要求拉开缝，则按设计规定留出缝隙）。

⑤安装大理石或预制水磨石、磨光花岗石。按安装部位取石板并理直铜丝或镀锌铁丝，将石板就位，石板上口外仰，右手伸入石板背面，把石板下口铜丝或镀锌铁丝绑扎在横筋上。绑时不要太紧可留余量，只要把铜丝或镀锌铁丝和横筋拴牢即可（灌浆后即可锚固），把石板竖起，便可绑大理石或预制水磨石、磨光花岗石板上口铜丝或镀锌铁丝，并用木楔子垫稳，块材与基层间的缝隙（灌浆厚度）一般为 30～50 mm。用靠尺板检查调整木楔，再拴紧铜丝或镀锌铁丝，依次向另一方进行。柱面可按顺时针方向安装，一般先从正面开始。第一层安装完毕再用靠尺板找垂直，水平尺找平整，方尺找阴阳角方正，在安装石板时如出现石板规格不准确或石板之间的空隙不符，应用铅皮垫牢，使石板之间缝隙均匀一致，并保持第一层石板上口的平直。

找完垂直、平整、方正后，用碗调制熟石膏，把调成粥状的石膏贴在大理石或预制水磨石、磨光花岗石板上下之间，使这两层石板结成一整体，木楔处亦可粘贴石膏，再用靠尺板检查有无变形，等石膏硬化后方可灌浆（如设计有嵌缝塑料软管的，应在灌浆前塞放好）。

⑥灌浆。把配合比为 1∶2.5 水泥砂浆放入半截大桶加水调成粥状（稠度一般为 8～12 cm），用铁簸箕舀浆徐徐倒入，注意不要碰到大理石或预制水磨石板，边灌边用橡皮锤轻轻敲击石板面，使灌入砂浆排气。第一层灌浆很重要，因为既要锚固石板的下口铜丝又要固定石板，所以要轻轻操作，防止碰撞和猛灌。如发生石板外移错动，应立即拆除重新安装。第一层浇灌高度为 15 cm，后停 1～2 h，等砂浆初凝，此时应检查是否有移动，确认无误后，再进行第二层灌浆

(灌浆高度一般为20～30 cm),待初凝后再继续灌浆。第三层灌浆至低于板上口5～10 cm处为止。

⑦擦缝。全部石板安装完毕后,清除所有石膏和余浆痕迹,用麻布擦洗干净,并按石板颜色调制色浆嵌缝,边嵌边擦干净,使缝隙密实、均匀、干净、颜色一致。

⑧柱子贴面。安装柱面大理石或预制水磨石、磨光花岗石,其弹线、钻孔、绑钢筋和安装等工序与镶贴墙面方法相同,要注意灌浆前用木方子钉成槽形木卡子,双面卡住大理石板或预制水磨石板,以防止灌浆时大理石或预制水磨石、磨光花岗石板外胀。

夏季安装室外大理石或预制水磨石、磨光花岗石时,应有防止暴晒的可靠措施。

2. 大理石、花岗石干挂施工

干挂法的操作工艺包括选材、钻孔、基层处理、弹线、板材铺贴和固定5道工序。除钻孔和板材固定工序外,其余做法均同前。

(1)相邻板材是用不锈销钉连接的,因此钻孔位置一定要准确,以便使板材之间的连接水平一致、上下平齐。钻孔前应在板材侧面按要求定位后,用电钻钻成直径为5 mm、孔深12～15 mm的圆孔,然后将直径为5 mm的销钉插入孔内。

(2)板材固定用膨胀螺钉将固定和支撑板块的连接件固定在墙面上。连接件是根据墙面与板块销孔的距离,用不锈钢加工成L形的。为便于安装板块时调节销孔和膨胀螺栓的位置,在L形连接件上留槽形孔眼,待板块调整到正确位置时,随即拧紧膨胀螺钉螺帽进行固结,并用环氧树脂胶将销钉固定。

3. 金属饰面板施工

金属饰面板一般采用铝合金板、彩色压型钢板和不锈钢钢板,用于内外墙面、屋面、顶棚等,亦可与玻璃幕墙或大玻璃窗配套应用,以及在建筑物四周的转角部位、玻璃幕墙的伸缩缝、水平部位的压顶等配套应用。

(1)吊直、套方、找规矩、弹线。

根据设计图样的要求和几何尺寸,对镶贴金属饰面板的墙面进行吊直、套方、找规矩并依次实测和弹线,确定饰面墙板的尺寸和数量。

(2)固定骨架的连接件。

骨架的横竖杆件是通过连接件与结构固定的。连接件与结构间的固定可以与结构的预埋件焊接，也可以在墙上打膨胀螺栓进行固定(须在螺栓位置画线按线开孔)。后一种方法比较灵活，容易保证位置的准确性，因而实际施工中采用得较多。

(3)固定骨架。

骨架应预先进行防腐处理。安装骨架位置要准确，结合要牢固。安装后应全面检查中心线、表面标高等。对高层建筑外墙，为保证饰面板的安装精度，宜用经纬仪对横竖杆件进行贯通。变形缝、沉降缝等应妥善处理。

(4)金属饰面板安装。

墙板的安装顺序是从每面墙的竖向第一排下部第一块板开始，自下而上安装。安装完该面墙的第一排，再安装第二排。每安装 10 排墙板后，应吊线检查一次，以便及时消除误差。为保证墙面外观质量，螺栓位置必须准确，并采用单面施工的钩形螺栓固定，使螺栓的位置横平竖直。固定金属饰面板的方法常用的主要有两种：一是将板条或方板用螺丝拧到型钢或木架上，这种方法耐久性较好，多用于外墙；另一种是将板条卡在特制的龙骨上，此法多用于室内。

板与板之间的缝隙一般为 10～20 mm，多用橡胶条或密封垫弹性材料处理。饰面板安装完毕，应注意在易于被污染的部位用塑料薄膜覆盖保护，易被划、碰的部位应设安全栏杆保护。

(5)收口构造。

水平部位的压顶、端部的收口、伸缩缝的处理、两种不同材料的交接处理等，不仅关系到装饰效果，而且对使用功能也有较大影响。因此，一般多用特制的两种材质性能相似的成型金属板进行妥善处理。

构造比较简单的转角处理方法，大多是用一条较厚的(1.5 mm)直角金属板，与外墙板用螺栓连接固定牢固。

窗台、女儿墙的上部，均属于水平部位的压顶处理，即用铝合金板盖住，使之能阻挡风雨浸透。水平桥的固定，一般先在基层焊上钢骨架，然后用螺栓将盖板固定在骨架上。盖板之间的连接采取搭接的方法(高处压低处，搭接宽度符合设计要求，并用胶密封)。

墙面边缘部位的收口处理，用颜色相似的铝合金成型板将墙板端部及龙骨部位封住。

墙面下端的收口处，用一条特制的披水板，将板的下端封住，同时将板与墙之间的缝隙盖住，防止雨水渗入室内。

伸缩缝、沉降缝的处理，首先要适应建筑物伸缩、沉降的需要，同时也应考虑

装饰效果。此外，此部位也是防水的薄弱环节，其构造节点应周密考虑，一般可用氯丁橡胶带起连接、密封作用。

墙板的内、外包角及钢窗周围的泛水板等须在现场加工的异形件，应参考图样，对安装好的墙面进行实测套足尺，确定其形状尺寸，使其加工准确、便于安装。

8.2.2 饰面砖施工

外墙面砖施工工艺流程：基层处理→吊垂直、套方、找规矩→贴灰饼→抹底层砂浆→弹线分格→排砖→浸砖→镶贴面砖→面砖勾缝与擦缝。

1. 基层为混凝土墙面时施工工艺

(1)基层处理。

首先将凸出墙面的混凝土剔平，对大钢模施工的混凝土墙面应凿毛，并用钢丝刷满刷一遍，再浇水湿润。如果基层混凝土表面很光滑，亦可采取“毛化处理”办法，即先将表面尘土污垢清扫干净，用 10%火碱水将板面油污刷掉，随之用净水将碱液冲净、晾干，然后用 1∶1 水泥细砂浆内掺水重 20%的 108 胶，喷到墙上或用扫帚将砂浆甩到墙上，甩点要均匀，终凝后浇水养护，直至水泥砂浆疙瘩全部粘到混凝土光面上，并有较高的强度(用手掰不动)为止。

(2)吊垂直、套方、找规矩、贴灰饼。

若建筑物为高层，应在四大角和门窗口边用经纬仪打垂直线找直；如果建筑物为多层，可从顶层开始用特制的大线锤绷铁丝吊垂直，然后根据面砖的规格尺寸分层设点、做灰饼。

横线则以楼层为水平基准线交圈控制，竖向线则以四周大角和通天柱或垛子为基准线控制，应全部是整砖。每层打底时则以此灰饼作为基准点进行冲筋，使其底层灰做到横平竖直。同时要注意找好凸出檐口、腰线、窗台、雨篷等饰面的流水坡度和滴水线(槽)。

(3)抹底层砂浆。

先刷一道内掺水重 10%的 108 胶水泥素浆，随即分层分遍抹底层砂浆(常温时采用配合比为 1∶3 水泥砂浆)，第一遍厚度约为 5 mm，抹后用木抹子搓平，隔天浇水养护；待第一遍六七成干时，即可抹第二遍，厚度 8～12 mm，随即用木杠刮平、木抹子搓毛，隔天浇水养护。若需要抹第三遍时，其操作方法同第二遍，直至把底层砂浆抹平为止。

(4)弹线分格。

待基层灰六七成干时,即可按图样要求进行分段分格弹线,同时亦可进行面层贴标准点的工作,以控制面层出墙尺寸及垂直、平整。

(5)排砖。

根据大样图及墙面尺寸进行横竖向排砖,以保证面砖缝隙均匀,符合设计图样要求,注意大墙面、通天柱子和垛子要排整砖,以及在同一墙面上的横竖排列均不得有一行以上的非整砖。非整砖行应排在次要部位,如窗间墙或阴角处等,但亦要注意一致和对称。如遇有突出的卡件,应用整砖套割吻合,不得用非整砖随意拼凑镶贴。

(6)浸砖。

外墙面砖镶贴前,首先要将面砖清扫干净,放入净水中浸泡 2 h 以上,取出待表面晾干或擦干净后方可使用。

(7)镶贴面砖。

镶贴应自上而下进行。高层建筑采取措施后,可分段进行。在每一分段或分块内的面砖均为自下而上镶贴。从最下一层砖下皮的位置线先稳好靠尺,以此托住第一皮面砖。在面砖外皮上口拉水平通线,作为镶贴的标准。

一种做法是在面砖背面可采用 1∶2 水泥砂浆或水泥∶白灰膏∶砂为 1∶0.2∶2的混合砂浆镶贴,砂浆厚度为 6～10 mm,贴砖后用灰铲柄轻轻敲打,使之附线,再用钢片开刀调整竖缝,并用小杠通过标准点调整平面和垂直度。另一种做法是用1∶1 水泥砂浆内掺水重 20%的 108 胶,在砖背面抹 3～4 mm 厚粘贴即可。但其基层灰必须抹得平整,而且砂子必须用窗纱筛后方可使用。另外也可用胶粉来粘贴面砖,其厚度为 2～3 mm,如用此种做法,其基层灰必须更平整。

如要求面砖拉缝镶贴,面砖之间的水平缝宽度用米厘条控制。米厘条用贴砖砂浆与中层灰临时镶贴,贴在已镶贴好的面砖上口,为保证其平整,可临时加垫小木楔。

女儿墙压顶、窗台、腰线等部位,平面也要镶贴面砖时,除流水坡度符合设计要求外,应采取平面面砖压立面面砖的做法,预防向内渗水,引起空裂;同时还应采取立面中最低一排面砖必须压底平面面砖,并低出底平面面砖 3～5 mm 的做法,让其起滴水线(槽)的作用,防止尿檐而引起空鼓开裂。

(8)面砖勾缝与擦缝。

面砖铺贴拉缝时,用 1∶1 水泥砂浆勾缝,先勾水平缝再勾竖缝,勾好后要求

凹进面砖外表面 2～3 mm。若横竖缝为干挤缝，或小于 3 mm，应用白水泥配颜料进行擦缝处理。面砖缝勾完后，用布或棉丝蘸稀盐酸擦洗干净。

2. 基层为砖墙面时施工工艺

(1)抹灰前，墙面必须清扫干净，浇水湿润。

(2)大墙面和四角、门窗口边弹线找规矩，必须由顶层到底一次进行，弹出垂直线，并确定面砖出墙尺寸，分层设点、做灰饼。横线则以楼层为水平基线交圈控制，竖向线则以四周大角和通天垛、柱子为基准线控制。每层打底时则以此灰饼作为基准点进行冲筋，使其底层灰做到横平竖直。同时要注意找好凸出檐口、腰线、窗台、雨篷等饰面的流水坡度。

(3)抹底层砂浆：先把墙面浇水湿润，然后用 1∶3 水泥砂浆刮一道(约 6 mm 厚)，紧跟着用同强度等级的灰与所冲的筋抹平，随即用木杠刮平，木抹搓毛，隔天浇水养护。其他同基层为混凝土墙面的做法。

3. 基层为加气混凝土墙面时施工工艺

用水湿润加气混凝土表面，在缺棱掉角处刷聚合物水泥浆一道，用 1∶3∶9 混合砂浆分层补平，待干燥后，钉金属网一层并绷紧。在金属网上分层抹 1∶1∶6混合砂浆打底(最好采取机械喷射工艺)，砂浆与金属网应结合牢固，最后用木抹子轻轻搓平，隔天浇水养护。其他同基层为混凝土墙面的做法。

8.3　裱糊工程施工

裱糊工程就是在墙面、顶棚表面用黏结材料把塑料壁纸、复合壁纸、墙布和绸缎等薄型柔性材料贴到上面，形成装饰效果的施工工艺。裱糊的基层可以是清水平整的混凝土面、抹灰面、石膏板面、纤维水泥加压板面等。但基层必须光滑、平整，无鼓包、凹坑、毛糙等现象，可用批刮腻子、砂纸磨平等方法处理。裱糊工序应待顶棚、墙面、门窗及建筑设备的油漆、刷浆工序完成后进行。

裱糊的工艺流程因基层、糊材料不同而工序不同，一般裱糊施工工艺流程：清扫基层→接缝处糊条→找补腻子、磨砂纸→满刮腻子，磨平→涂刷铅油一遍，涂刷底胶一遍→墙面画准线→壁纸浸水润湿→壁纸涂刷胶黏剂→基层涂刷胶黏剂→墙上纸裱糊→拼缝、搭接、对花→赶压胶黏剂、气泡→裁边→擦净挤出的胶液→清理修整。

8.3.1 裱糊顶棚壁纸

(1)基层处理。清理混凝土顶面,满刮腻子,首先将混凝土顶面的灰渣、浆点、污物等清刮干净,并用扫帚将粉尘扫净,满刮腻子一道。腻子的体积配合比为聚醋酸乙烯乳液∶石膏或滑石粉∶2%羧甲基纤维素溶液=1∶5∶3.5,腻子干后磨砂纸,满刮第二遍腻子,待腻子干后用砂纸磨平、磨光。

(2)吊直、套方、找规矩、弹线。首先应将顶面的对称中心线通过吊直、套方、找规矩的办法弹出中心线,以便从中间向两边对称控制。墙顶交接处的处理原则:凡有挂镜线的按挂镜线,没有挂镜线的则按设计要求弹线。

(3)计算用料、裁纸。根据设计要求确定壁纸的粘贴方向,然后计算用料、裁纸。应按所量尺寸每边留出2～3 cm余量,如采用塑料壁纸,应在水槽内先浸泡2～3 min后拿出,抖去余水,将纸面用净毛巾沾干。

(4)刷胶、糊纸。在纸的背面和顶棚的粘贴部位刷胶,应注意按壁纸宽度刷胶,不宜过宽,铺贴时应从中间开始向两边铺粘。第一张一定要按已弹好的线找直粘牢,应注意纸的两边各甩出1～2 cm不压死,以满足与第二张铺粘时拼花压控对缝的要求。然后依上法铺粘第二张,两张纸搭接1～2 cm,用钢板尺比齐,2人将尺按紧,1人用劈纸刀裁切,随即将搭槎处2张纸条撕去,用刮板带胶将缝隙压实刮牢。随后将顶面两端阴角处用钢板尺比齐、拉直,用刮板及辊子压实,最后用湿毛巾将接缝处辊压出的胶痕擦净,依次进行修整。壁纸粘贴完后,应检查是否有空鼓不实之处,接槎是否平顺,有无翘曲现象,胶痕是否擦净,有无小包,表面是否平整,多余的胶是否清擦干净等,直至符合要求为止。

8.3.2 裱糊墙面壁纸

(1)基层处理。如混凝土墙面,可根据原基层质量的好坏,在清扫干净的墙面上满刮1～2道石膏腻子,干后用砂纸磨平、磨光;若为抹灰墙面,可满刮大白腻子1～2道找平、磨光,但不可磨破灰皮;石膏板墙用嵌缝腻子将缝堵实堵严,粘贴玻璃网格布或丝绸条、绢条等,然后局部刮腻子补平。

(2)吊垂直、套方、找规矩、弹线。首先应将房间四角的阴阳角通过吊垂直、套方、找规矩,并确定从哪个阴角开始按照壁纸的尺寸进行分块弹线控制(习惯做法是进门左阴角处开始铺贴第一张)。有挂镜线的按挂镜线,没有挂镜线的按设计要求弹线控制。

(3)计算用料、裁纸。按已量好的墙体高度放大 2～3 cm,按此尺寸计算用料、裁纸,一般应在案子上裁割,将裁好的纸用湿毛巾擦后折好待用。

(4)刷胶、糊纸。应分别在纸上及墙上刷胶,其刷胶宽度应吻合,墙上刷胶一次不应过宽。

糊纸时从墙的阴角开始铺粘第一张,按已画好的垂直线吊直,并从上往下用手铺平,刮板刮实,并用小辊子将上、下阴角处压实。第一张粘好留 1～2 cm(应拐过阴角约 2 cm),然后铺粘第二张,依同样方法压平、压实,与第一张搭槎 1～2 cm,要自上而下对缝,拼花要端正,用刮板刮平,用钢板尺在第一、第二张搭槎处切割开,将纸边撕去,边槎处带胶压实,并及时将挤出的胶液用湿毛巾擦净,然后将接顶、接踢脚的边切割整齐,并带胶压实。墙面上遇有电门、插销盒时,应在其位置上破纸作为标记。在裱糊时,阳角不允许甩槎接缝,阴角处必须裁纸搭缝,不允许整张纸铺贴,避免产生空鼓与褶皱。

(5)花纸拼接。纸的拼缝处花形要对接拼搭好,铺贴前应注意花形及纸的颜色力求一致,墙与顶壁纸的搭接应根据设计要求而定,一般有挂镜线的房间以挂镜线为界,无挂镜线的房间则以弹线为准。花形拼接如出现困难时,错槎应尽量甩到不显眼的阴角处,大面不应出现错槎和花形混乱的现象。

(6)壁纸修整。糊纸后应认真检查,对墙纸的翘边翘角、气泡、褶皱及胶痕未擦净等,应及时处理和修整使之完善。

8.4　门窗与幕墙施工

8.4.1　门窗施工

常见的门窗类型有木门窗、铝合金门窗、塑料门窗、彩板门窗和特种门窗。门窗工程的施工可分为两类:一类是由工厂预先加工拼装成型,在现场安装;另一类是在现场根据设计要求加工制作即时安装。

1. 木门窗安装

木门窗安装工艺流程:弹线找规矩→决定门窗框安装位置→决定安装标高→掩扇、门框安装样板→窗框、窗扇安装→门框安装→门扇安装。施工工艺如下。

(1)结构工程经过验收合格后,即可进行门窗安装施工。首先,应从顶层用大线锤吊垂直，检查窗口位置的准确度，并在墙上弹出安装位置线，对不符线的结构边楞进行处理。

(2)根据室内 50 cm 平线检查窗框安装的标高尺寸，对不符线的结构边棱进行处理。

(3)室内外门框应根据图纸位置和标高安装，为保证安装的牢固性，应提前检查预埋木砖数量是否满足：1.2 m 高的门口，每边预埋 2 块木砖；1.2～2 m 高的门口，每边预埋 3 块木砖；2～3 m 高的门口，每边预埋 4 块木砖，每块木砖上应钉两根长 10 cm 的钉子，将钉帽砸扁，顺木纹钉入木门框内。

(4)木门框安装应在地面工程和墙面抹灰施工以前完成。

(5)采用预埋带木砖的混凝土块与门窗框进行连接的轻质隔断墙，其混凝土块预埋的数量亦应根据门口高度设 2 块、3 块、4 块，用钉子使其与门框钉牢。采用其他连接方法的，应符合设计要求。

(6)做样板：把窗扇根据图样要求安装到窗框上，此道工序称为掩扇。对掩扇的质量，按验收标准检查缝隙大小，五金安装位置、尺寸、型号以及牢固性，符合标准要求后作为样板，并以此作为验收标准和依据。

(7)弹线安装门窗框扇：应考虑抹灰层厚度，并根据门窗尺寸、标高、位置及开启方向，在墙上画出安装位置线。有贴脸的门窗立框时，应与抹灰面齐平；有预制水磨石窗台板的窗，应注意窗台板的出墙尺寸，以确定立框位置；中立的外窗，如外墙为清水砖墙勾缝，可稍移动，以盖上砖墙立缝为宜。窗框的安装标高，以墙上弹 50 cm 平线为准，用木楔将框临时固定于窗洞内，为保证相隔窗框的平直，应在窗框下边拉小线找直，并用铁水平尺将水平线引入洞内作为立框时的标准，再用线锤校正吊直。黄花松窗框安装前，应先对准木砖位置钻眼，便于钉钉子。

(8)若隔墙为加气混凝土条板，应按要求的木砖间距钻 30 mm 的孔，孔深 7～10 cm，并在孔内预埋木橛粘 108 胶水泥浆打入孔中(木橛直径应略大于孔径 5 m，以便其打入牢固)，待其凝固后，再安装门窗框。

(9)木门扇的安装。

①先确定门的开启方向及小五金型号、安装位置，对开门扇扇口的裁口位置及开启方向(一般右扇为盖口扇)。

②检查门口尺寸是否正确，边角是否方正，有无窜角，检查门口高度应量门的两个立边，检查门口宽度应量门口的上、中、下 3 点，并在门扇的相应部位定点画线。

③将门扇靠在柜上画出相应的尺寸线。如果扇较大，则应根据框的尺寸将多余的部分刨去；若扇较小，应绑木条，且木条应绑在装合页的一面，用胶粘后并用钉子打牢，钉帽要砸扁，顺木纹送入框内 1～2 mm。

④第一次修刨后的门扇应以能塞入口内为宜，塞好后用木楔顶住临时固定，按门扇与门口边缝的合适尺寸，画第二次修刨线，标出合页槽的位置（距门扇的上下端各 1/10，且避开上、下冒头）。同时应注意门口与门扇安装的平整。

⑤门扇第二次修刨，缝隙尺寸合适后，即安装合页。应先用线勒子勒出合页的宽度，根据上、下冒头 1/10 的要求，定出合页安装边线，分别从上、下边线往里量出合页长度，剔合页槽，以槽的深度来调整门扇安装后与框的平整，剔合页槽时应留线，不应剔得过大、过深。

⑥合页槽剔好后，即安装上、下合页，安装时应先拧一个螺钉，然后关上门检查缝隙是否合适，门口与门扇是否平整，无问题后方可将螺钉全部拧上拧紧。木螺钉应钉入全长 1/3，拧入 2/3。如木门为黄花松或其他硬木，安装前应先打眼，打眼的孔径为木螺钉直径的 90%，眼深为螺钉长的 2/3，打眼后再拧螺钉，以防安装劈裂或将螺钉拧断。

⑦安装对开扇时，应将门扇的宽度用尺量好，再确定中间对口缝的裁口深度。如采用企口榫，对口缝的裁口深度及裁口方向应满足装锁的要求，然后将四周刨到准确尺寸。

⑧五金安装应符合设计图纸的要求，不得遗漏，一般门锁、碰珠、拉手等距地高度为 95～100 cm，插销应在拉手下面。

⑨安装玻璃门时，一般玻璃裁口在走廊内。厨房、厕所玻璃裁口在室内。

⑩门扇开启后易碰墙，为固定门扇位置，应安装门碰头，对有特殊要求的关闭门，应安装门扇开启器，其安装方法参照产品安装说明书的要求。

2. 铝合金门窗安装

1）准备工作及安装质量要求

检查铝合金门窗成品及构配件各部位，如发现变形，应予以校正和修理。同时，还要检查洞口标高线及几何形状，预埋件位置、间距是否符合规定，埋设是否牢固。不符合要求的，应纠正后才能进行安装。安装质量要求是位置准确，横平竖直，高低一致，牢固严密。

2）安装方法及施工要点

安装方法：先安装门窗框，后安装门窗扇，用后塞口法。铝合金门窗安装要点如下。

(1)将门窗框安放到洞口中正确位置,用木楔临时定位。

(2)拉通线进行调整,使上、下、左、右的门窗分别在同一竖直线、水平线上。

(3)框边四周间隙与框表面距墙体外表面尺寸一致。

(4)仔细校正其正侧面垂直度、水平度及位置,合格后楔紧木楔。

(5)再校正一次后,按设计规定的门窗框与墙体或预埋件连接固定方式进行焊接固定。常用的固定方法有预留洞燕尾铁脚连接、射钉连接、预埋木砖连接、膨胀螺钉连接、预埋铁件焊接连接等。

(6)窗框安装质量检查合格后,用1∶2水泥砂浆或细石混凝土嵌填洞口与门窗框间的缝隙,使门窗框牢固地固定在洞内。嵌填前应先把缝隙中的残留物清除干净,然后浇湿。拉直检查外形平直度的直线。嵌填操作应轻而细致,不破坏原安装位置,应边嵌填边检查门窗框是否变形移位,应注意不可污染门窗框和不嵌填部位。嵌填必须密实饱满不得有间隙,也不得松动或移动木楔,并洒水养护。在水泥砂浆未凝固前,绝对禁止在门窗框上工作或在其上搁置任何物品,待嵌填的水泥砂浆凝固后才可取下木楔,并用水泥砂浆抹严框周围缝隙。

(7)窗扇的安装。

①质量要求:位置正确、平直,缝隙均匀,严密牢固,启闭灵活、启闭力合格,五金零配件安装位置准确,能起到各自的作用。

②施工操作要点:对推拉式门窗扇,先装室内侧门窗扇,后装室外侧门窗扇;对固定扇,应装在室外侧,并固定牢固,不会脱落,确保使用安全;平开式门窗扇应装于门窗框内,要求门窗扇关闭后四周压合严密,搭接量一致,相邻两门窗扇在同一平面内。

8.4.2 幕墙施工

玻璃幕墙的施工方式除挂架式和无骨架式外,分为单元式安装(工厂组装)和元件式安装(现场组装)两种。单元式玻璃幕墙施工是将立柱、横梁和玻璃板材在工厂拼装为一个安装单元(一般为一层楼高度),然后在现场整体吊装就位,元件式玻璃幕墙施工是将立柱、横梁和玻璃等材料分别运到工地现场,进行逐件安装就位。由于元件式安装不受层高和柱网尺寸的限制,是目前应用较多的安装方法,它适用于明框、隐框和半隐框幕墙。其主要工序如下。

1. 测量放线

将骨架的位置弹到主体结构上。放线工作应根据主体结构施工大的基准轴

线和水准点进行。对于由横梁、立柱组成的幕墙骨架，先弹出立柱的位置，然后再将立柱的锚固点确定。待立柱通长布置完毕，将横梁弹到立柱上。如果是全玻璃安装，则首先将玻璃的位置线弹到地面上，再根据外边缘尺寸确定锚固点。

2. 预埋件检查

幕墙与主体结构连接的预埋件应在主体结构施工过程中按设计要求进行埋设，在幕墙安装前检查各预埋件位置是否正确、数量是否齐全。若预埋件遗漏或位置偏差过大，应会同设计单位采取补救措施。补救方法应采用植锚栓补设预埋件，同时应进行拉拔试验。

3. 骨架施工

根据放线的位置进行骨架安装。骨架安装是采用连接件与主体结构上的预埋件相连。连接件与主体结构通过预埋件或后埋锚栓固定，当采用后埋锚栓固定时，应通过试验确定锚栓的承载力。骨架安装先安装立柱，再安装横梁。上下立柱通过芯柱连接，横梁与立柱的连接根据材料不同，可以采用焊接、螺栓连接、穿插件连接或用角铝连接。

4. 玻璃安装

玻璃安装因幕墙的类型不同而不同。钢骨架，因型钢没有镶嵌玻璃的凹槽，多用窗框过渡，将玻璃安装在铝合金窗框上，再将铝合金窗框与骨架相连。铝合金型材的幕墙框架，在成型时已经将固定玻璃的凹槽随同断面一次挤压成型，可以直接安装玻璃。玻璃与金属之间不能直接接触，玻璃底部设防震垫片，侧面与金属之间用封缝材料嵌缝。对隐框玻璃幕墙，在玻璃框安装前应对玻璃及四周的铝框进行清洁，保证嵌缝耐候胶能可靠黏结。安装前，玻璃的镀膜面应粘贴保护膜加以保护，交工前全部揭除。安装时对于不同的金属接触面应设防静电垫片。

5. 密封处理

玻璃或玻璃组件安装完后，应使用耐候密封胶嵌缝密封，保证玻璃幕墙的气密性、水密性等性能。玻璃幕墙使用的密封胶，其性能必须符合规范规定。耐候密封胶必须是中性单组分胶，酸碱性胶不能使用。使用前，应经国家认可的检测机构对与硅酮结构胶相接触的材料进行相容性和剥离黏结性试验，并应对邵氏硬度和标准状态下拉伸黏结性能进行复验。

6.清洁维护

玻璃安装完后,应从上往下用中性清洁剂对玻璃幕墙表面及外露构件进行清洁,清洁剂使用前应进行腐蚀性检验,证明对铝合金和玻璃无腐蚀作用后方可使用。

8.5 吊顶与轻质隔墙施工

8.5.1 吊顶施工

吊顶有直接式顶棚和悬吊式顶棚两种形式。直接式顶棚按施工方法和装饰材料的不同,可分为直接刷(喷)浆顶棚、直接抹灰顶棚、直接粘贴式顶棚(用胶黏剂粘贴装饰面层);悬吊式顶棚按结构形式分为活动式装配吊顶、隐蔽式装配吊顶、金属装饰板吊顶、开敞式吊顶和整体式吊顶(灰板条吊顶)等。

1.木骨架罩面板顶棚施工

木骨架罩面板顶棚施工工艺流程:安装吊点紧固件→沿吊顶标高线固定沿墙边龙骨→刷防火涂料→在地面拼接木隔栅(木龙骨架)→分片吊装→与吊点固定→分片间连接→预留孔洞→整体调整→安装胶合板→后期处理。

(1)安装吊点紧固件。

①用冲击电钻在建筑结构底面按设计要求打孔,钉膨胀螺钉。

②用直径必须大于5 mm的射钉,将角铁等固定在建筑底面上。

③利用事先预埋吊筋固定吊点。

(2)沿吊顶标高线固定沿墙边龙骨。

①遇砖墙面,可用水泥钉将木龙骨固定在墙面上。

②遇混凝土墙面,先用冲击钻在墙面标高线以上10 mm处打孔(孔的直径应大于12 mm,在孔内钉入木楔,木楔的直径要稍大于孔径),木楔钉入孔内要达到牢固配合。木楔钉完后,木楔和墙面应保持在同一平面,木楔间距为0.5～0.8 mm。然后将边龙骨用钉固定在墙上。边龙骨断面尺寸应与吊顶木龙骨断面尺寸相同,边龙骨固定后其底边与吊顶标高线应齐平。

(3)刷防火涂料。

木吊顶龙骨筛选后要刷 3 遍防火涂料,待晾干后备用。

(4)在地面拼接木隔栅(木龙骨架)。

①先把吊顶面上需分片或可以分片的尺寸位置定出,根据分片的尺寸进行拼接前安排。

②拼接接法:将截面尺寸为 25 mm×30 mm 的木龙骨,在长木方向上按中心线距 300 mm 的尺寸开出深 15 mm、宽 25 mm 的凹槽;然后按凹槽对凹槽的方法拼接,在拼口处用小圆钉或胶水固定。通常是先拼接大片的木隔栅,再拼接小片的木隔栅,但木隔栅最大片不能大于 10 m^2。

(5)分片吊装。

平面吊顶的吊装先从一个墙角位置开始,将拼接好的木隔栅托起至吊顶标高位置。对于高度低于 3 m 的吊顶木隔栅,可在木隔栅举起后用高度定位杆支撑,使隔栅的高度略高于吊顶标高线。高度大于 3 m 时,则用铁丝在吊点上做临时固定。

(6)与吊点固定。

与吊点固定有以下 3 种方法。

①用木方固定。先用木方按吊点位置固定在楼板或屋面板的下面,然后再用吊筋木方与固定在建筑顶面的木方钉牢。吊筋长短应大于吊点与木隔栅表面之间的距离约 100 mm,便于调整高度。吊筋应在木龙骨的两侧固定后再截去多余部分。吊筋与木龙骨钉接处每处不许少于两只铁钉。如木龙骨搭接间距较小,或钉接处有劈裂、腐朽、虫眼等缺陷,应换掉或立刻在木龙骨的吊挂处钉挂上长 200 mm 的加固短木方。

②用角铁固定。在需要上人和一些重要位置,常用角铁做吊筋与木隔栅固定连接。其方法是在角铁的端头钻 2～3 个孔做调整。角铁在木隔栅的角位上用两只木螺钉固定。

③用扁铁固定。将扁铁的长短先测量截好,在吊点固定端钻出两个调整孔,以便调整木隔栅的高度。扁铁与吊点件用 M6 螺栓连接,扁铁与木龙骨用两只木螺钉固定。扁铁端头不得长出木隔栅下平面。

(7)分片间的连接。

分片间的连接有两种情况:两分片木隔栅在同一平面对接,先将木隔栅的各端头对正,然后用短木方进行加固;对分片木隔栅不在同一平面,平面吊顶处于高低面连接的,先用一条木方斜位地将上下两平面木隔栅架定位,再将上下平面的木隔栅用垂直的木方条固定连接。

(8)预留孔洞。

预留灯光盘、空调风口、检修孔位置。

(9)整体调整。

各个分片木隔栅连接加固完后,在整个吊顶面下用尼龙线或棒线拉出十字交叉标高线,检查吊顶平面的平整度。吊顶应起拱,一般可按 7～10 m 跨度为 3/1000 的起拱量,10～15 m 跨度为 5/1000 起拱量。

(10)安装胶合板。

①按设计要求将挑选好的胶合板正面向上,按照木隔栅分格的中心线尺寸,在胶合板正面画线。

②板面倒角:在胶合板的正面四周按宽度 2～3 mm 刨出 45°倒角。

③钉胶合板:将胶合板正面朝下,托起到预定位置,使胶合板上的画线与木隔栅中心线对齐,用铁钉固定。钉距为 80～150 mm,钉长为 25～35 mm,钉帽应砸扁钉入板内,钉帽进入板面 0.5～1 mm,钉眼用油性腻子抹平。

④固定纤维板:钉距为 80～120 mm,钉长为 20～30 mm,钉帽进入板面 0.5 mm。钉眼用油性腻子抹平。硬质纤维板用前应先用水浸透,自然阴干后安装。

⑤胶合板、纤维板、木丝板要钉木压条,先按图纸要求的间距尺寸在板面上弹线。以墨线为准,将压条用钉子左右交错钉牢,钉距应不大于 200 mm,钉帽应砸扁顺着木纹打入木压条表面 0.5～1 mm,钉眼用油性腻子抹平。木压条的接头处用小齿锯制角,使其严密平整。

(11)后期处理。

按设计要求进行刷油、裱糊、喷涂,最后安装 PVC 塑料板。

2. 轻钢骨架罩面板顶棚施工

轻钢骨架罩面板顶棚施工工艺流程:弹顶棚标高水平线→画龙骨分档线→安装主龙骨吊杆→安装主龙骨→安装次龙骨→安装罩面板→刷防锈漆→安装压条。施工工艺如下。

(1)弹顶棚标高水平线。

根据楼层标高水平线,用尺竖向量至顶棚设计标高,沿墙往四周弹顶棚标高水平线。

(2)画龙骨分档线。

按设计要求的主、次龙骨间距布置,在已弹好的顶棚标高水平线上画龙骨分

档线。

(3)安装主龙骨吊杆。

弹好顶棚标高水平线及龙骨分档位置线后，确定吊杆下端头的标高，按主龙骨位置及吊挂间距，将吊杆无螺栓丝扣的一端与楼板预埋钢筋连接固定。未预埋钢筋时可用膨胀螺栓。

(4)安装主龙骨。

①配装吊杆螺母。

②在主龙骨上安装吊挂件。

③将组装好吊挂件的主龙骨，按分档线位置使吊挂件穿入相应的吊杆螺栓，拧好螺母。

④主龙骨相接处装好连接件，拉线调整标高、起拱和平直。

⑤安装洞口附加主龙骨，按图集相应节点构造设置连接卡固件。

⑥钉固边龙骨，采用射钉固定。设计无要求时，射钉间距为 1000 mm。

(5)安装次龙骨。

①按已弹好的次龙骨分档线，卡放次龙骨吊挂件。

②按设计规定的次龙骨间距，将次龙骨通过吊挂件吊挂在大龙骨上，设计无要求时，一般间距为 500～600 mm。

③当次龙骨长度需多根延续接长时，用次龙骨连接件在吊挂次龙骨的同时相接，调直固定。

④当采用 T 形龙骨组成轻钢骨架时，次龙骨的卡档龙骨应在安装罩面板时，每装一块罩面板先后各装一根卡档次龙骨。

(6)安装罩面板。

在安装罩面板前必须对顶棚内的各种管线进行检查验收，并经打压试验合格后才允许安装。顶棚罩面板的品种繁多，在设计文件中应明确选用的种类、规格和固定方式。罩面板与轻钢骨架固定的方式有以下几种。

①罩面板自攻螺钉钉固法。在已装好并经验收的轻钢骨架下面，按罩面板的规格、拉缝间隙进行分块弹线，从顶棚中间顺通长次龙骨方向先装一行罩面板作为基准，然后向两侧延伸分行安装，固定罩面板的自攻螺钉间距为 150～170 mm。

②罩面板胶黏结固定法。按设计要求和罩面板的品种、材质选用胶黏结材料，一般可用 401 胶黏结，罩面板应经选配修整，使厚度、尺寸、边楞一致、整齐。每块罩面板黏结时应预装，然后在预装部位龙骨框底面刷胶，同时在罩面板四周

边宽 10～15 mm 的范围刷胶，经 5 min 后将罩面板压粘在预装部位。每间顶棚先由中间行开始，然后向两侧分行黏结。

③罩面板托卡固定法。当轻钢龙骨为 T 形时，多为托卡固定法安装。T 形轻钢龙骨安装完毕，经检查标高、间距、平直度和吊挂荷载符合设计要求，垂直于通长次龙骨弹分块及卡档龙骨线。罩面板安装由顶棚的中间行次龙骨的一端开始，先装一根边卡档次龙骨，再将罩面板槽托入 T 形次龙骨翼缘或将无槽的罩面板装在 T 形翼缘上，然后安装另一侧长档次龙骨。按上述程序分行安装，最后分行拉线调整 T 形明龙骨。

(7)安装压条。

罩面板顶棚如设计要求有压条，待一间顶棚罩面板安装后，经调整位置，使拉缝均匀、对缝平整，按压条位置弹线，然后接线进行压条安装。其固定方法宜用自攻螺钉，螺钉间距为 300 mm，也可用胶黏结料粘贴。

(8)刷防锈漆。

轻钢骨架罩面板顶棚，碳钢或焊接处未做防腐处理的表面(如预埋件、吊挂件、连接件、钉固附件等)在各工序安装前应刷防锈漆。

8.5.2 轻质隔墙工程

1. 钢丝网架夹芯板隔墙

钢丝网架夹芯墙板是以三维构架式钢丝网为骨架，以膨胀珍珠岩、阻燃型聚苯乙烯泡沫塑料、矿棉、玻璃棉等轻质材料为芯材，由工厂制成面密度为 4～20 kg/m 的钢丝网架夹芯板，然后在其两面喷抹 20 mm 厚水泥砂浆面层的新型轻质墙板。

钢丝网架夹芯墙板施工工艺流程：清理→弹线→墙板安装→墙板加固→管线敷设→墙面粉刷。施工工艺如下。

(1)弹线。

在楼地面、墙体及顶棚面上弹出墙板双面边线，边线间距为 80 mm(板厚)，用线锤吊垂直，以保证对应的上下线在一个垂直平面内。

(2)墙板安装。

钢丝网架夹芯板墙体施工时，按排列图将板块就位，一般是按由下至上、从一端向另一端的顺序安装。

①将结构施工时预埋的两根直径为 6 mm、间距为 400 mm 的锚筋与钢丝网

架焊接或用钢丝绑扎牢固。也可通过直径为8 mm的胀铆螺栓加U形码(或压片),或打孔植筋,把板材固定在结构梁、板、墙、柱上。

②板块就位前,可先在墙板底部安装位置满铺厚度不小于35 mm的1∶2.5水泥砂浆垫层,使板材底部填满砂浆。有防渗漏要求的房间,应做高度不低于100 mm的细石混凝土墙垫,待其达到一定强度后,再进行钢丝网架夹芯板的安装。

③墙板拼缝、墙体阴阳角、门窗洞口等部位,均应按设计构造要求采用配套的钢网片覆盖或槽形网加强,并用箍码固定或用钢丝绑牢。钢丝网架边缘与钢网片相交点用钢丝绑扎紧固,其余部分相交点可相隔交错扎牢,不得有变形、脱焊现象。

④板材拼接时,接头处芯材若有空隙,应用同类芯材补充、填实、找平。门窗洞口应按设计要求进行加强,一般洞口周边设置的槽形网(300 mm)和洞口四角设置的45°加强钢网片(可用长度不小于500 mm的“之”字条)应与钢网架用金属丝捆扎牢固。如设置洞边加筋,应与钢丝网架用金属丝绑扎定位;如设置通天柱,应与结构梁、板的预留锚筋或预埋件焊接固定。门窗框安装,应与洞口处的预埋件连接固定。

⑤墙板安装完成后,检查板块间以及墙板与建筑结构之间的连接,确定是否符合设计规定的构造要求及墙体稳定性的要求,并检查暗设管线、设备等隐蔽部分施工质量以及墙板表面平整度是否符合要求,同时对墙板安装质量进行全面检查。

(3)暗管、暗线与暗盒安装。

安装暗管、暗线与暗盒等应与墙板安装相配合,在抹灰前进行。按设计位置将板材的钢丝剪开,剔除管线通过位置的芯材,把管、线或设备等埋入墙体内,上、下用钢筋与钢丝网架固定,周边填实。埋设处表面另加钢网片覆盖补强,钢网片与钢丝网架用,点焊连接或用金属丝绑扎牢固。

(4)水泥砂浆面层施工。

钢丝网架夹芯板墙体安装完毕并通过质量检查,即可进行墙面抹灰。

①将钢丝网架夹芯板墙体四周与建筑结构连接处(25～30 mm宽缝)的缝隙用1∶3水泥砂浆填实。清理钢丝网架与芯材结构,墙面做灰饼、设标筋,重要的阳角部位应按国家标准规定及设计要求做护角。

②水泥砂浆抹灰层施工可分3遍完成,底层厚12～15 mm,中层厚8～10 mm,罩面层厚2～5 mm,平均总厚度不小于25 mm。

③可采用机械喷涂抹灰。若人工抹灰，以自下而上为宜。底层抹灰后，应用木抹子反复揉搓，使砂浆密实并与墙体的钢丝网及芯材紧密黏结，且使抹灰表面保持粗糙。待底层砂浆终凝后，适当洒水润湿，即抹中层砂浆，表面用刮板找平、搓毛。两层抹灰均应采用同一配合比的砂浆。水泥砂浆抹灰层的罩面层，应按设计要求的装饰材料抹面。当罩面层需掺入其他防裂材料时，应经试验合格后方可使用。在钢丝网架夹芯墙板的一面喷灰时，注意防止芯材位置偏移。尚应注意，每一水泥砂浆抹灰层的砂浆终凝后，均应洒水养护；墙体两面抹灰的时间间隔，不得小于 24 h。

2. 木龙骨隔墙工程

采用木龙骨作墙体骨架，以 4～25 mm 厚的建筑平板作罩面板组装而成的室内非承重轻质墙体，称为木龙骨隔墙。

(1)木龙骨隔墙的种类。

木龙骨隔墙分为全封隔墙、有门窗隔墙和隔断 3 种，其结构形式不尽相同。大木方构架结构的木隔墙，通常用 50 mm×80 mm 或 50 mm×100 mm 的大木方做主框架，框体规格为@500 的方框架或 500 mm×800 mm 的长方框架，再用 4～5 mm 厚的木夹板做基面板。该结构多用于墙面较高、较宽的隔墙。为了使木隔墙有一定的厚度，常用 25 mm×30 mm 带凹槽木方做成双层骨架的框体，每片规格为@300 或@400，间隔为 150 mm，用木方横杆连接。单层小木方构架常用 25 mm×30 mm 的带凹槽木方组装，框体@300，多用于 3 m 以下隔墙或隔断。

(2)施工工艺。

木龙骨隔墙工程施工工艺流程：弹线→钻孔→安装木骨架→安装饰面板→饰面处理。

①弹线，钻孔：在需要固定木隔墙的地面和建筑墙面上弹出隔墙的边缘线和中心线，画出固定点的位置，间距 300～400 mm，打孔深度在 45 mm 左右，用膨胀螺栓固定。如用木楔固定，则孔深应不小于 50 mm。

②木骨架安装。

a. 木骨架的固定通常是在沿墙、沿地和沿顶面处。对隔断来说，主要是靠地面和端头的建筑墙面固定。如端头无法固定，常用铁件来加固端头，加固部位主要是在地面与竖木方之间。对于木隔墙的门框竖向木方，均应用铁件加固，否则会使木隔墙颤动、门框松动以及木隔墙松动。

b. 如果隔墙的顶端不是建筑结构，而是吊顶，处理方法区分不同情况而定。对于无门隔墙，只需相接缝隙小、平直即可；对于有门隔墙，考虑到振动和碰动，所以顶端必须加固，即隔墙的竖向龙骨应穿过吊顶面，再与建筑物的顶面进行固定。

c. 木隔墙中的门框是以门洞两侧的竖向木方为基体，配以挡位框、饰边板或饰边线条组合而成。大木方骨架隔墙门洞竖向木方较大，其挡位框可直接固定在竖向木方上；小木方双层构架的隔墙，因其木方小，应先在门洞内侧钉上厚夹板或实木板之后，再固定挡位框。

d. 木隔墙中的窗框是在制作时预留的，然后用木夹板和木线条进行压边定位；隔断墙的窗也分固定窗和活动窗，固定窗是用木压条把玻璃板固定在窗框中，活动窗与普通活动窗一样。

③饰面板安装。墙面木夹板的安装方式主要有明缝和拼缝两种。明缝固定是在两板之间留一条有一定宽度的缝，图样无规定时，缝宽以 8～10 mm 为宜；明缝如不加垫板，则应将木龙骨面刨光，明缝的上下宽度应一致，锯割木夹板时，应用靠尺来保证锯口的平直度与尺寸的准确性，并用零号砂纸修边。拼缝固定时，要对木夹板正面四边进行倒角处理(45°×3 mm)，以使板缝平整。

3. 轻钢龙骨隔墙工程

采用轻钢龙骨作墙体骨架，以 4～25 mm 厚的建筑平板作罩面板组装而成的室内非承重轻质墙体，称为轻钢龙骨隔墙。

(1)材料要求。

隔墙所用的轻钢龙骨主件及配件、紧固件(包括射钉、膨胀螺钉、镀锌自攻螺钉、嵌缝料等)均应符合设计要求；轻钢龙骨还应满足防火及耐久性要求。

(2)施工工艺。

轻钢龙骨隔墙施工工艺流程：基层清理→定位放线→安装沿顶龙骨和沿地龙骨→安装竖向龙骨→安装横向龙骨→安装通贯龙骨(采用通贯龙骨系列时)、横撑龙骨、水电管线→安装门窗洞口部位的横撑龙骨→各洞口的龙骨加强及附加龙骨安装→检查骨架安装质量，并调整校正→安装墙体一侧罩面板→板面钻孔安装管线固定件→安装填充材料→安装另一侧罩面板→接缝处理→墙面装饰。

①施工前应先完成基本的验收工作，石膏罩面板安装应在屋面、顶棚和墙面抹灰完成后进行。

②弹线定位：墙体骨架安装前，按设计图样检查现场，进行实测实量，并对基层表面予以清理；在基层上按龙骨的宽度弹线，弹线应清晰，位置应准确。

③安装沿地、沿顶龙骨及边端竖龙骨：沿地、沿顶龙骨及边端竖龙骨可根据设计要求及具体情况采用射钉、膨胀螺钉或按所设置的预埋件进行连接固定。沿地、沿顶龙骨固定射钉或膨胀螺钉固定点间距一般为600～800 mm。边框竖龙骨与建筑基体表面之间，应按设计规定设置隔声垫或满嵌弹性密封胶。

④安装竖龙骨：竖龙骨的长度应比沿地、沿顶龙骨内侧的距离尺寸短15 mm。竖龙骨准确垂直就位后，即用抽芯铆钉将其两端分别与沿地、沿顶龙骨固定。

⑤安装横向龙骨：当采用有配件龙骨体系时，其通贯龙骨在水平方向穿过各条竖龙骨上的贯通孔，由支撑卡在两者相交的开口处连接。对于无配件龙骨体系，可将横向龙骨(可由竖龙骨截取或采用加强龙骨等配套横撑型材)端头剪开折弯，用抽芯铆钉与竖龙骨连接固定。

⑥墙体龙骨骨架的验收：龙骨安装完毕，有水电设施的工程，尚须由专业人员按水电设计对暗管、暗线及配件等安装进行检查验收。墙体中的预埋管线和附墙设备按设计要求采取加强措施。在罩面板安装之前，应检查龙骨骨架的表面平整度、立面垂直度及稳定性。

第9章 暖通工程施工

9.1 现代建筑暖通工程施工技术

9.1.1 管道安装施工技术

在安装暖通空调管道的过程中，需要重点关注两个问题：散热管道和管道坡度，并且有针对性地做好预防工作。严格按施工标准程序开展施工，参照散热器设置墙体位置。在设计管道坡度的过程中，应该注意在安装管道之前，首先应该对管道进行调试。另外还需要注意在安装支架之前，应该根据管道的标高和斜度对支撑物之间的距离进行计算。

9.1.2 支架安装施工技术

暖通安装的重点就是支撑的安装，对于暖通空调建设来说，支撑是十分重要的施工内容，为了保证安装质量，必须保证从事支架安装的施工人员为专业建筑安装人员，他们不仅要掌握各种支架的实际功能，还需要掌握支架实际的安装方法和使用方法。这些支架安装人员必须具备行业资格证明，有从事安装支架的相关经验，另外在实际安装施工中，施工人员必须按照支架安装图纸完成支架的安装，不得随意更改支架安装顺序，一旦发现，不仅要严重警告，还应该将已经安装的支架拆除，重新按照图纸进行安装，切实保证支架安装精度。

9.1.3 保温材料安装的施工技术

在准备采暖保温材料的过程中，相关人员必须注意严格按项目实际情况，选择最佳的保温材料。比如橡胶泡沫保温材料通常应用于空调冷冻冷凝管。严格按各项施工要求进行施工材料的选择和安装，安装过程中还应该注意做到保温控制。比如对于独立拆卸部件的两端，通常要预留充足的空间，完成安装后，应用适当的绝缘材料对该部分空间进行填充，进一步提高管道绝缘水平。

9.1.4 噪声设备安装的施工技术

在当前的项目建设当中,不管是施工单位还是施工人员通常都会忽视空调系统的实际使用情况,使得使用噪声超出国家关于噪声的相关标准,对周围人们的生活产生了不良的影响,损害周围居民的身心健康。为了解决这类问题,建议施工单位应该在暖通工程中安装适当的隔声设备。除此之外,还应该对空调末端设备运行过程中产生的噪声加以适当的控制。在设计和安装采暖噪声设备的过程中,首先要做的就是明确各个设备的相关参数,保证可以采取切实有效的方法隔断噪声。在施工之前,针对施工现场的大风量的空调机组需要应用通电检测方式对其进行检测,同时对这些检测结果和数据要准确评价。

9.1.5 通风系统安装的施工技术

在安装通风系统的过程中,需要针对以下内容进行必要的管理和监控。在安装风机盘管的热煤管的过程中,首先需要彻底清除管道内部的杂物,然后严格按相关步骤完成管道的连接和组装,避免管道内的碎片堵塞过滤器,最终导致空调通风管道堵塞。当前国内的暖通空调系统的安装一般是地面安装,为了避免其对通风系统的美观造成影响,必须严格控制和监督管道安装质量。

9.1.6 预留孔洞的检查

暖通施工过程中另外一个主要的要素就是预留孔的位置和尺寸设计,一般来说,施工图纸对预留孔的施工进行计划,但是却没有关于预留孔位置的设计,导致施工难度增加。一次性完成单孔定位是不可能的,只有设计人员和施工单位之间加强沟通,针对各环节建立连接,才能保证施工过程中的合理性。预留孔洞的大小规格必须符合当前暖通空调工程的实际要求,开展必要的现场检查,保证预留孔的尺寸符合相关设计要求,进一步保证暖通空调设备可以顺利完成安装。

9.1.7 采暖工程施工

除了上述内容,在暖通工程施工的过程中,还应该注意以下内容:为了避免热量损失,提高换热效果,需要铺设塑料热反射膜;管道的设置和铺设需要考虑

其他项目工程的实际情况，比如为了符合住宅要求，必须考虑热层和防水层之间的关系，在设计过程中也应该充分考虑这些问题，保证各个项目建设都可以顺利完成；最后，合理处理砂浆和砂浆地坪，一旦处理不当，其存储性能就会降低，为了提高存储性能，保证加热效果，必须采取科学有效的方法进行改善。

9.2　民用建筑暖通工程施工要点

9.2.1　民用建筑暖通工程施工概述

民用建筑是城市建筑的重要部分，随着科技的发展和人们居住需求的提高，民用建筑工程的设计也越来越复杂，这增加了工程施工难度。民用建筑的暖通工程是民用建筑的辅助结构，目的是提升居民的居住舒适度。暖通工程建设工程量大，在建设过程中会涉及子工程和子项目，虽然科技在快速发展，但暖通工程在施工过程中还会受很多因素干扰，影响施工质量。如施工流程、施工规范、材料等都是影响暖通工程施工质量的关键因素。为了提高暖通工程施工质量，要对施工流程进行合理规划，加强施工管理，使用高质量材料，以实现对暖通工程质量的全面控制。

9.2.2　民用工程建筑暖通工程施工现状

暖通工程作为现代民用建筑的重要组成内容，其质量与效果关系到用户的安全以及舒适度，因此，在施工中从综合性角度对暖通工程施工质量以及施工效果控制是一项极为重要的工作。但是从当前民用建筑暖通工程施工现状来看，其中还存在以下问题。

(1)暖通工程施工技术水平落后。目前暖通工程施工在技术工艺上存在很大的问题，尤其是排风施工环节，施工技术水平相对落后，导致施工后卫浴、厨房等空间出现排风不顺畅的情况，影响了整个建筑内部空气的流通，从而导致建筑的整体质量受到影响。

(2)行业整体素质较低。随着社会对暖通工程的性能以及质量提出更高标准后，对其行业发展水平也提出了更高的要求，但是当前行业内从业人员素质较低是阻碍行业发展水平提升的关键因素，部分从业人员都未经过专业培训，从而影响了施工技术水平的提升;而且在施工中可能出现凭借个人主观意识进行错误判断的情况,将严重影响暖通工程施工效果。

(3)民用建筑工程施工中存在的分包和转包问题。大部分民用建筑的暖通工程结构复杂且工程量大,而施工时间紧,部分单位无法在中标后独立完成施工,进而对工程进行分割并与不同的外包公司合作完成,这些外包公司企业往往规模小、业务水平差,会造成施工中偷工减料的现象,从而使暖通工程的施工质量得不到保障,且会破坏建筑工程的整体性,为民用建筑留下安全隐患。

(4)承包民用建筑暖通工程部分企业存在缺乏严格的控制和管理的现象,管理人员数量不足且质量不高,工程师与具体的施工人员缺乏交流沟通的环节,从而使很多设计中的细节没有得到执行或者执行不到位,且在整体工程的不同环节之间没有衔接恰当,也一定程度上破坏了暖通工程的整体性,进而影响了民用建筑暖通工程的施工效果,留下了隐患。

9.2.3 民用建筑通风工程的施工要点

在民用建筑通风工程的施工过程中,需要重视的是与预留孔洞相关的施工操作。通常预留孔洞的数量、大小、位置等信息都会详细标注在工程图纸中,却往往在实际施工图中消失了。这种对预埋工作的疏漏往往是由于工程技术人员与实际施工作业人员缺乏交流沟通。因此,在工程中进行混凝土浇筑施工之前,要与工程技术人员反复确认预留孔洞的位置,从而避免在建筑中出现这一类型的隐患。除此之外,在民用建筑通风工程的建设过程中对支架制作安装、风管安装等施工重点必须加强监督和控制,从而保证工程的顺利进行。在进行支架安装的工作时要注意支架的选材是否合格,严格按照国家统一标准进行选材,以保证支架能够承受管道和相关设备所带来的最大荷载。在风管安装的工作中,要注意风管、水管的平直安装,且与各设备的连接处都应该做软连接,从而避免阻力,延长风管的使用寿命。在安装水管中的阀门时,应注意与水流方向保持一致,且应将风机盘管阀门和过滤器安装在积水盘的范围内,从而方便检修时排水的定期维护工作的进行。做好通风设施的支护工作,以保证建筑的使用年限。例如,对容易被腐蚀的通风管道的部分进行统一的防腐工作,对整个通风系统的固定部分和衔接部分进行防护,且要对通风系统风口、照明灯具和消防喷头支架的空间位置进行合理布局,从而在保证不会影响彼此工作的前提下,提升整体室内布局的美观性。

9.2.4　民用建筑地暖工程的施工要点

目前的民用建筑工程中往往采用地热供水系统进行供暖，因此，在民用建筑地暖工程中首先要注意的是室内的供热效果。为了保证供热效果，首先在选择材料方面要选择质量过硬的低温热水地板，且在铺设低温热水地板辐射采暖系统时要注意在地热管和外墙根附近设置隔热板和铝箔热反射膜，或者是具备高热性能的挤塑板，避免热量向地下用户或是室内发散，从而降低热损耗，提升供热效果。同时，还要保障卫生间的施工质量。卫生间是家庭用水排水量大的地方，因此要提高卫生间的局部防水层的质量，从而避免卫生间区域的渗水从而降低了地热层的工作效率，进而影响供热效果。此外，施工过程中也要对砂浆处理工作有足够的重视。地面砂浆的处理工作会极大程度影响整体的施工质量。因此在施工的作业人员需要根据具体情况选择适宜的砂浆规格和强度系数，同时要注意水泥、砂子、水的比例问题，从而降低砂浆原料内的气泡，保证砂浆材料的质量。同时在砂浆铺设工作结束前也要对砂浆进行抛光处理，从而降低地热层的水汽含量，提升地热层的蓄热性能，做好地面砂浆工作的收尾工作。最后，还要确保暖通工程的供暖效果。由于我国在冬天为了节约供热成本从而选择了集中供暖的模式，为了让地暖工程能在冬天正常供暖，在工程施工的时候就要考虑冬季气温过低会带来的地下水管结冰的情况。由此，在工程建设的过程中，在收尾工作时技术人员要做好对低热供暖系统的试压工作，并对管内残留水汽进行检查，尽量减少残留水汽从而使盘管内部冻裂的可能性，从而保证施工质量。

9.2.5　民用建筑暖通工程质量的提高策略

(1)加强对施工材料质量的把控。为了保证最终工程的使用年限，在最初选择材料的环节必须给予足够的重视。因此，筛选材料务必严格按照国家统一标准，将此作为前提。材料是暖通工程施工的保障，直接影响施工质量。在暖通工程施工过程中要对材料质量进行严格控制和把关。一是把控选购关，选择信誉好的商家，在选购时检查产品合格书。特别是对管材和散热器的选择，需要认真核对，是否高质量，是否符合施工要求。对角钢、阀门等辅料，要做好测试，以避免表面的缺陷或裂痕，影响暖通工程施工质量。二是把控材料进场关，安排专人对进场材料进行复查，将不符合标准的材料阻隔在施工现场外。同时要加强对施工过程中的材料的抽查，以避免以次充好，影响暖通工程施工质量。

(2)逐一检测购得的材料,避免无良商家钻空子,将检测合格的材料用于实际工程。同时,还可以通过选择诚信可靠的原材料供应商来提高材料质量,从而节约时间和成本。对辅助材料的把控也务必重视,制订定期的检测计划,对暖通工程系统中的螺丝、阀门等重要的辅助材料进行测试,从而从源头保证暖通工程的施工质量。

(3)重视施工图纸的审核工作。在具体的施工中往往会出现施工图纸上对预留孔洞的位置没有明确标注的问题,从而影响整个工程的施工进度和质量。为了避免这一问题,务必在施工之前对图纸进行反复检查,从而保证施工的图纸与技术人员的预期目标一致,并保证细节问题没有被忽视。此外,还要保证施工的工程人员务必严格按照图纸要求进行,并对不清楚的部分及时与技术人员进行交流。通过加强施工人员与工程技术人员的沟通与配合,保证工程的质量和效率,最大程度避免各类问题造成的返工,节约时间,保证能按时完成暖通工程。

图纸是民用建筑暖通工程施工的前提和基础,是施工前不可缺少的一个环节,重要的施工要点就是对图纸进行核对。暖通工程是土建工程,施工单位的技术人员在拿到图纸后,要对图纸进行认真审核,并邀请土建方一同核对。以吊顶空调的安装为例,要核对图纸中是否预留了洞口,并做好标志,如果在审核过程中,发现未做好预留标志,需要双方技术人员协商处理方法,以避免拖延施工进度。

(4)民用建筑暖通工程施工技术管理工作也不容忽视。民用建筑暖通工程是一个结构复杂,流程烦琐的大工程,因此工程内部各个部分的衔接和管理工作也是极为重要的。例如,对工程中所使用的设备,应联系相关专业的人员进行安装工作,从而节约施工人员的时间。同时,对审核通过的工程图纸,也要安排相应的专业人员对图纸进行解读,并按照国家的统一要求给施工人员安排任务,从而避免施工人员发现图纸与现实施工中出现的问题存在结构、技术等方面上的矛盾时,私下对图纸进行更改。另外,也要严格履行监督职能,对关键工序的签收、验证工作,每一环节的负责人都务必进行验证签字,保证环环相扣,在出现问题时能找到负责人,防止推卸责任,提高工作人员的谨慎程度。

(5)合理应用防排烟技术。在暖通工程施工过程中,对防排烟的阀门或风口等,要采用不易燃材料,同时要进行隔热和防火处理。对高层民用建筑在进行防排烟施工时,要考虑气流的流动方向,避免烟雾在高层滞留。如果民用建筑发生火灾,会产生大量一氧化碳,一氧化碳比空气密度小,一氧化碳在大量热量的带动下会向上浮动,因此在设计和安装防排烟管道时,要安装防火阀,并在抽风机的入口安装防火阀,以使民用建筑的防排烟施工符合技术标准。

(6)控制好保暖质量。民用建筑的暖通工程的最重要功能是保暖，所以在施工过程中必须选择保温材料，根据技术指标，选择耐火性强的材料。在具体施工过程中，要使绝热材料与黏结剂的结合严格按照设计标准进行，一是保证表面的整体性，二是使保温材料在一定依托下发挥最大效用。

9.3　建筑暖通工程中的 BIM 技术应用

9.3.1　BIM 技术概述

BIM 技术即建筑信息模型，将建筑设计中建筑工程项目的大量数据信息作为 BIM 技术的前提和基础，进而建立应用模型。BIM 技术不仅能够将数据信息的协调性、一致性、关联性等特点进行显示，同时能够仿真模拟建设信息，使施工人员能够准确地把握建筑工程项目的整体信息，并对施工方案进行优化完善，做好工程建设的布局规划。建筑暖通工程具有一定的系统性，其每个环节都与 BIM 技术有着密切的联系，为强化建筑暖通工程的设计、施工效果与效率，需要技术人员积极学习借鉴国内外先进的科学技术知识，依据工程建设实际情况对建筑暖通工程的发展进步提出合理化建议，充分发挥出建筑信息模型技术的优势作用，全面强化暖通工程质量，为整个社会的发展建设打下坚实的基础。

9.3.2　BIM 技术的特点分析

1. 可视化

在建筑工程中，BIM 技术具有明显的可视化特点，对于不同建筑结构，BIM 技术通过三维仿真可以直接组成虚拟的建筑实体图，为技术人员研究探讨建筑模型构件的位置关系提供极大的便利，使建筑结构得到有效的调整，强化建筑的合理性，为之后的施工提供支持，保证工程建设施工更加稳定。

2. 协调性

协调性也是 BIM 技术的重要特点，工程项目设计中，协调性能够全面充分地利用与建筑工程项目有关的各种信息，使建筑工程的设计更加科学有序，避免

不必要问题、隐患的发生。BIM 技术的应用能够有效地审查设计方案，明确工程设计中可能出现的问题，并提出科学化的策略进行完善优化。

3. 模拟性

模拟性也是 BIM 技术的重要特点。施工前，需要科学地制定施工方案，但由于不能有效地对具体的施工方案进行验证，有很强的不确定性，而应用 BIM 技术能够很好地解决这一问题。工作人员利用建立好的建筑 BIM 模型，结合施工的具体位置对施工进行动态化的模拟，及时发现工程施工中的问题，有效地修订施工方案，避免施工落实后再出现问题，导致成本增加。

9.3.3 BIM 技术在建筑暖通工程中的优势

建筑行业中，BIM 技术在很多环节中都起到重要的作用，如何将 BIM 技术应用到建筑暖通工程中是当前技术人员需要解决的重要问题。在实际应用中，BIM 技术有着极为明显的优势，相比于传统模式，在建筑暖通工程建设与设计中，BIM 技术能够达到更为理想的表达层面，利用三维可视化模式规避二维建筑设施的不足，使建筑暖通工程能够呈现出更为理想的视觉效果。同时降低施工人员的工作难度，使暖通工程的施工建设更加高效、便捷。

在绘图方面，应用 BIM 技术能够改善优化绘图工作模式，使绘图工作更加高效。优化绘图的结果，使其通过更好的形式展现出来，为工程的下一道工序开展提供支持。利用 BIM 技术能够通过三维可视化的方法对绘图进行处理，构建过程中能够对所有信息参数进行综合性地运用，使以往建筑暖通设计绘图施工中的不足得到科学的处理，让建筑工程质量目标的实现有了坚实的基础。

建筑暖通工程施工中，由于主客观因素的影响，每一环节都有可能出现问题，这对于建筑工程的发展进步是不利的，还会影响人民群众的日常生产生活。BIM 技术的应用能够很好地解决这一问题，利用 BIM 技术科学化分析建筑工程的每一环节，及时准确地发现施工中潜在的问题，并妥善地处理，使整个工程施工安装更加规范，质量也得到保证。

此外，在建筑暖通工程中应用 BIM 技术能够让不同专业人员通过 BIM 技术应用平台参与到建筑暖通工程的建设中，结合实际情况、自身经验对相关方案进行修改完善，使工程建设的每一环节流程更加稳定，有利于建筑施工方案的选择与改进，使建筑暖通工程施工建设顺利推进，并保证质量效果的实现，为建筑行业的持续发展进步奠定良好的基础。

9.3.4　建筑暖通工程中BIM技术的应用

1.建筑暖通工程设计中BIM技术的应用

(1)暖通管道布置中BIM技术的应用。

利用BIM技术能够让设计人员建设合理、完整的机械功能系统，针对性地处理各种关键性的设计要素，对平面示意图、剖面图进行优化，使设计工作的需要得到满足。同时，优化调整示意图时，相应的模型也会出现变化。利用BIM技术建立三维立体空间数据模型，将目标队形更加形象、直观地展现出来，动态化地模拟各种管线的配置位置，对管线的碰撞情况进行检查，使设计更加精确。

设计人员运用BIM技术建立立体数据模型时，可以结合自身实际需要对剖面切图进行选择，并形成相对应的剖面图，对设计流程进行简化，减少设计时间减少。过去大部分设计是利用投影轮廓线的形式表达管线，平面设计空调机组，这种设计方法不能形象地将产品的特点展示出来。BIM技术的出现和应用能够使设备产品更加丰富，从产品库中选择相应的设备，并依据自身需要定制。在实际的操作中，设计人员结合原有的立体数据模型针对性地对产品库的关键性参数、数据模型进行优化调整，使挑选出的产品类型与工程需要相适应。此外，BIM技术软件能够准确地计算通风量、风量损失情况，让参数指标更加准确，减少人、财、物、力等消耗。BIM技术的应用还能够有效地协调不同专业，在平台上展示出暖通工程系统涉及的取暖制冷设备，如果设备发生变化，工程设计管道系统也需要变化，使设计人员的沟通交流更加方便，让暖通工程设计更加科学合理。

(2)在产品库设计中应用。

在产品库设计中，BIM技术也有很强的适用性。设计人员可以结合实际情况，从产品库中选择需要产品的性能、规格等，结合自身需要对产品模型的参数进行确定，建立更加准确、完善的设计模型。具体操作中，设计人员能够有效地复制现有产品模型的尺寸，产品制造商能够修改产品库的模型参数，使产品模型与实际的工程需要相适应。

(3)管道布置、压力计算的应用。

结合相关标准，设计人员能够利用BIM技术软件的计算程序准确地计算出暖通空调系统的风量以及损失。同时，设计人员能够通过专业化的定径工具确定管道的直径。在这一环节中,比较常用的设计方法有速度法、摩擦法、静压恢复法。对这些方法进行合理、高效地利用,能够使建筑暖通工程的设计水平得到提升,减少设计的时间,使工程设计信息与实际需要相适应。

(4)工程协调设计中 BIM 技术的应用。

基于 BIM 技术建立的三维立体空间数据模型,能够在相同的平台上集中地展示出制冷、取暖、通风工程系统与设备的参数信息。定位的方式在立体数据模型中将设备、管道的参数信息进行展示,使设计更加精确。在设计、设计变更中科学地利用 BIM 技术,能够及时发现工程设计中的管线碰撞、交叉等情况,加强设计与管理人员间的密切互动,使管线的布置更加合理、科学。

2. 建筑暖通工程施工中 BIM 技术的应用

(1)施工现场布置中的应用。

建筑暖通工程施工中,要科学进行施工现场布置,如选择合适的材料存放地点、规划材料运输路径等。过去施工现场布置无法从整体上布局,利用 BIM 技术能够结合施工现场实际建立三维模拟图,全面把握建筑暖通工程的施工材料、水电应用情况等,结合施工现场的规划使现场布置更加合理、科学。同时,BIM 技术的兼容性比较强,可以搭配 GIS 技术进行应用。利用 GIS 获取建筑暖通工程管道、设备的地理参数信息,并将其输入 BIM 软件,为技术人员查询关键位置信息提供参考,使建筑暖通工程的现场布置更加高效。

(2)施工模拟方面的应用。

建筑暖通工程施工建设中,施工现场的管理人员可以结合 BIM 技术动态化地模拟施工情况,确定各种管线的位置,科学地梳理施工团队的现场调度。管理人员实时、动态化地模拟建筑暖通工程中的管线敷设、孔洞预留以及设备配置等,及时发现工程设计、施工环节中的问题,并提出科学化的措施进行处理,将 BIM 技术的优势充分发挥出来。总之,在建筑暖通工程模拟施工中应用 BIM 技术,能够让施工现场管理人员有一定的辅助设备,科学统筹安排施工各工序、环节,更好地提高建筑暖通工程的施工建设水平。

(3)运营管理中的应用。

可视化三维模型参数化在 BIM 技术中占有重要的位置,在运营管理中,其收集、获取完整建筑信息的功能发挥着重要的作用。建筑暖通系统管理中,其能对空调系统的运行功能进行把握。同时,BIM 建筑模型也能够提供更加完整的数据,提高管理工作的效率和便捷性。在具体应用中,BIM 技术能够提高数据

的协调性，使运营管理更加科学连续。

(4)成本控制中的应用。

利用 BIM 技术对成本进行控制主要体现在对施工物料的管理上。建筑暖通工程的施工流程具有一定的复杂性，需要很多施工材料，要求不同专业之间相互配合，如果协同物料管理中有问题，建筑暖通工程的进度必然受到影响，还容易出现材料浪费等情况，使得工程成本增加。在此过程中应用 BIM 技术，结合建筑暖通工程不同模型构件与材料信息，能够将材料应用的具体数量、价格等展现出来，找到相关单位的信息，让材料管理人员更加准确地调配施工材料，减少施工成本，保证建筑暖通工程的结算更加有序。

第 10 章　机电工程施工

10.1　建筑机电工程安装施工及管理

10.1.1　建筑机电工程安装施工过程中常见的问题

1. 设备问题

(1)检查方面的问题。当需要安装的机电设备运输到施工现场后,部分施工的单位没有安排相关的工作人员来调试和检测相关设备的状态,导致设备在安装的过程中可能存在质量问题,在安装后会造成较多的隐性风险,影响到后期的安装施工。

(2)更新问题。一些新的技术与设备没有得到充分应用,部分建筑工程在完成施工后,施工单位对机电设备的更新与维护并不重视,导致质量风险。

2. 材料质量

在进行建筑工程机电安装施工的过程中,整体的施工质量受到设备的直接影响,主要包括机电安装工具、半导体、电线等。在进行安装的过程中,一旦出现原材料无法满足建筑工程需求的情况,将会直接影响机电工程的安装质量。例如,在某建筑工程施工的过程中,机电安装的过程中使用了较为陈旧、老化的设备,导致机电安装施工的质量与效果出现了严重偏差,造成了需要返工的情况。

10.1.2　机电工程的安装施工技术框架

1. 建筑模型的实施

(1)相关设计单位在进行 BIM 技术建模前,需要对总体的实施思路进行确定,梳理图纸中管线的标高,将可能存在的问题逐项罗列,形成一个问题清单,参

照清单对图纸中存在的问题进行核对和修改。

(2)在进行BIM建模的过程中，每周都应组织一次例会，提前预判总体管线的施工顺序，提出建模过程中的重点内容，针对重点内容提出要求。与施工过程相比，模型建立存在一定的相似性，相关设计人员应针对主管道模型进行建模，随后进行支管道的建模。

(3)进行设备添加、管路构件、立管井等结构的建模，可以将主要的精力放在管线综合的设计上。在项目开展的过程中，应随着施工逐步进行BIM建模，遵循做好一层、落实一层的方式进行建模。由于建模的时间十分充裕，相关工作人员在进行建模的过程中，应对各方面内容进行反复沟通，最后对施工图进行完善，起到对施工现场的指导作用。

2. 管线综合优化

(1)当管道发生冲突的过程中，相关设计人员应按照规范的总原则进行合理避让，相关工作人员应按照重力排水管优先、有压管道避让无压管道、冷水管避让热水管、小管径避让大管径、水避让风、电避让水的原则进行管线综合优化。

(2)机电管线布置的过程中，应优先考量管道线路中相邻挂线间的间距、支吊架尺寸的大小、保温层的厚度、设备形状以及外形尺寸，尽量在管廊内部、梁内布置这些管道，充分保障管道的整齐有序。在软件中导入模型并进行碰撞检测，根据碰撞结果生成检测报告，并针对报告的部位进行复查，随后对管线进行调整。

(3)应充分利用三维模型得到关键的节点剖面图，随后调整管线的垂直方向，多数情况下管线的垂直方向均相对规范。在进行水平排布的过程中，应充分考量管道上的分支问题，如通风管道中是否存有左右分支，使用手动建模，形成的效率更高。对于施工阶段没有进行招标的设备，无法确定设备的具体尺寸，因此，建议按照同类型中较大的设备尺寸考量安装空间，并根据情况确定需要预留的孔洞。

3. 支架定位

在进行管线综合排布的过程中，需要首先对支吊架的位置进行确定，充分保障主干管道横平竖直，避免影响管道的功能性。管廊区域应优先采用综合支吊架，以保障每个系统占用的独立空间最大限度地缩减，避免对整个区域其他管道的安置产生影响。在确定支吊架的排布图后，相关设计人员应绘制出吊架图，应充分参照每个剖面绘制不同的结构的吊架。在完成综合支吊架模型的建立后，相关工作人员应把综合支吊架放在机电系统综合模型中进行碰撞检测，充分保障管道之间的距离保持在合理的范围内，避免管道与吊杆间发生不必要的碰撞，为综合支吊架的安装施工质量提供充分的保障。

4. 成本控制构思

(1)工程设计方面。在开展实际的成本控制工作过程中，相关设计人员、相关单位的整体质量水平能够对工程成本控制的效果产生直接的影响。若设计人员的专业技术水平难以保障，无法确立完善有效的管理制度，将难以保障工程成本控制工作的质量。

由于我国建筑市场过去缺乏良好的管理经验，管理制度不完善，加上项目工程建设任务重、时间紧，部分建筑施工团队过于重视经济效益，忽视了设计方案的质量，造成建筑工程施工中机电安装成本难以得到有效控制。整体建筑施工机电安装的方案难以展现工程的价值，使工程的成本控制工作难度增加。因此，严格控制施工设计阶段的工程成本能够提高整个建筑工程经济效益。

(2)施工技术方面。机电安装工程是建筑工程中关键的技术环节之一，布线系统、用电设备、器具的电气部分以及电源的变配电所构成了机电安装电气工程，将这些方面的因素进行充分结合，能够保障机电设备的有效性。机电安装工程主要由弱电工程、建筑消防工程、空调暖通工程、给排水工程以及电气工程共同构成。在进行机电安装施工的过程中，需要对施工技术进行优化与升级，促使机电工程的安装质量得到有效提升，保障工程成本得到有效控制，提升经济效益。

(3)作为成本管控制的一种有效方式，在整个施工过程中应充分落实成本核算。相关施工部门应设置具体的管理单位负责管理工作，构建良好的沟通机制，确保有关工作人员能够对信息进行实时交流。

应对成本核算的方式、范围进行明确，严格监管各个单位的核算责任落实情况。施工单位应精诚合作，保障机电安装施工中的成本核算工作顺利展开。对成本核算的管理意识，相关工作人员应将其提升到企业管理的高度，提升全体工作人员的业务水准，并培养人员的责任心。施工单位应对合作机构的技术水平进行考量，优先选择信誉好且施工水平较高的机构作为合作伙伴，加强施工团队的管理，为其提供提高业务能力的机会，定期对施工人员进行专业培训，通过有效的施工组织协调，保障施工效率，提升施工人员的施工质量，保障施工人员的技术水平以及生产的工艺水平，满足现代化建筑施工机电安装的施工标准。

10.1.3　建筑工程安装施工管理主要内容

1. 前期的管理工作

在进行建筑工程机电安装施工前，首先应做好各个施工环节的细节工作，其中主要包括施工设计、施工材料等方面。

（1）在进行施工前期管理的过程中，对细节的管理与掌控必须给予高度重视，合理安排施工技术、施工环节等各方面。应挑选专业的施工人员进行施工，充分保障建筑工程机电安装施工的专业性以及质量。在进行前期管理的过程中，施工单位应高度重视施工质量问题、施工过程中存在的风险，通过合理的分析与判断，加强管理。

（2）在进行安装的过程中，应充分参照实际的情况安排施工设备与施工人员，合理选择和利用各种资源，明确标注各个环节的施工需求，以保障作业顺利开展。

2. 中期管理

建筑工程机电安装工程施工管理包含的内容多种多样，较为复杂。因此，在进行中期管理的过程中应当重视以下几个方面的问题。

（1）应参照施工方案对施工过程中的各个细节工作进行处理，充分细化施工的细节要求，为整体施工的质量与准确性提供充分保障。在施工的过程中，质量检测人员应对各个细节的施工质量进行详细审核，充分保障施工质量。

（2）对可能出现的不可预见因素，施工单位应及时进行判断，编制相应的预防措施，为施工质量的提升提供进一步保障。在进行实际安装的过程中，应充分保障各项施工能够符合标准要求，满足工程使用的实际需求，提升施工效果。

10.2　民用建筑机电工程施工技术管理

10.2.1　民用建筑机电施工技术综合管理

1. 质量管理

建筑工程的最终质量对普通百姓的生活有着非常大的影响，质量管理工作

影响到了建筑工程的社会形象，并对建筑施工工程的经济效益以及社会效益造成巨大的影响。施工工程中的质量控制也是质量管理的重要方面，施工人员必须严格按照施工设计以及施工规范进行施工，并注意规范施工操作，不能根据自己意愿改变作业方式和作业操作范围，质量监控人员要对施工工程进行全面、系统的质量检查、登记、考核制度，若当前工序质量不达到标准，就不能开始下一道施工工序。

2. 进度管理

建筑机电安装工程的施工要早于装修施工，在装修开始之前要结束机电安装工作，因此其进度对于整个建筑工程的施工进度有着很大的影响。建筑机电安装工程施工的进度管理反映整个施工队伍组织水平的高低，如对意外事故的反应能力、能否合理利用施工设备等。进度管理就是要将机电安装工程中的整体进度目标分解为一个个小目标，对每个小目标都进行有效的掌控。进度控制的目的是使项目的管理人员对工程的每一个步骤和相应进度都进行有效的控制，对工程细节进行优化完善，从而实现对工程整体上的管理。

3. 成本管理

项目成本的基本含义指的是公司与项目部签订的相关成本合同中所确定的责任成本。为满足这个成本目标，项目团队要建立以项目经理为中心的成本控制团队，并有专人负责进行成本预算以及管理相关索赔工作。

(1)将公司制定的成本计划根据不同项目进行分解，设法降低成本，编写详细的目标成本计划明细表和目标成本控制措施表，并将其相关成本目标落实到岗位责任人，同时对制定的成本控制措施、方法定期进行监督和更新。

(2)根据工程部位、成本项目建立各项成本费用收支明细表，细致地记录支出的费用，实现定期结算，并且和成本计划进行对比和分析。根据成本计划合理调配工程的人力资源、工程原材料以及工程设备。

4. 施工技术的质量保证措施

在机电工程施工过程中，施工技术是否科学、先进、合理，将直接影响施工质量，只有采用先进的施工方法和合理的施工组织，才能最大限度保证工程施工质量。我们不仅应注重施工班组的选择，加强对施工人员的技术交底，还应按照施工质量保证体系要求，根据质量管理目标编制施工质量保证计划，并在施工准备

阶段创优工程策划，以此为依据展开机电工程的施工技术管理工作。在施工准备阶段，编制施工组织设计和专项工程施工方案，掌握施工组织设计的指导性，完善施工方案的部署性，增强施工技术交底的操作性，使三者相互衔接，做到层次清晰，方案全面，为施工提供可靠指导。

10.2.2　弱电系统的施工技术管理

在民用建筑机电工程施工中，弱电系统是其重要组成部分，具有很强的技术性和工艺性，计算机网络系统、安防系统、信息发布系统、消防广播系统、防雷接地系统、UPS 电源系统、消防自动警报系统、应急照明系统都属于弱电系统。因而必须严格制订安装工艺和安装设备的技术要求，建立完善的技术管理数据和档案，充分做好施工准备。安装弱电系统时，综合考虑民用建筑特点和具体需要，施工方法、线缆的选用、管线敷设间距等都应满足设计要求。以电梯弱电系统安装为例，各层开门刀与门地坎、开门滚轮与轿厢地坎间的距离要控制在 5～8 mm，按照相关规范，尽量减少安装偏差；电梯供电要独立设置一条电源线，以提高电梯接地系统稳定运作水平，对于电缆长度，要保证电梯运行到最高处时电缆不受力，下降到最低处时电缆不拖地；电气装置是安装电梯弱电系统时的关键，必须保证相应安全保护装置齐全；注意协调各个机械部位开关动作，同时，电线管、电线槽的安装要牢固，敷设电线时，做好标识，敷设好之后按照规定进行线路测试。

10.2.3　电气系统的施工技术管理

在安装电气系统前，也要准备好施工所需的图纸、场地、劳动力、机械等，由于电气安装工程比较复杂，在施工过程中应进行明确细致的分工。技术文件是电气工程施工的重要依据，包含了相关技术标准、产品说明、设计说明，有关子系统的调试说明、验收规则和标准等，必须对此类文件进行系统管理。安装电缆前应对电缆规格型号进行统一整理和划分，避免施工时发生电缆的混乱使用、叠加使用现象。安装电缆时，保证电缆质量过关，并注意提高安装质量。对于结构造型及预埋管线，要做好线面标定，严格按照电气专业管线图纸预留预埋电气管线，同时做好开线槽、剪力墙处的开孔洞处理。

10.2.4　工程进行严格的验收

机电工程是建筑工程的重要组成部分，其质量直接关系到建筑工程的质量、功能、安全和舒适性。在当前形势下，建筑行业从业者都应重视机电工程，并认真学习新技术、新知识，努力提高自身素养，以便在工程施工中做好施工技术的综合管理，做好机电工程质量控制，避免安全事故的发生。每进行完一个环节的施工，就必须进行质量检查，当检查不合格时，应尽快停止目前的施工，开展补建工程，直到这一环节的工程质量合格之后再进行下一环节的施工。同时，在施工中还应做好各种资料的收集整理工作，做好各种数据的记录，以确保竣工验收的顺利进行。

10.3 建筑机电工程中新工艺技术的应用

10.3.1 装配式建筑中的机电施工工艺

随着装配式建筑技术的发展，保温装饰一体化的混凝土外墙板、预制楼梯、预制阳台板以及叠合楼板等技术也逐步发展成熟，并在建筑施工中推广实施。为适应装配式建筑技术的发展，相应的机电施工工艺也产生了新的变化。下面以叠合楼板技术为例，从若干方面介绍机电预留预埋部分的施工工艺。

1. 点位预留

在预制楼板或墙体中，根据深化后图纸对需预留的箱体及线盒进行精准定位。对预制生产工厂进行点位图交底，确保在预制构件生产时生产工厂能精准预留箱体及线盒点位。特别注意的是，在预制叠合楼板中预留线盒时，应考虑楼板厚度及后期线管对接的需求，选择合适的 86 线盒。此外，为了保证预制墙体及板面中各接线盒位置的准确性，应向预制生产工厂提供优化后的定位图纸。

2. 管线预留

设备管线应提前进行综合布置，减少交叉。在管线密集或交叉处，应采用 CAD 叠图技术或者采用综合布管 BIM 技术进行综合布置，进一步优化管路，避免多根管路交叉，留下隐患。

3. 管线对接

管线间的对接主要分为预制构件之间管线及预制构件与现浇层中管线之间

的对接，又可以细分为预制墙体与现浇楼板间的线管对接、预制墙体与预制楼板间的线管对接以及预制楼板之间的线管对接。对于预制楼板之间的线管对接，一般见于叠合预制楼板间衔接处，用同型号短管进行对接。预制叠合楼板与预制墙体之间线管的对接应在对接处预留对接口或泡沫，方便竖向及水平方向线管接头对接。

10.3.2　机电预留预埋工程中新工艺技术的应用

1. 砌体墙强弱电箱 PC 块预制块技术

砌体墙强弱电箱 PC 块预制块技术可避免后期安装强弱电箱时打凿墙体，且可以节材提效，相比传统工艺具有以下优点。

(1)提高工效。配电箱结构一次预埋成型，避免箱体二次施工产生的空鼓、开裂问题，并且箱体与结构面贴合率为 100%，端正、不变形。

(2)降低成本。免去了预埋木盒制作、二次配管、箱体安装、二次补槽等工序，节省了相应的费用。

(3)该方法还减少了安装阶段的剔凿、修补以及电箱周边和背后的封堵等施工工序。相比传统工艺，在保证楼层电箱周边砌体施工质量的同时，减少了施工人工和材料的投入，也在一定程度上缩短了工期。

施工时将成品配电箱做成预制块一体成型。

(1)在砌体工程开始前，将楼层所需要的电箱进货到位，根据电箱尺寸画出预置电箱需要的模具策划图。

(2)根据图纸进行模具材料的加工制作，将成品电箱放入模具，用 C20 细石混凝土浇筑成型，运送到楼层相应位置。

(3)根据砌体排布图在紧邻的剪力墙上标注预制块的位置，在砌墙工人操作的时候进行检查，主要检查位置是否与图纸相符。

2. 配电箱、弱电箱底盒结构成品预埋技术

传统的结构内配电箱、弱电箱底盒施工工艺是结构预埋时在剪力墙内预留洞口，安装时将洞口敲出，安装后再封堵洞口空隙，并进行收边处理。但这样不仅会造成人工浪费，而且后期易产生封堵空鼓、墙体开裂等质量通病，须耗费大量人力、物力进行整改，降低施工效率。配电箱、弱电箱底盒结构成品预埋技术采用强弱电箱预埋技术，根据图纸电箱位置预先定位强弱电箱位置，将电箱底盒

做好内支撑，底盒外框用钢筋固定，用胶带封住箱口，随墙体浇筑预埋进墙体。此工艺在保证安装精度和质量的同时，可大大减少后期机电安装和土建专业的相互穿插施工，工效显著提升。

3. 穿楼板处预埋桥架标准节新工艺技术

建筑施工过程中，电缆桥架的安装一直是水电安装中的重要部分，在传统的桥架穿楼板处施工时，由于施工工序限制，经常造成工序间冲突以及二次破坏，增加施工难度，降低工作效率。穿楼板处预埋桥架标准节新工艺技术通常在主体结构阶段预埋阶段使用，即在桥架穿楼板的位置预置桥架标准节，从而减少施工步骤及降低人工成本，同时可提前做好外围防火封堵，提高工程质量，缩短工期。

穿楼板处预埋桥架标准节新工艺技术的注意事项包含以下几个方面。

(1)确定标准节尺寸。结合建筑结构图纸，确定标准节高度，标准节的高度比结构板厚 1 cm，标准节的宽度和长度根据电井大样图标注尺寸确定。

(2)厂家制作预埋标准节。根据确定的标准节尺寸，联系厂家生产一个长方形或正方形的直通，四周封闭、上下口根据图纸尺寸留口，上下两侧各焊接一片连接片，以备后期安装桥架连接用，两侧焊接一个固定片，预埋时固定使用。

(3)现场预埋安装。根据图纸尺寸定位将下面两片向内折叠，利用两侧固定片通过燕尾丝固定在模板上，一次性浇筑混凝土楼板。

4. 线盒及止水节橡胶固定块固定工艺

传统板面预埋线盒及止水节时采用的固定方式为钢钉及钢丝绑扎固定。该固定方式存在以下缺点。

(1)钢钉对模板存在一定损伤。

(2)拆模时钢钉无法取出，再处理费时费力。

(3)钢钉固定处存在漏水风险，特别是厨房、卫生间及阳台区域。

随着铝模的逐渐推广，橡胶固定块固定技术逐渐代替传统的钢钉及钢丝绑扎固定技术。该技术通过将橡胶固定块固定在模板上，线盒及止水节再与橡胶固定块紧密连接，实现点位预埋固定的效果。

相比传统的钢钉及钢丝绑扎固定技术，橡胶固定块固定技术存在以下优势。

(1)可重复利用，提高工效。在铝模板上采用橡胶固定块技术，标准层拆模后橡胶固定块可留在铝模板上。标准层施工中模板班组对相应部位模板进行编码，每块模板在每层的位置固定不变，固定在模板上的橡胶固定块无须重复固定。

(2)避免钢钉固定对模板造成损伤,结构不会预留钢钉,后期不会产生费用。

(3)定位准确,不易产生移位。

(4)不会产生漏水风险。

线盒及止水节橡胶固定块固定工艺的主要技术及注意事项包括以下两个方面。

(1)在铝模施工时,须与模板施工班组紧密沟通,督促其在标准层施工时对每块模板进行编码,确保相应编码的模板在相同位置,以保证橡胶固定块可重复使用且位置准确。

(2)检查橡胶固定块与线盒及止水节的吻合度,观察是否有松动。如有松动现象,可通过钢丝与点位周围钢筋进行十指交叉绑扎,将线盒及止水节二次固定。

10.3.3　后砌墙开槽配管

后砌墙开槽配管是困扰机电工程施工的难题。因为开槽过程无法避免,会破坏后砌墙墙体,常常引发机电单位与土建单位的矛盾。传统后砌墙开槽配管工艺流程:画线→切割机切槽→电锤开槽→配管固定→修补槽体→清理建筑垃圾。该流程相对复杂,无法有效控制开槽宽度、深度及平整度等,同时工效较低,且对墙体的破坏性较大。而后砌墙开槽配管新工艺的出现有效避免了这些问题。新工艺分为机械化开槽技术和砌体墙内线管提前预置技术两种,下面分别进行详细说明。

1. 机械化开槽技术

此技术采用开槽机,同时具备切槽及开槽两个功能,作业时线槽可一体成型。通过控制切割片的间距和深度可以精准控制线槽的宽度与深度,保证线槽的平整度,对墙体的破坏降到最低。同时,为线槽的后续修补工序提供了保障,避免墙体出现大面积开裂,适合单根线管的开槽配管。

2. 砌体墙内线管提前预置技术

此技术调整施工工序,在砌体施工前提前敷设砌体内的线管及线盒。土建砌墙班组在进行砌体砌筑时,通过砌体砖内挖槽将线管包裹在砌体内,再进行管缝的塞实处理。此技术颠覆了砌体墙内的二次配管施工工艺,减少了二次配管开槽等工序,避免了墙体开槽带来的所有弊端,极大地提高了工效。但此技术对土建砌体班组的工艺要求极高,需要机电单位及土建单位相互衔接,做好业主方协调处理相关方案执行及费用的协调工作。

10.3.4 综合布管 BIM 技术在机电工程中的应用

传统的管线综合方式采用 CAD 图纸叠图处理，存在一定的局限性，不但无法直观地体现管线交叉的效果，而且不能保证管线布局的合理性及预见性。采用综合布管 BIM 技术可以大大提高管线综合布置的合理性，进而避免施工时产生交叉，使管线走向更加美观合理。

BIM 综合布管技术主要是从空间路由上合理排布各专业管道，以满足现场业主方提出的美观度及空间上的要求，同时也应符合设计及规范要求中各专业管道的工艺及布置规定。BIM 管综设计完成后，应将对应的剖面图、综合布置图、各专业对应的平面图以及重点部位的大样图（特别是机房、公区走道等管线密集处）提供给业主方及各专业施工单位，以便指导现场施工。

在项目实施过程中，特别是在一些管线密集的部位，需要运用 BIM 技术对各管线的走向从立体空间上提前进行综合布置，以满足施工要求，从而达到设计效果。同时减少各专业施工交叉，提高施工效率，以保证最终完成效果。这些重点区域包括地下车库的车道和停车位，设备机房进出口区域及设备机房区域。

1. 地下车库的车道和停车位

在常规项目中，地下室车库的车道和停车位是甲方比较关心的区域，此区域施工时不仅需考虑空间净高和成品的美观，还需要考虑其适用性。在《住宅设计规范》（GB 50096—2011）中，停车位净高要求应不低于 2 m，行车道净高应不低于 2.2 m。在项目实际实施的过程中，甲方对车库的要求会更高，一般车位的净高不得低于 2.2 m，车道净高不得低于 2.4 m。如果车库行车道做吊顶，在考虑净高时，除考虑管线外，还需要考虑支吊架、吊顶空间以及行车指示牌的占位。《车库建筑设计规范》（JGJ 100—2015）中规定，在有机械车位的车库，如果机械车位为双层，则设备装置控制高度应为 3.5～3.65 m；如果机械车位为 3 层，则设备装置控制高度为 5.65～5.9 m。

2. 设备机房进出口区域

在设备机房进出口区域，由于一般进出设备机房的管道都为大管径管道且管道数量众多，进出口位置的横向管道会与走道或车道纵向管线交汇在一起，设备机房进出口处在做 BIM 管线综合优化时须优先考虑设备机房进出口位置。在此区域需要先做好管线的分层和走管的优先等级，在条件允许的情况下管线

应尽量避开此区域，以保证管线下净高满足要求。

3. 设备机房 BIM 管线

设备机房设备种类繁多，管线排布错综复杂，同时施工工期紧张，且业主方对此部位的施工质量和完成效果要求较高。因此，设备机房的 BIM 管线综合深化在满足业主对最终完成效果要求的同时，还须考虑后期的施工难度和维保需求等使用性要求。除此之外，还应为工程后期的检修预留空间。综合布置时应考虑成本节约等问题，尽量设计采用联合支架。

BIM 综合布管不仅需要根据各专业图纸对管线进行调整，以保证净高，还须要满足业主的使用需求。对于使用功能复杂的大型综合体项目，更需要利用 BIM 综合布管模型技术，提前介入设计及施工，参考各专业设计方案及图纸，结合现场情况策划出最优综合布置方案。

第 11 章　高层建筑施工

11.1　高层建筑基础施工

高层建筑常用的基础结构可分为片筏基础、箱形基础、桩基础和复合基础。高层建筑的基础因地基承载力、抗震稳定和功能要求，一般埋置深度较大，且有地下结构。当基础埋置深度不大，地基土质条件好，且周围有足够的空地时，可采用放坡方法开挖。放坡开挖基坑比较经济，但必须进行边坡稳定性验算。在场地狭窄地区，基础工程周围没有足够的空地，又不允许进行放坡时，则采用挡土支护措施。

11.1.1　护坡桩的支撑

护坡桩的支撑主要有以下几种形式。

1. 悬臂式护坡桩(无锚板桩)

对于黏土、砂土及地下水位较低的地基，用桩锤将工字钢桩打入土中，嵌入土层足够的深度保持稳定，其顶端设有支撑或锚杆，开挖时在桩间加插横板以挡土。

2. 支撑(拉锚)护坡桩

水平拉锚护坡桩基坑开挖较深施工时，在基坑附近的土体稳定区内先打设锚桩，然后开挖基坑 1 m 左右装上横撑(围)，在护坡桩背面挖沟槽拉上锚杆，其一端与挡土桩上的围(墙)连接，另一端与锚桩(锚梁)连接，用花篮螺栓连接并拉紧固定在锚桩上，基坑则可继续挖土至设计深度。

基坑附近无法拉锚时，或在地质较差、不宜采用锚杆支护的软土地区，可在基坑内进行支撑，支撑一般采用型钢或钢管制成。支撑主要支顶挡土结构，以克服水土所产生的侧压力。支撑形式可分为水平支撑和斜向支撑。

3. 土层锚杆

土层锚杆:将受拉杆件的一端(锚固段)固定在边坡或地基的土层中,另一端与护壁桩(墙)连接,用以承受土压力,防止土壁坍塌或滑坡。

11.1.2　常用护坡桩施工

1. 深层搅拌水泥土挡土桩

深层搅拌水泥土挡土桩:利用水泥作固化剂,将土与水泥强制拌和,使土硬结形成具有一定强度和遇水稳定的水泥土加固桩。

若将深层水泥土单桩相互搭接施工,即形成重力坝式挡土墙。常见的布置形式有连续壁状挡土墙、格栅式挡土墙。

2. 钢筋混凝土护坡桩

钢筋混凝土护坡桩分为预制钢筋混凝土板桩和现浇钢筋混凝土灌注桩。预制钢筋混凝土护坡桩施工时,沿着基坑四周的位置上,逐块连续将板桩打入土中,然后在桩的上口浇筑钢筋混凝土锁口梁,用以增加板桩的整体刚度。现浇钢筋混凝土护坡桩,按平面布置的组合形式不同,有单桩疏排、单桩密排和双排桩。

11.1.3　成槽施工

地下连续墙施工单元槽段的长度,既是进行一次槽段挖掘的长度,也是浇筑混凝土的长度。

划分单元槽段时,还应考虑槽段之间的接头位置,以保证地下连续墙的整体性。

开挖前,将导沟内施工垃圾清除干净,注入符合要求的泥浆。

机械挖掘成槽时应注意以下事项。

(1)挖掘时,应严格控制槽壁的垂直度和倾斜度。

(2)钻机钻进速度应与吸渣、供应泥浆的能力相适应。

(3)钻进过程中,应使护壁泥浆不低于规定的高度;对有承压力及渗漏水的地层,应加强泥浆性能指标的调整,以防止大量水进入槽内危及槽壁安全。

(4)成槽应连续进行。成槽后将槽底残渣清除干净,即可安放钢筋笼。

槽段接头与钢筋笼应注意以下事项。

(1)地下连续墙槽段之间的垂直接头,作为基坑开挖的防渗挡土临时结构时,要求接头密合、不夹泥;作为主体结构侧墙或结构部分的地下墙,除要求接头抗渗挡土外,还要求有抗剪能力。

(2)非抗剪接头常采用接头管的形式。

(3)钢筋笼按单元槽段组成一个整体。

11.1.4 高层建筑基础施工要求

高层建筑基础施工整体性要求高,不允许留设施工缝,要求一次连续浇筑完毕。同时,由于结构体积大,混凝土浇筑后水泥的水化热量大,且聚集在大体积混凝土内部不易散发,其内部温度显著升高,促进水泥水化速度加快,水化热集中释放,而在混凝土表面散热快,这样就形成了大体积混凝土内外较大的温差,且产生较大的温度应力,当温度应力达到一定数值时,混凝土便产生裂缝。因此,如何控制混凝土内外温差和温度变形,防止裂缝产生,提高混凝土结构的抗渗、抗裂和抗侵蚀性能是大体积混凝土施工中的关键问题。

防止大体积混凝土产生温度裂缝的措施。

(1)选用中低热的水泥品种,可减少水化热,减少混凝土升温。

(2)合理选择混凝土的配合比,在满足设计强度和施工要求条件下,尽量选用5～40 mm石子,增大骨料粒径,尽量减少水泥用量,以减少水泥的水化放热量。

(3)掺用木质素磺酸钙减水剂,不仅能改善混凝土的和易性,还可节约水泥、降低水化热,明显延迟水化热释放的速度。

(4)掺加适量的活性掺和料(如粉煤灰),可替代部分水泥,能改善混凝土的黏聚性,降低水化热。

(5)做好测温工作,控制混凝土内部温度与表面温度、表面温度与环境温度之差,使其均不超过25 ℃。

(6)采用分层分段浇筑混凝土的方法,尽量扩大混凝土浇筑面;控制浇筑速度或减小浇筑厚度,以保证混凝土在浇筑中有一定的散热时间和空间。

(7)浇筑混凝土时,掺加一定量的毛石可以减少水泥用量,同时毛石还可以吸收一定的水化热,但应严格控制砂、石的含泥量。

(8)根据施工季节采用不同的施工方法,以减小混凝土的内外温差。夏季采用降温法施工,即在搅拌混凝土时掺入冰水,一般温度可控制在5～10 ℃,浇筑

后采用冷水降温养护；冬季则可采用保温法施工，防止冷空气的侵入。大体积混凝土施工，一般在较低温度条件下进行，以最高气温不大于 30 ℃为宜。

为保证结构的整体性，混凝土应连续浇筑，采用分层分段的方法施工。根据结构大小及特点的不同，有全面分层、分段分层和斜面分层等施工方法。

11.2　高层建筑主体结构施工

我国高层建筑除少数采用钢结构外，大多数仍采用造价较经济、防火性能好的钢筋混凝土作为结构材料。其施工工艺大多采用了结构整体性能好、抗震能力强和造价较低的现浇结构和现浇与预制相结合的结构。本节主要介绍高层建筑现浇钢筋混凝土结构的台模和隧道模施工及泵送混凝土施工。

11.2.1　台模和隧道模施工

高层建筑现浇混凝土的模板工程一般可分为竖向模板和横向模板两类。

竖向模板主要指剪力墙墙体、框架柱、筒体等模板。

横向模板主要指钢筋混凝土楼盖施工用模板，除采用传统组合模板散装散拆方法外，目前高层建筑采用了各种类型的台模和隧道模施工。

1. 台模施工

台模由台架和面板组成，适用于高层建筑中的各种楼盖结构施工，其形状与桌相似，故称台模。台架为台模的支承系统，按其支承形式可分为立柱式、悬架式、整体式等。

立柱式台模由面板、次梁和主梁及立柱等组成。

悬架式台模不设立柱，主要由桁架、次梁、面板、活动翻转翼、垂直与水平剪力撑及配套机具组成。

整体式台模由台模和柱模板两大部分组成。整个模具结构分为桁架与面板，承力柱模板、临时支撑，调节柱模伸缩装置，降模和出模机具等。

2. 隧道模施工

隧道模是可同时浇筑墙体与楼板的大型工具式模板，能沿楼面在房屋开间方向水平移动，逐间浇筑钢筋混凝土。隧道模可分为整体式和双拼式两种。

双拼式隧道模由竖向横模板和水平向楼板模板与骨架连接而成，还有行走装置和承重装置。

11.2.2 泵送混凝土施工

泵送混凝土施工：利用混凝土泵，通过管道将混凝土拌和物输送到浇筑地点，一次连续完成水平运输和垂直运输，配以布料杆或配料机还可方便地进行混凝土浇筑。泵送混凝土工艺具有输送能力大、工效高、劳动强度低、施工文明等特点。

1. 泵送混凝土的管道布置及敷设

输送管道敷设注意事项如下。

泵机出口有一定长度的地面水平管（水平管长度不小于泵送高度的 1/4～1/3），然后接 90°弯头，转向垂直运输。

地面水平管用支架支垫，垂直管道用紧固件间隔 3 m 固定在混凝土结构上。竖向管道位置应使楼面水平输送距离最短，尽可能设置在设计的预留孔洞内，且不影响设备安装。

2. 泵送混凝土施工

泵送混凝土除应满足结构设计强度外，还必须具有可泵性。即在管内有一定的流动性和较好的黏聚性，不泌水，不离析，且摩阻力小。因此，要严格控制混凝土原材料的质量。

一般选用泌水性小、保水性好的普通硅酸盐水泥。碎石最大粒径与输送管内径之比，宜小于或等于 1∶4，卵石宜小于或等于 1∶2.5，通过 0.315 mm 筛孔的砂应不少于 15％，砂率宜控制在 40％～50％。泵送混凝土宜掺用木质磺酸钙减水剂等外加剂和适量粉煤灰，以增加混凝土的可泵性。泵送混凝土的坍落度宜为 80～180 mm，泵送高度大时还可以适当增大。

11.3 高层建筑施工的安全技术

11.3.1 高层脚手架工程安全技术

高层脚手架地基要有足够的承载能力，避免脚手架整体和局部沉降。

高层脚手架应设置足够数量的牢固连墙点，依靠建筑结构的整体刚度，加强整片脚手架的稳定性。

搭设脚手架时要保证质量，并且采取可靠的安全防护。

应将井架一侧中间立柱接高（高出顶端 2 m）作为接闪器，在井架立杆下端设置接地器，同时将卷扬机的金属外壳可靠接地。

建筑工地上的起重机最上端必须安装避雷针，并连接于接地装置上；起重机的避雷针应能保护整个起重机。

11.3.2　高层建筑施工其他安全措施

高层建筑施工中，所有楼梯口、电梯口、门洞口、预留洞口和垃圾洞口，必须设围栏或盖板，避免施工人员误入而高空坠落造成伤亡。

正在施工的建筑物的出入口和井架通道口，必须搭设牢固的顶板棚，顶板棚的宽度应大于出入口，棚的长度应根据建筑物的高度确定，一般为 5～10 m。

凡未安装栏杆的阳台周边，无脚手架的屋面周边，框架建筑的楼层周边及井架通道的两侧边等，必须设置 1 m 高的双层围栏或搭设安全网。

施工人员进入现场必须戴安全帽，高空作业时必须正确使用安全带。

起重机械设备的使用，要严格按照额定起重量起吊重物，不得超载及斜拉重物。

起重机械必须按国家标准安装，经动力设备部门验收合格后，方能使用。使用中应健全保养制度，安全防护装置要保持齐全有效。

第12章　装配式建筑施工

12.1　装配式建筑施工存在的问题和解决途径

12.1.1　装配式建筑工程概述

和传统意义上的现浇混凝土施工形式相比，装配式建筑工程指的是根据对应的要求将建筑施工过程中需要用到的部分建筑结构构件利用工厂化的方式提前制作完成，再将其直接运送到施工现场进行组合拼接，进而实现建筑施工的完整性。这种工厂化的施工形式，可以在很大程度上缩短建筑工程的工期，为工程质量提供了良好的保障，所以该新型施工方式受到越来越多的重视，并得到了大量的尝试和应用。为了确保装配式建筑工程施工方式在工程实践过程中得到良好的应用，需要在其质量管控的全过程中加强监控，避免出现安全问题。

12.1.2　装配式建筑工程施工的优势

1. 针对性生产预制构件材料

一般情况下，传统的施工方式常常会出现现场施工与方案设计不匹配的情况，尤其是在住宅项目的工程施工中，住宅的内部构造相对局限，导致施工过程中缺乏灵活性。而装配式建筑施工能够根据工程设计方案提前生产所需的建筑构件，能够根据现场实际施工情况调整预制的建筑构件，进一步保障了施工的质量及效率。

2. 受环境因素影响相对较小

现浇混凝土在施工时比较依赖天气等环境因素的影响，连续的高温天气容易使混凝土在凝结过程中出现裂纹等病害，低温天气也对混凝土的凝结造成不利影响，其他恶劣天气也常常会对施工工人的正常作业造成影响。但在预制构

件厂提前完成加工和养护工作的装配式建筑则有效避免了恶劣天气带来的混凝土凝结时可能产生的病害等问题。

3. 构件质量容易控制

目前，装配式构件通常在预制构件厂加工完成，生产制造容易实现标准化、自动化，按构件尺寸规格施工，在施工材料的选取、配合比控制、模具生产、浇筑及养护、后期质量检查等各个环节实现流水化作业生产，对于生产厂家来说大大降低了材料的损耗率，并且预制构件的质量能够得到更加精准的控制。

12.1.3　装配式建筑施工的常见质量缺陷

1. 预制构件质量缺陷

(1)预制楼梯的质量缺陷。

在装配式建筑施工中，会将许多常规的建筑构件提前生产加工完毕，而预制楼梯作为常规预制构件中的一种，其质量在很大程度上决定了装配式建筑整体的质量与安全。但是，就目前而言，预制加工的楼梯有时因为其制作过程中没有严格按照规范标准进行，导致出现楼梯踏面阴角处烂根、蜂窝及麻面，楼梯踏面阳角破损等问题，使得预制楼梯在施工中容易出现开裂甚至断裂等严重的质量缺陷。预制楼梯的质量一旦出现问题，直接导致装配式建筑施工出现严重的质量问题，因此预制楼梯的生产过程需要引起重视。

(2)叠合板的质量缺陷。

叠合板作为装配式建筑施工中常用的加工预制构件之一，其质量对装配式建筑的质量安全起到了非常关键的作用。在装配式建筑工程的施工过程中，需要利用运输设备进行叠合板的组装和搬运，在运输过程中，有时叠合板出现明显的缺棱掉角或者开裂、断裂的现象，降低了装配式建筑的安全性。在叠合板的预制过程中，若没有严格按照规范要求加工生产，叠合板易出现明显的开裂、缺角、掉角等质量缺陷。

2. 构件连接强度不符合要求

(1)灌浆不饱满。

在装配式建筑工程施工的过程中，预制构件的连接质量至关重要，其连接质量很大程度上取决于连接部位的灌浆质量。在灌浆过程中常存在的问题：①施

工前未对灌浆的相关施工员进行技术交底，使得其在施工过程中，未按要求施工导致出现明显的灌浆缺陷，影响连接部位的质量；②灌浆的施工员受施工现场环境的影响等因素，导致其在灌浆过程中无法控制注浆用量，使得连接部位出现注浆不均、强度过低等问题；③注浆前相关机械设备未按期检测维修，在运行过程中出现设备故障等，导致注浆施工停滞或分期注浆等问题；④注浆采用的浆体配合比不符合设计规范要求，出现配合比过高或者过低的现象，使得连接部位的灌浆质量存在明显缺陷。

(2)套件连接错位。

在装配式建筑工程的施工过程中，容易因为套筒的孔径大小选择不恰当，使得预制构件的钢筋无法通过套筒，进而导致套筒与钢筋之间的连接存在明显的偏差以及错位等严重的质量缺陷。此类现象是连接装配式建筑工程的预制构件普遍存在的质量问题，导致预制构件之间连接的准确性降低，削弱了构件与构件之间的加固作用，很大程度上降低了施工的安全性和工作效率，进一步影响了整个装配式建筑工程的质量与安全。

3. 管线定位埋设不当

管线的埋设质量问题也是装配式建筑工程施工中经常存在的一个施工难点，若管线埋设不当，会给装配式建筑带来很大的安全隐患。出现该类问题的主要原因：①在装配式建筑构件材料的预制生产过程中，未按照设计标准进行管线的埋设定位，使得不同构件之间的管线埋设部位无法实现准确的拼接；②在预制构件材料的灌浆过程中，振捣方式不当，导致部分混凝土等材料堵塞预埋的管线，使得后期构件施工时，管线无法穿过；③管线理设定位后，未对确定的位置进行固定，使其在振捣过程中出现管线位置移位、脱落等问题，不同构件之间的管线位置无法实现准确对接。

12.1.4 装配式建筑施工中质量问题的解决途径

1. 运用正确的辅助工具

预制楼梯与叠合板这类构件的质量直接影响装配式建筑整体的质量与安全，因此在提前制作时，需要全过程把控平板构件的生产质量，每个步骤均须严格按照规范要求及设计方案制作，保证预制构件的质量，满足现场工程的要求。在现场运输平板预制构件的过程中，避免运输或者搬运不当而导致平板构件出

现明显的开裂、断裂、掉角等现象，相关技术人员均需要进行技术培训，按照规范要求正确施工，减少施工工艺缺陷，保障施工效率。

2. 把控构件连接部位施工质量

在装配式建筑工程的施工中，需要选择合适孔径的套筒，确保钢筋能够通过套筒，从而实现两个构件之间的有效连接，避免出现偏移、错位等问题；针对连接部位的灌浆质量问题，施工前需要与相关施工员进行技术交底，定期检测相关施工仪器设备，严格控制灌浆体的配合比，在灌浆的全过程，严格把控浆体的用量以及灌注充分，避免因局部连接问题而降低了装配式建筑整体的安全性。

3. 确保管线定位埋设准确

从根本上解决管线的埋设缺陷，确保预制构件的管线能够实现准确对接：①在预制构件材料的加工生产过程中，严格按照规范标准和方案设计进行管线的定位和预埋，进行反复的检查及有效的复核，确保管线预埋的正确性；②确定管线的位置后，需要固定，避免其在养护、振捣过程中出现错位、偏移等问题，应该通过绑扎或者焊接等办法把管线固定在不易发生移动的辅助构件上；③在混凝土浇筑前，应对管线的孔口处进行保护，避免在混凝土的灌浆过程中，振捣幅度过大或浆体飞溅导致管线堵塞；④在混凝土的振捣和养护的过程中，施工人员也需要定期检查预埋的管线是否均处于畅通的情况，若发现异常现象，应及时处理。

4. 充分利用信息技术

由于目前信息技术的发展，越来越多的新型技术被有效地运用到不同行业中。同样地，如今可以通过信息、网络等科学技术有效增加装配式建筑工程施工全过程的施工效率，保障其工程的安全性。利用新时代的信息技术严格把控装配式建筑工程每个施工环节的质量，通过客观的数据反馈及分析，确保工程的合理性与规范性，进一步提高装配式建筑工程的整体施工质量，大大降低施工的质量缺陷。

目前，BIM 技术被广泛运用于装配式建筑的施工过程中，能够在施工前期对方案设计图纸查漏补缺。施工的相关主要技术人员能够通过 BIM 技术针对管线预埋、定位等问题开展有效的施工过程质量把控。在施工的每个环节，BIM 技术能够有效、客观地反馈施工数据，施工人员也能够通过数据分析施工是否符合要求及规范。

12.2 装配式建筑施工质量提升及安全管理

12.2.1 装配式建筑施工质量提升措施

1.工程实例分析

(1)工程概况。

在某建筑企业装配式建筑项目中，预期施工方案主要包含3栋配套建筑，15栋住宅。其地下空间建筑结构设计为框架模式，楼体设计以两层大型预制墙板、套筒墙板为主体，进行灌浆连接，同时还须在墙板间合理设立竖向混凝土暗柱构建整体框架。另外在水平受力施工方面，施工团队应以预制叠合板为建筑构件，科学浇筑钢筋混凝土材料的同时，合理预制各类建筑配套设施，如中央空调板、阳台板、混凝土楼梯等。

(2)施工管理主体分析。

在该项目施工过程中，除施工单位外，还有其他主体共同参与工程施工，其在施工管理中承担着不同的管理责任。如勘察机构对施工区域的水文地质等进行实际勘察，为后期项目建设提供数据保障；设计单位应结合实际情况科学设计施工方案，确保其可行性与安全性；构件生产单位，合理生产预制构件，确保生产构件的规格与质量符合国家标准与施工需求，为该项目建设提供足量、高质量的建筑构件；监理部门对施工全过程进行监督管理，确保勘察数据的有效性、施工管理效果、项目质量验收等；施工单位作为该项目的施工主体，负责方案落实、材料准备、人员管理、器械配置、现场监管、施策划等，有效保障项目的有效开展与稳定建设。

(3)施工质量管理目标。

该项目作为民生工程，受到政府及客户群众重视，需要提高质量要求，在施工过程中要明确其工期计划与施工环节，确保其绿色安全预期目标的实现，注意环保问题及安全问题。同时还应注重项目的质量建设是否可获得建筑奖励，实现一次成优的目的。

(4)项目施工管理的问题分析。

在该项目施工管理过程中仍存在一些可能影响工程建设质量的问题，因此，

应加强对项目在实际施工管理中的问题分析。在该项目施工管理中其实际问题主要体现在以下方面:①材料问题,在该项目施工材料准备阶段,其 PC 构件在施工现场被检测出质量问题,不仅影响工期开展,还增加运输成本;②监督管理问题,在该项目建设中,部分管理人员管理较为松散,缺乏实质性管理,并且对该项目的各施工环节也缺乏有效监督,不利于项目的良序建设;③人员问题,在该项目施工过程中,其人员配置较为不足,并且部分员工的专业水平与素质能力也相对偏低,无法保障工作质量与效率;④工艺方法问题,施工单位在项目施工装配环节中由于工艺不合理,导致构件在拼装时碰撞损坏、组装失败,不仅提高了项目成本,还影响该项目建筑结构的稳定性与紧密性等。

2. 施工质量提升措施

对该项目而言,应依据其施工管理过程中的各类实际问题,有针对性地采取措施优化管理质量,从而确保该项目中建筑的施工质量管理与安全稳定建设,有效达成项目预期目标。

(1)严格把控预制构件及其他施工材料的质量。

在该项目管理中,相关管理主体应从多方面出发有针对性地进行构件材料的质量管理。在设计方面,设计人员应以建筑方案、户型结构为依据,科学设计预制构件的类型、尺寸,确保其符合安装规格;在生产采购方面,施工单位应深入调查供应商的规格、信誉与商品供应能力,多家对比预制构件及其他施工材料的生产质量与效率,选择最优供应商进行合作。同时加强对相关生产工厂的监管,确保生产的预制构件符合设计标准与质量要求;在运输方面,应有效规避气候影响,采取科学有效的管理措施进行构件及其材料的分类放置与有效运输,从而维护材料性能;在进入施工现场前,施工管理人员应实施严格的检验与科学的管理,确保其进场质量;在构件配件等材料组装方面,应严格规范施工人员的拼装技术与吊装操作,确保构件衔接的合理性与紧密性、吊装的准确度,同时还应注意预防在安装过程中构件碰撞损坏的现象。通过构件及其材料的多方面质量管理,有效把控装配式建筑预制构件、施工材料的质量安全,进一步提高建筑施工质量。

(2)建立并完善建筑施工质量监管体系。

为做好该项目装配式建筑的施工管理工作,相关管理人员应结合相关标准、施工环境等科学合理地建立施工质量监督管理体系,并结合建设实际不断优化完善。对此,建筑企业与施工单位可从以下几方面健全管理制度。如人员管理制度,结合建筑需求与发展方向建立培训制度与考核制度,从而提高施工建设人

员的专业素养与综合能力；制定质量管理机制，有效落实施工各环节的质量建设管理、材料管理、质量验收管理、专业设备养护管理等，为装配式建筑项目的施工质量提供坚实的保障；合理制定奖惩机制，针对工作进度加快、施工质量较高的工作人员进行精神表彰与物质奖励，同时对造成严重问题的员工进行惩处与技能再培训，有效提升工作人员的施工质量与效率；制定风险防控策略，针对在装配式建筑施工过程中的风险隐患等设计防控预案与紧急应对策略，便于快速处理事故问题，维护建筑施工的有序开展与安全建设；同时还应建立监督管理部门，有效监督施工管理并深入落实监管制度，从而增强装配式建筑的施工质量。

(3)建立高素质、高质量的人才队伍。

在该项目装配式建筑的施工过程中，涉及多专业的工作人员，如设计人员、安装人员、管理人员等，不仅要注重培养建筑工作人员良好的安全意识，还应顺应行业发展和社会需求不断提高自身专业技能与操作水平。设计人员、设计单位应与时俱进不断革新优化设计理念、风格、特征与方法，提高自身的设计素养，加强设计方案与施工现场的紧密结合，确保所设计的方案具备合理性、可行性特点，同时还应深入学习 BIM 等技术，掌握先进技术，科学构件模型。提高设计人员的专业素养与技术水平有利于增强装配式建筑设计的质量。对于管理人员，建筑企业加强其质量管理意识、风险意识与管理能力，以制度为依据，通过安全教育、质量培训等强化管理人员的意识与能力。对于施工人员，建筑企业应以装配式建筑的吊装、拼装等工艺操作为基础展开技能操作培训，提升装配能力，同时还应强化其安全意识与设备规范操作能力。另外，建筑企业应选取优秀人员建立高素质、高质量的建设团队，便于及时发现并处理建筑施工各环节的问题，确保施工的有序开展和建筑的高质量建设。

(4)结合建筑实际需求优化创新工艺技术。

在装配式建筑的建设过程中，其工艺技术主要涉及两个方面，即预制构件的生产工艺、建筑吊装的装配工艺。相关单位应顺应社会发展，结合技术市场需求与施工要求不断创新并优化工艺技术。在预制构件的制作工艺中，设计人员与生产人员应引进先进生产设备，严格按照规定的类型、尺寸、大小等进行生产，注重连接缝隙位置的科学预留，确保构件衔接结构的紧密度与完整性，从而提高预制构件的质量；在装配环节的吊装工艺环节中，施工单位应以施工方案、BIM 模型为依据合理设计构件配件等的吊装方案确定吊装节点与位置，运用先进的专业器械辅助安装，确保吊装工艺的准确性与稳定性，BIM 在装配式建筑施工质量控制中的主要环节如图 12.1 所示。

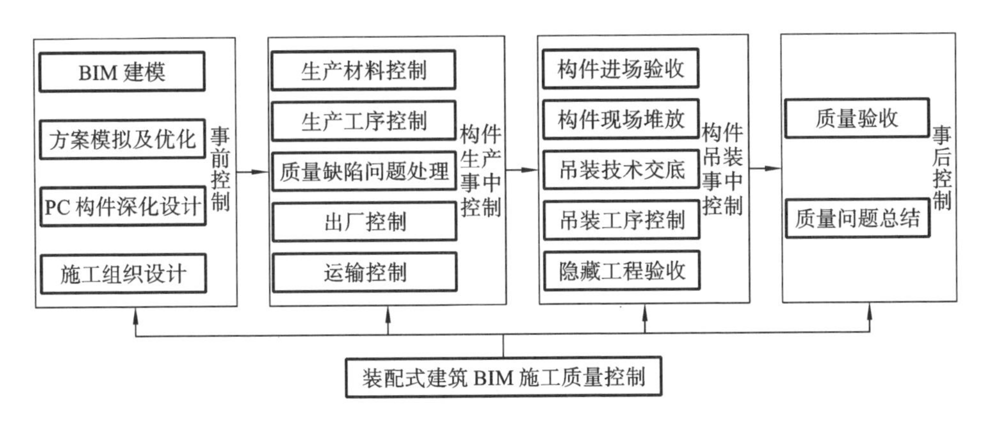

图 12.1　BIM 在装配式建筑施工质量控制中的主要环节

12.2.2　装配式建筑施工安全管理要点

1. 装配式建筑施工安全管理中预制构件的运输

预制构件的运输是装配式建筑施工安全管理过程中的关键环节。预制构件因为其物理性质以及构造性质，自身稳定性极差，因此需要科学的运输方式以保障运输安全。在运输过程中，需要应用规范的运输护栏以及运输架来保障运输流程中的稳定性。同时，还要确保运输道路平稳，尽量避免颠簸。

预制构件运输需要制定科学规范的运输准则，保障运输流程的科学性。在当前建筑预制构件运输过程中，可以采用专用预制构件运输车运送，不仅能够规范运输流程，还能够确保运输的安全性。在使用专用运输车进行运输时，需要将预制构件放置在运输架上，通过调整运输车高度将运输架送入车中，再调整运输车高度到正常高度，通过其他部件保障运输架稳定，展开运输。确定标准流程展开运输，能够有效确保预制构件运输过程中的安全性，推动我国装配式建筑施工安全管理的发展。

2. 装配式建筑施工安全管理中预制构件的现场存放

预制构件的现场存放也是装配式建筑施工安全管理的重要内容。优质构件的现场存放关乎建筑工程的开展，需要严格遵守存放规则，保障存放安全。在预制构件运输到建筑施工现场之后，需要统一地将所有预制构件存放于专门的存

放区。存放区需要根据建筑施工的具体情况来设置，保障在施工过程中能够一次性将预制构件起吊成功，预制构件的现场存放需要充分注重环境对预制构件的影响，避免环境因素影响预制构件的质量。在存放过程中，要保障存放场地地面平整，同时要保障存放场地的排水性能，有效保障预制构件的质量。预制构件的现场存放需要专门的管理团队进行管理，通过加强监管力度，保障预制构件的存放安全。

3.装配式建筑施工安全管理中预制构件的吊装

(1)预制构件吊装过程中起重设备能力的核算。

预制构件吊装是装配式建筑施工的关键环节，起重设备的选型、数量确定、规划布置是否合理关系整个工程的施工安全、质量与进度。应依据工程预制构件的型式、尺寸、所处楼层位置、重量、数量等分别汇总列表，作为所选择起重设备能力的核算依据。

预制构件吊装是装配式建筑建设的重要内容，不规范的吊装工作不仅会影响建筑建设，还有可能会导致建筑施工人员的生命安全受到损害。通过对起重设备能力的核算，能够有效明确吊装设备的应用范围，避免不科学吊装行为的产生。

(2)预制构件吊装过程中定时定量施工分析制度的建设。

定时定量施工分析制度是保障预制构件吊装工作安全展开的关键。定时定量施工分析制度在应用过程中需要制定详细的每日施工计划，从而保障建筑建设的规范性。

在制定装配式建筑施工分区与施工流水的基础上，施工单位应建立装配式建筑施工定时定量施工分析制度，将未来近期每日的详细施工计划，按照当日的时段、所使用的起重设备编号、所吊装的构件数量及编号、所需工人数量等信息通过定时定量分析表的形式列出，按表施工。如遇施工变更，应及时对分析表进行调整。

(3)预制构件吊装过程中起重设备的附着措施。

预制构件起重设备的应用是施工安全管理的重要内容。在我国城市现代化发展的背景下，装配式建设项目的规模越来越大，很多预制构件的体积较大，在应用时需要改善吊装模式，以促进建筑施工的安全展开。起重设备的附着措施是展开吊装工作的关键。在预制构件生产之前，建筑企业需要和预制工厂沟通，保障起重设备附着措施的安装，有效地促进起重设备在装配式建筑建设中的安全展开。

(4)预制构件吊装过程中预制构件专用吊架的应用。

预制构件吊装过程中预制构件专用吊架在保障装配式建筑施工安全方面有着重要作用。预制构件专用吊架的应用是为了防止传统起吊方式对预制构件的损害,保障预制构件在建设应用过程中的完整性。应用传统吊装方式,可能会导致吊点破坏、构件开裂等现象,可能会危及建设人员的生命安全,对建筑施工造成不利影响。因此,在进行预制构件吊装时,需要应用规范的专用吊架。专用吊架需要根据预制构件的实际参数进行制造,保障吊装过程的安全性。

(5)预制构件吊装过程中其他吊装安全注意事项。

在吊装过程中,需要对吊装设备进行检查,确保设备参数规范。在进行大体量的预制构件吊装时,构件离地 10 s 时需要观察吊装设备、专用吊架等结构的状态,确保状态无误再进行吊装工程。

同时,预制构件吊装工作还需要充分考虑天气因素造成的影响。在大风大雨大雪等恶劣天气,需要停止吊装工作,避免施工事故的发生。预制构件的吊装工作是进行装配式建筑建设的关键工作,通过保障预制构件吊装工作的规范,能够有效促进装配式建筑施工安全管理水平的提升。

4. 装配式建筑施工安全管理中临时支撑体系的完善

在装配式建筑施工安全管理过程中,临时支撑体系的完善对装配式建筑工程的开展有重要作用,是保障建设安全、避免建设失误的关键。构建科学的临时支撑体系,可充分保证建筑工人工作环境的安全,促进市政工程建设的科学展开。

(1)预制剪力墙、柱的临时支撑体系。

剪力墙、柱临时支撑体系的建设,需要根据不同市政工程的施工情况来展开。剪力墙、柱的临时支撑体系在建设时,斜撑与地面的夹角宜呈 45°～60°,上支撑点宜设置在不低于构件高度的 2/3 位置处;为避免高大剪力墙等构件底部发生面外滑动,还可以在构件下部再增设一道短斜撑。

(2)预制梁、楼板的临时支撑体系。

预制梁、楼板的临时支撑体系的建设在装配式建筑建设的过程中也非常重要。预制梁、楼板在吊装就位、吊钩脱钩前,根据后期受力状态与临时架设稳定性考虑,可设置工具式钢管立柱、盘扣式支撑架等形式的临时支撑。

(3)临时支撑体系的拆除。

临时支撑体系因为其特殊的构造,在进行拆除时需要保障拆除彻底以及拆除安全。临时支撑体系在进行拆除时，需要按照行业标准以及国家规章制度进行科学的方案设计，保障拆除的规范性。在拆除过程中，需要严格按照设计方案进行计划拆除，如果发现设计方案中有不严谨的地方，需要对拆除方案进行核对后再设计新的拆除方案。临时体系拆除需要有专业拆除经验的员工来进行，以免造成安全事故。

5. 装配式建筑施工安全管理中高处作业的安全防护

装配式建筑施工安全管理中高处作业安全防护是保障员工生命财产安全的关键。完善高处作业安全防护工作，可推动装配式建筑施工安全管理工作的完善。高处作业对于施工人员来说是非常危险的，高处作业安全防护就是要将这种作业风险降到最低。

在我国的装配式建筑施工过程中，高处作业是必不可少的，员工高处作业应得到充分的安全保障，避免安全事故的发生：①需要制定严格的高处作业守则，员工在高处作业过程中要遵守作业守则，不要进行与作业无关的操作，通过遵守作业流程，有效地保障员工安全；②需要提升员工的安全意识，在我国建筑行业，部分员工安全意识的培养不够到位，过于随意化的建筑施工随时可能会导致安全事故的发生；③需要完善高处作业安全防护设备，保障员工在高处作业的过程中，有科学的设备保障。

高处作业安全防护设备是保障员工施工安全的关键，建筑企业在设置高处作业安全防护设备时需要根据行业规范来进行，防护设备的采购也需要选择具有国家标准认证的设备，避免使用劣质设备引起安全风险。

装配式建筑施工管理中的高处作业安全防护是防范施工风险的科学手段，能够有效提升建筑项目施工的安全性，保障施工人员的生命财产安全。通过建立科学的安全防护设备安装制度以及采用质量合格的安全防护设备，可有效提升高处作业安全防护的水平，促进我国装配式建筑建设施工管理的发展。

6. 装配式建筑施工安全管理中施工人员的安全培训

施工人员的安全培训是保障安全管理能够有效展开的基础。施工人员的安全意识、安全防护设备应用水平、施工水平以及风险应急处理能力都是保障建筑施工安全的关键。而这需要在企业的员工安全培训中进行提升。

建筑企业需要在以下四个方面展开对施工人员的安全培训，保障施工人员在装配式建筑建设过程中有足够的能力防范和应对施工风险。

(1)建筑企业需要提升施工人员的安全意识。我国很多建筑企业的员工没有科学的安全意识,这对安全施工产生了消极影响。安全意识的提升可以通过企业内部宣传以及赏罚制度的应用来实现。制定科学的赏罚制度,对不规范的操作行为给予一定的处罚,让员工充分了解不规范操作的后果。同时,在企业内部宣传过程中,可以播放建筑事故纪录片等让员工了解不规范施工的危险,从而提升员工的安全意识。

(2)对于安全防护设备以及施工水平的提升,需要建筑企业完善自身人才招聘制度以及内部培训体系。建筑企业可以通过与高校建立完善的人才培养输送制度,提升招聘员工的质量,保障员工的基本素养。

(3)企业需要在内部建立完善的员工培训制度,提升员工的职业素养。员工培训制度的建设需要根据企业的发展状况以及企业内部员工结构来展开,通过规范的职业培训,可充分提升员工进行施工建设的能力,有效地提升员工建设的安全保障,推动我国装配式建设施工安全管理的展开。

(4)在企业的员工安全培训需要充分注重员工的风险应急能力,保障在施工风险产生的情况下,员工能够有效地保护自身安全。建筑企业需要通过内部训练的方式,让员工明确在各种施工风险发生时所需要执行的正确操作,并通过平时的安全演练提升员工的防范水平,有效地保障员工的生命安全。

12.3　装配式建筑工程施工中 BIM 技术的运用

12.3.1　BIM 技术与装配式建筑

BIM 技术是主要针对装配式建筑工程施工研发的一种技术,能够将数据信息直接转化成直观的三维模型,为设计人员和施工人员带来很多的好处,还能通过自身的信息整理功能将装配式建筑所需的原料规格及数量计算出来,减轻了设计人员的工作负担,同时为企业提前做好原料采购工作提供了依据,切实提高了装配式建筑工程设计和施工的整体工作效率,为缩短装配式建筑工程的施工周期奠定基础。

BIM 技术又叫作建筑信息模型,它能够将装配式建筑工程施工信息数据化,提高了设计图纸的准确性和科学性,同时改变了建筑工程中设计人员与施工

人员对接存在偏差的情况，为对接准确度的提升提供支持和帮助。以某装配式建筑工程为例，该工程在研发出设计方案后将详细的数据输入相关设备中，通过BIM技术合成出了预期的装配式建筑模型，然后通过设计人员与施工人员的探讨与交流，确定了需要改进的地方以及最终的施工方案，实现了实际建筑与预期建筑无偏差施工，增加了该企业的社会影响力和市场竞争力，同时为其他企业顺利引入BIM技术提供了一些经验和帮助。

12.3.2 BIM技术在装配式建筑工程施工中的应用

BIM技术在装配式建筑工程施工中发挥着很大的影响作用，它不仅能全方位全天地监测和控制施工过程，它还能随时合成某阶段的工程施工模型，为施工人员顺利完成施工并缩短施工进度奠定基础。除此之外它还能够通过扫描实际施工情况为后期施工的顺利进行提供建议，减轻了施工人员的工作压力和工作负担，同时消除了施工人员主观感觉对施工进度和施工质量的影响，为装配式建筑施工水平和效率的顺利提升扫除障碍。

1. 实现对装配式建筑工程的动态化全方位管理

BIM技术能够通过自身的相关功能实现动态化全方位管理施工场地的目标，因为BIM技术能够借助相关的数据信息建立与施工对象的联系，这种联系将实际的施工情况传达到相关设备中，BIM技术通过这些设备中的信息合成实际施工的三维模型，为相关工作人员定期监督施工进度提供直观的信息。除此之外，BIM技术还能够通过动态化全方位的管理计算出施工过程中需要投入的资金成本，为企业节省更多的资金、人力、物力提供帮助。

2. 通过三维模型及时改进施工设计方案

BIM技术最大的特点在于能够合成装配式建筑的预期模型，并能够通过相关功能管控施工过程，这也就意味着BIM技术不仅能为工作人员监督施工情况提供帮助，还能够为改进施工方案提供建议和参考。以某装配式建筑为例，该装配式建筑在施工过程中通过对实际施工情况的监测，经常发现实际施工与预期模型之间的偏差，通过报警方式提醒管理人员，让管理人员能够及时将问题上报给相关部门，然后对实际施工情况进行改进，最终确保了工程建筑符合最初的设计理念和想法，促进了装配式建筑工程施工与BIM技术的融合。

3. 精准高效地完成预制构件的制作和管理任务

BIM 技术除了能够动态化全方位地监督实际施工情况，还能够为预制构件的设计和管理提供帮助。因为 BIM 技术能够通过收集到的数据计算出预制构件的标准和规格，减少了设计人员的工作量，同时提高了预制构件的准确性和设计效率，并规范了预制构件的管理过程，为相关人员顺利采购装配式建筑的原材料提供技术上的支持和帮助。除此之外，BIM 技术还能够存储预制构件的相关数据信息，为企业提供了科学准确的购置信息，避免了资金过多投入的问题出现。

第13章　绿色建筑与智能建筑

13.1　绿色建筑施工技术的实施与优化

13.1.1　绿色施工技术在建筑工程中的应用

1. 采用绿色施工技术保障施工安全

施工安全包括施工人员的人身安全以及建筑施工质量安全。保证建筑的施工质量，是建筑工程高效施工的前提。绿色施工技术采用安全无污染的建筑材料，不会对施工人员的健康造成损害，借助设计优良的施工设备，避免施工质量安全出现问题，也维护施工人员的安全。施工人员充分利用绿色施工材料以及施工设备，优化并保护自然生态环境，从而实现建筑行业可持续发展的理念。

2. 绿色施工技术能够节约建材

绿色施工技术采用全新的施工工艺，对建筑材料也进行改造，将其与新技术相结合，能够有效地节约建筑材料。比如在建筑深基坑的设计过程中，需要采用全新的施工技术并与建筑材料相结合，能够对混凝土浇筑进行封闭，在保护生态环境的同时，也节省建筑材料，避免建筑资源浪费，有效地提升企业经济效益。

3. 绿色施工技术保护施工土壤

绿色施工技术作为环境的维护者，能够有效避免由施工导致的水土不服，避免地下环境被污染。传统施工建筑技术会破坏土壤，甚至还会对地下水造成严重污染。绿色施工企业应当制定完整的环保施工安全方案，采用一些保护措施将施工中产生的碎土进行固定，避免水土流失。施工人员在建筑施工过程中，需要准备好污水排放管道，避免污水滞留在工地内部，同时还要将一些污染性较强的建筑物品移交至相应的单位中，不可将其随意抛弃。除此之外，规范的施工操

作才能够真正实现对生态环境的保护。

13.1.2　绿色建筑施工技术的优化

虽然绿色建筑施工技术在建筑行业中受到好评，但是此项技术还存在着不足之处，同时还要正确看待绿色建筑施工技术中存在的问题，并对其进行优化，这样才能够推动绿色建筑施工技术发展。

1. 强化施工人员的绿色施工觉悟

我国作为人口大国，人口就业压力十分大，部分员工自身的绿色施工意识淡薄，对施工环境的保护以及能源节约的重视程度也并不足够。有些建筑施工队伍管理人员并未重视施工人员的培训工作，再加上环保意识并不强，严重影响我国绿色建筑施工的开展。因此，建筑施工企业需要在施工人员中贯彻绿色施工理念，加强施工人员对环境保护的认识。定期培训，加深施工人员的绿色施工理念，还要提高施工人员的施工技艺、安全意识以及专业素养等。另外，建筑施工企业需要设立奖惩制度，从而针对建筑施工起到一定的约束性。

2. 完善绿色建筑施工管理制度以及法律体系

目前，我国对于绿色建筑的评价标准并不够全面，部分数据指标设置不合理也会在一定程度上影响绿色建筑施工质量。对于绿色建筑施工的监管力度还须加强，绿色建筑法律体系还须进一步完善。因此，建筑施工企业需要约束员工的行为，强化建筑施工监督系统，通过随机到场考察机制，督促绿色施工理念在正常运作下实施，保证绿色施工技术能够贯彻施工项目。建筑施工企业还需要建立奖惩制度，避免员工进行污染操作，也激励施工人员开展绿色施工工程。绿色建筑作为高质量发展的载体，能够带动相关产业的发展，我们应当支持绿色建筑发展的法律法规体系的完善，同时还要完善标识制度。

3. 加强绿色建筑施工技术支撑能力

就我国目前绿色建筑项目来看，绿色建筑技术难点以及建筑重点还未完全突破。再加上部分绿色建材产品质量不高，致使绿色建筑施工产业支撑力不够强大。我国需要落实贯彻《绿色建筑行动方案》，提升新建建筑节能质量和水平，通过开展既有居住建筑节能改造，提升绿色建筑施工技术，提高公共建筑节能运行管理。例如陈家镇生态办公示范楼，这项建筑作为中国绿色建筑示范工程，秉承“低能耗、低排放、高品质”的原则，在施工过程中，实现超低能耗建筑技术，总结了能源、材料、水资源和技术经济性等全生命周期涵盖的要素。除此之外，还有北京大兴国际机场的绿色机场顶层设计，通过“绿色规划、绿色设计、绿色施工”及“理念创新、科技创新、管理创新”确保绿色理念从选址、规划设计、招标采购、施工管理到运行维护等全寿命期，在机场各功能区及全部建设项目的全方位贯彻。我国应稳步推进绿色建材评价标识和推广应用工作，积极推动建筑产业现代化，完善我国绿色建筑施工技术。

13.2 物联网智能建筑施工技术及应用

13.2.1 物联网技术的概念

物联网顾名思义就是万物联通的网络，指通过信息传感器、射频识别技术、全球定位系统、红外感应器、激光扫描器等各种装置与技术，实时采集任何需要监控、连接、互动的物体或过程，采集其声、光、热、电、力学、化学、生物、位置等各种需要的信息，通过各类可能的网络接入，实现物与物、物与人的泛在连接，实现对物品和过程的智能化感知、识别和管理。物联网可以应用到生活的方方面面，可以推动行业的智能化发展，促进资源整合。物联网自身就是一个复杂的网络体系，加之应用领域遍及各行各业，不可避免地存在很大交叉性，因此技术有待进一步完善。现在建筑行业推行智能化的建筑施工理念，已经逐步实现与物联网技术的融合，主要体现在施工过程中的物料和人员管理、施工的预算编制、施工过程质量控制和安全控制等多方面。

13.2.2 物联网智能建筑施工技术的优势

1. 提高施工安全

安全问题一直是建筑施工过程中的主要问题，建筑工程施工环节众多，施工量较大，同时作业过程比较复杂，施工现场大型机械设备较多，因此施工危险系数较高。而物联网智能建筑施工技术可以加强对施工过程的细节控制，通过数据分析可以及时发现施工过程中的安全隐患，并根据具体的情况进一步完善施工技术，加强施工过程控制，从而消除工程中的安全隐患，提高施工安全性。

2. 合理控制施工成本

建筑施工一般施工周期较长，投资金额较大，因此，应该合理控制施工成本，以保证资金的连续性。资金的成本控制一直是建筑行业的突出问题，在实际施工过程中经常会出现实际成本与预期成本不一致的情况，成本超过预估范围，缩减了企业的利润空间，减少了企业的竞争优势，而物联网智能建筑施工技术可以对施工过程中所需要的人、财、物进行合理科学的调配，减少了施工中的浪费情况，确保资金的合理用途，促进资源的优化配置，从而合理控制施工成本。

3. 完善施工质量

施工质量是建筑施工的根本，只有施工质量得到加强，建筑行业才能增强社会影响力，从而提高其在行业内的竞争力，在建筑行业施工过程中也经常存在施工质量不合格的情况，这与建筑施工人员的素质、施工用料和施工过程监管都具有一定的关系，因此应该进一步完善施工细节控制。物联网智能建筑施工技术可以加强施工过程中人员和材料的进一步监管，并且根据施工过程中的各种物料消耗和人员管理，及时发现不足之处，进一步制定完善的施工措施，提高施工质量。

4. 提高施工效率

施工效率不仅牵扯到工程的具体完工问题，还牵扯到资金的回收问题，因此应该做好施工周期的控制，但是在具体施工过程中会出现工程变更或者其他因素等，导致施工效率比较低下，甚至一定程度上影响了施工过程的正常完工时间，这样不仅增加了资金风险，同时也不利于施工质量的控制，因此应该在保证施工质量的情况下，提高施工效率。物联网智能建筑施工技术可以根据施工的具体情况，合理调配施工中的各种要素，促进资源的优化配置，同时还可以对施工过程中的施工项目和施工进度进行分析，查看影响施工的因素，从而制定合理的方案。

13. 2. 3　物联网在智能建筑施工过程中的具体应用

1. 车库自动识别系统与自动统计系统

随着人们生活水平的提高，私家车已经成为人们的必备选择，私家车的停放问题一直是建筑行业设计和发展的重要问题，在原来的建筑行业设计中多采用车库的形式，虽然避免了人们寻找车位的弊端，但是造成了土地资源的不合理利用，智能建筑中通常设置较大规模的停车场或者停车系统，可以利用物联网自动识别车牌号，对停车场内车位的数量和空余停车位进行分析，既避免了人们盲目寻找车位，又能高效利用土地资源。

2. 照明节能新技术

照明节能新技术的运用是贯彻节能理念的重要手段，建筑小区一般都安装较多的照明设备满足人们的实际需求。在智能建筑设计中，一般通过总线式的布线方式，可以对小区内公共照明进行按需求启停控制，同时还可以根据环境变化调节光照设备的照明亮度，实现场景控制、人体感应控制或者手动、遥控控制，在满足人们需求的同时，通过多种控制系统降低照明设备的电力能源消耗，贯彻节能新理念，推动建筑行业向绿色建筑发展。

3. 门禁智能技术

门禁既满足了人们对隐私的需求，同时又增加了安全性。智能建筑门禁技术集识别、报警、防盗和监控于一体，功能性较强。门禁技术主要通过一卡通技术进行管理或者实现，通过刷卡进入，撤去其他特定的防守、防盗功能，同时在拔下门禁卡以后重新进入联防状态，当有人试图撬门时，会自动启动防盗安全警报，从而提高防盗功能，特别是对一些公共建筑场所智能化的推广过程中，将门禁技术与数据库系统进行联系，对重要客人建立较为详细的数据信息，在下次客人光临时可以根据客人的需求，自动启动空调或者室内调节系统，并且在客人离开一段时间后会自动断电，自动停止相关设备的运行，这样既提升了建筑的安全性，同时又提高了建筑的智能化管理，从而更好地满足人们对现代建筑的实际需求。

4. 实行变风量空调系统

空调在我国进入了千家万户，是人们居住必不可少的要素。空调一直是建筑行业的耗电量较大的要素之一，因此加强空调的节能性可以推动建筑行业的节能化。变风量空调系统广泛应用于智能建筑化行业之中，通过室内环境的空气参数变化，空调自动进行风量的转换，这样既可以增加人们在室内的舒适度，同时又可以减少空调运行中的动力消耗，降低建筑行业的能耗，促进建筑行业向低能耗、智能化方向发展。

5. 无线传感网络技术

智能建筑中采用多种传感器对周围环境进行感知，从而做出相应的调控措

施，传感器多融合了红外线等技术，同时无线传感器的布置成本较低，通过无线传感器的数据采集功能将建筑空间的具体情况传递到服务器中，然后结合智能调控设备或者数据服务器的计算功能，合理调控室内的灯光、空调，并对单一设备进行调控，从而实现智能化控制。无线传感网络技术被越来越多地应用到智能建筑行业中，人们不在家时也可根据实际情况进行系统调控，促进节能理念的实施。结合现代科技信息技术，将节能和智能化融合到未来建筑之中，推动无线传感网络技术的进一步应用。

6. 智能建筑的给排水系统

智能建筑给排水系统主要通过增加一些泵类装置，并对泵类装置进行智能调速，通过建筑高度的优势对雨水进行收集、分离，并且加入污水一体化的处理设备，满足人们日常某些方面的生活用水。传统的给排水多采用一户一水表的形式，不仅增加了统计的工作量，还不能及时发现异常的用水情况；采用智能建筑给排水系统，充分结合计算机技术和数据采集技术，不仅可以实现智能水表读取，同时还可以对水质进行分析，根据具体情况实现自动启停，既促进了用水过程中水资源的合理利用，达到节约水资源的目的，又能进一步节省人力资源，使智能建筑的理念与节能建筑的理念融合在一起。

13.3 绿色智能建筑技术及其发展趋向

13.3.1 绿色智能建筑技术介绍

1. 绿色智能建筑技术的内涵

绿色智能建筑技术的最终目的是提升建筑各方面性能，满足居民对建筑的居住需求，提升建筑的智能化水平。绿色智能建筑技术的研究基础是绿色建筑技术和自动化智能控制技术。绿色智能建筑的优势主要体现为建筑位置的选择更加科学合理，能够利用现代化技术实现资源的循环利用，满足建筑高效性需求，在尽量降低建筑能源消耗、减少废物的排放的同时，还能够提升建筑功能的全面性，优化居住环境。

2. 绿色智能建筑的主要内容

从社会方面来说，绿色智能建筑不仅要做到节能环保，具有智能化水平，还要保证实际操作简单快捷。所以绿色智能建筑的规划设计以及布局结构都十分重要，另外绿色智能建筑技术还要保证建筑物结构与智能化技术相融合、相匹配。从技术方面来说，绿色智能建筑技术的基础是绿色技术，而绿色技术属于环保的范畴，主要涉及的内容为资源循环使用、能源的节约利用、建筑用地的节约、科学合理地利用水资源以及注重新能源的利用和开发等。绿色智能建筑技术中的智能技术主要体现在计算机信息技术方面，如建筑中的视频监控技术、通信控制技术以及智能云计算技术等。

13.3.2　绿色智能建筑技术的应用

1.绿色技术的应用

绿色技术在建筑中主要体现在3个方面，分别是绿色节能、绿色节水以及绿色节地。

(1)绿色节能技术主要是指在建筑建设过程中在保证建筑物使用功能的前提下充分适应节能型建筑材料，常用的节能型建筑材料有隔热保温墙体材料、高效节能的采暖设备等。利用这些新型的节能建筑材料能够有效地提升能源利用效率，从而达到节能的目的。

(2)绿色节水技术主要是指在建筑建设的过程中采用先进的节水技术提升水资源的使用率，减少水资源浪费。具体来说可以对生活污水进行处理，然后进行重复利用。另外利用雨水收集技术，收集雨水作为清洁用水，以此达到节约水资源的目的。

(3)绿色节地技术主要是指通过现代化技术提升土地资源利用率，因为随着建筑规模的不断扩大，建筑用地供需矛盾逐渐凸显，所以需要采取相应技术提升土地资源利用率。如可再生建筑物的顶层阁楼采取小坡屋形式，以此增大建筑物的空间面积，提升土地资源利用率，而且这种形式还能够有效提升采光效果。

2.智能建筑技术的应用

(1)智能化门窗的应用。

绿色智能建筑中的门窗设计采用的是智能化门窗，在建筑物智能化门窗具有很高的应用性能，不仅外形美观大方，而且具有非常良好的透光性以及隔音性，整体性能高于普通门窗。另外，智能化门窗通常都设置自动报警系统，当门

窗受到外力破坏的时候能够主动报警，这样就有效提升了建筑的安全性与可靠性。

(2)日照控制器的应用。

在绿色智能建筑之中日照控制器十分常见，主要的作用是对太阳能设备进行调节。日照控制器的主要应用方式为设计人员直接在控制器之中输入建筑所在的经度以及纬度等相关数据，然后系统就会自动运行控制天窗以及窗帘等遮阳设备，通过控制这些设备对室内温度进行调节。

(3)自动通风设备的应用。

在建筑中通风设施以及空调耗能非常大，在建筑总耗能中占据了很大的比例。另外，通风设施和空调也是影响建筑舒适度的重要因素。通常来说，在建筑设计中都会按照最大的热负荷标准进行设计，也就是说建筑设计默认空调系统长期运行状态保持在最大水流量状态，这样就会造成一定的能耗浪费。根据建筑内的热负荷变化情况，利用智能建筑技术通过建筑构造中的可操作构件(如伸缩屋顶机动窗户等)对建筑房间内风机的转速以及风量进行合理的调节，实现建筑通风智能控制。具体来说，就是在闷热的天气环境下自动启动通风设备，让建筑室内达到最好的自然风状态，这样不仅能够起到净化室内空气的作用，提升室内的舒适感，还能够有效节约能源。

(4)智能照明的应用。

绿色智能建筑技术之中的照明技术就是对整个智能建筑照明设备进行统一控制，在满足建筑照明需求的条件下实现节能。智能照明技术主要是利用调光控制模块以及智能探测器等先进的自动化设备对室内照明进行控制。智能探测器能够通过探测周围环境，并实时调控控制模块，对建筑室内照明进行自动调节，这样既提升了照明效果，又起到了很好的节能作用。另外，在建筑智能照明中采用照明材料大多都是节能环保型的，如选择发光二极管作为照明用具。

13.3.3　绿色智能建筑技术发展趋向

1. 实现以人为本理念与以自然为本理念的有机结合

绿色智能建筑技术在未来的发展中不仅会重视以人为本理念，还会认识到以自然为本理念的重要性，并且会将这两种理念有机地结合起来，逐步实现人类的健康发展与自然的协调统一。在以自然为本理念的指导下，应用绿色节能技术，可减低建筑能源消耗，维护生态平衡。同时绿色智能建筑技术还会转变能源的利用方式，在绿色智能建筑中应用可再生资源，进一步提升建筑的节能性与环保性。

2. 综合利用现代技术

绿色智能建筑技术在未来的发展中会综合利用现代化先进技术，不断提升建筑的智能化水平。如先进的互联网技术、新材料的处理技术等。科学技术在不断进步与发展，所以绿色智能建筑技术在未来的发展中也会不断更新。总体来说，绿色智能建筑技术在未来会以创新和高效为目标，不断提升建筑的居住体验，优化建筑环境。同时对绿色智能建筑技术进行创新和改良，将不断提升建筑的智能化水平。另外，绿色智能建筑技术未来会更加重视清洁能源技术的应用，并且尽力保证建筑内部使用能源的清洁和高效，最终目的是实现建筑零消耗工作，以此提升建筑的绿色化水平和智能化水平。

第14章　建筑工程施工项目管理

14.1　进度管理与质量控制

14.1.1　建筑工程施工进度管理

1.施工进度计划的编制

1)施工进度计划的分类

施工进度计划可分为施工总进度计划、单位工程进度计划、分阶段(或专项工程)工程进度计划、分部分项工程进度计划四种(按编制对象分类)。

2)施工进度计划编制原则

(1)安排施工程序的同时,首先安排其相应的准备工作。

(2)首先进行全场性工程的施工,然后按照工程排队的顺序,逐个进行单位工程的施工。

(3)“三通”工程应先场外后场内,由远而近,先主干后分支,排水工程要先下游后上游。

(4)先地下后地上和先深后浅的原则。

(5)主体结构施工在前,装饰工程施工在后,随着建筑产品生产工厂化程度的提高,它们之间的先后时间间隔的长短也将发生变化。

(6)既要考虑施工组织要求的空间顺序,又要考虑施工工艺要求的工种顺序:必须在满足施工工艺要求的条件下,尽可能地利用工作面,使相邻两个工种在时间上安排合理且最大限度地搭接起来。

3)单位工程进度计划的内容

(1)工程建设概况。

(2)工程施工情况。

(3)单位工程进度计划,分阶段进度计划,单位工程准备工作计划,劳动力需用量计划，主要材料、设备及加工计划，主要施工机械和机具需要量计划，主要施工方案及流水段划分，各项经济技术指标要求等。

2. 流水施工与网络计划

1）流水施工的特点

（1）科学利用工作面，争取时间，合理压缩工期。

（2）工作队实现专业化施工，有利于工作质量和效率的提升。

（3）工作队及其工人、机械设备连续作业，同时使相邻专业队开工时间能够最大限度地搭接，减少窝工和其他支出，降低建造成本。

（4）单位时间内资源投入量较均衡，有利于资源组织与供给。

2）流水施工参数

（1）工艺参数，指组织流水施工时，用以表达流水施工在施工工艺方面进展状态的参数，通常包括施工过程和流水强度两个参数。

（2）空间参数，指组织流水施工时，表达流水施工在空间布置上划分的个数，可以是施工区（段），也可以是多层的施工层数，数目用 M 表示。

（3）时间参数，指在组织流水施工时，用以表达流水施工在时间安排上所处状态的参数，主要包括流水节拍、流水步距和流水施工工期三个方面。

3）流水施工的组织形式

（1）等节奏流水施工。

（2）异节奏流水施工，其特例为成倍节拍流水施工。

（3）无节奏流水施工。

横道图表示法的优点：绘图简单，施工过程及其先后顺序表达清楚，时间和空间状况形象直观，使用方便，被广泛用来表达施工进度计划。

4）网络计划时差、关键工作与关键线路

时差：包括总时差和自由时差两种。工作总时差指在不影响总工期的前提下，本工作可以利用的机动时间；工作自由时差指在不影响其所有紧后工作最早开始时间的前提下，本工作可以利用的机动时间。

关键工作：网络计划中总时差最小的工作，在双代号时标网络图上，没有波形线的工作。

关键线路：由关键工作组成的线路。关键线路的工期即网络计划的计算工期。

3. 进度计划的调整

（1）关键工作的调整。此方法是进度计划调整的重点，也是常用的方法之一。

(2)改变某些工作间的逻辑关系。此方法效果明显,但必须在允许改变关系的前提之下才能进行。

(3)剩余工作重新编制进度计划。当其他方法不能解决时,应根据工期要求,将剩余工作重新编制进度计划。

(4)非关键工作调整。为了更充分利用资源、降低成本,必要时可对非关键工作的时差做适当调整。

(5)资源调整。

4. 工期优化选择

优化对象应考虑下列因素。

(1)缩短持续时间对质量和安全影响不大的工作。

(2)有备用资源的工作。

(3)缩短持续时间所需增加的资源、费用最少的工作。

5. 资源优化

改变工作的开始时间和完成时间,使资源按照时间的分布符合优化目标。通常分为 2 种模式:“资源有限、工期最短”和“工期固定、资源均衡”。

6. 费用优化

费用优化的目的是使项目的总费用最低,优化应从以下几个方面考虑。

(1)在既定工期的前提下,确定项目的最低费用。

(2)在既定的最低费用限额下完成项目计划,确定最佳工期。

(3)若需要缩短工期,则考虑如何使增加的费用最少。

(4)若新增一定数量的费用,则可计算工期缩短时间。

14.1.2　建筑工程施工质量控制

1. 土方工程施工质量管理

1)一般规定

(1)挖土前,预先设置轴线控制桩及水准点桩,并要定期进行复测和校验控制桩的位置和水准点标高。

(2)土方工程施工,应经常测量和校核其平面位置、水平标高和边坡坡度。平面控制桩和水准控制点采取可靠的保护措施,定期复测和检查。土方不应堆在基坑坡口处。

2)土方开挖

(1)土方开挖前应检查定位放线、排水和降低地下水位情况,合理安排土方运输车的行走路线及弃土场。

(2)土方开挖一般从上往下分层分段依次进行。机械挖土时,若深度在5 m以内,能够保证基坑安全的前提条件下,可一次开挖,在接近设计坑底高程或边坡边界时应预留200～300 mm厚的土层,用人工开挖和修坡,边挖边修坡,保证高程符合设计要求。超挖时,不能用松土回填到设计高程,应用砂、碎石或低强度混凝土填实至设计高程。

(3)土方开挖过程中应检查平面位置、高程、边坡坡度、压实度、排水和降低地下水位情况,并随时观测周围的环境变化。挖土必须做好地表和坑内排水、地面截水和地下降水,地下水水位应保持低于开挖面500 mm以下。

(4)基坑开挖完毕,应由总监理工程师或建设单位组织施工单位、设计单位、勘察单位等有关人员共同到现场进行检查、验槽。

(5)基坑(槽)验槽时,应做好验槽记录。对柱基、墙角、承重墙等沉降灵敏部位和受力较大的部位,应作出详细记录。如有异常部位,要会同设计等有关单位进行处理。

3)土方回填

填筑厚度及压实遍数应根据土质、压实系数及所用机具经试验确定。填方应按设计要求预留沉降量,一般不超过填方高度的3%。冬季填方每层铺土厚度应比常温施工时减少20%～25%,预留沉降量比常温时适当增加。土方中不得含冻土块,且填土层不得受冻。

2. 地基基础工程施工质量管理

1)地基基础工程施工质量管理一般规定

施工过程中应采取减少基底土扰动的保护措施,机械挖土时,基底以上200～300 mm厚土层应采用人工挖除。

采用换填垫层法加固地基时,垫层的施工方法、分层铺填厚度、每层压实遍数等宜通过试验确定。

2)灌注桩成孔的控制深度

(1)摩擦桩:摩擦桩应以设计桩长控制成孔深度;端承摩擦桩必须保证设计桩长及桩端进入持力层深度。当采用锤击沉管法成孔时,桩管入土深度控制应以高程为主,以贯入度控制为辅。

(2)端承桩:当采用钻(冲)、人工挖掘成孔时,必须保证桩端进入持力层的设计深度;当采用锤击沉管法成孔时,桩管入土深度控制应以贯入度为主,以高程控制为辅。

3)灰土地基施工质量要点

(1)石灰:用Ⅲ级以上新鲜的块灰,使用前 1～2 d 消解并过筛,粒径不得大于 5 mm,且不能夹有未熟化的生石灰块粒和其他杂质。

(2)铺设灰土前,必须进行验槽合格,基槽(坑)内不得有积水。

(3)灰土的配比符合设计要求。

(4)灰土应分层夯实,每层虚铺厚度:人力或轻型夯机夯实时控制在 200～250 mm,双轮压路机夯实时控制在 200～300 mm。

4)强夯地基和重锤夯实地基施工质量要点

施工前应进行试夯,选定夯锤重量、底面直径和落距,以便确定最后下沉量及相应的最少夯实遍数和总下沉量等施工参数。试夯的密实度和夯实深度必须达到设计要求。

5)验收

地基基础分项工程、分部(子分部)工程质量的验收,均应在施工单位自检合格的基础上进行。施工单位确认自检合格后提出工程验收申请,然后由总监理工程师或建设单位项目负责人组织勘察、设计单位及施工单位的项目负责人、技术质量负责人,共同按设计要求和有关规范规定进行验收。

3. 混凝土结构工程施工质量管理

1)模板工程施工质量控制

(1)模板及支架应根据安装、使用和拆除工况进行设计,并应满足承载力、刚度和整体稳固性要求;确保其安装的标高、尺寸、位置正确。

(2)控制模板起拱高度,消除在施工中因结构自重、施工荷载作用引起的挠度。对不小于 4 m 的现浇钢筋混凝土梁、板,其模板应按设计要求起拱。设计无

要求时，起拱高度宜为跨度的 1/1000～3/1000。

(3)当层间高度＞5 m 时，应选用桁架支模或钢管立柱支模。当层间高度≤5 m 时，可采用木立柱支模。

(4)立柱接长严禁搭接，必须采用对接扣件连接，相邻两立柱的对接接头不得在同步内，且对接接头沿竖向错开的距离不宜小于 500 mm。

(5)模板及其支架的拆除时间和顺序必须按施工技术方案确定的顺序进行，一般是后支的先拆，先支的后拆；先拆非承重部分，后拆承重部分。

(6)对于后张预应力混凝土结构构件，侧模宜在预应力张拉前拆除；底模支架不应在结构构件建立预应力前拆除。

(7)大体积混凝土的拆模时间除应满足混凝土强度要求外，还应使混凝土内外温差降低到 25 ℃以下。否则应采取有效措施防止产生温度裂缝。

2)钢筋工程施工质量控制

(1)钢筋进场时，应按下列规定检查性能及重量。

①检查生产企业的生产许可证证书及钢筋的质量证明书。

②按国家现行有关标准抽样检验屈服强度、抗拉强度、伸长率及单位长度重量偏差。

③经产品认证符合要求的钢筋，其检验批量可扩大一倍。在同一工程项目中，同一厂家、同一牌号、同一规格的钢筋连续三次进场检验均合格时，其后的检验批量可扩大一倍。

④钢筋的表面质量应符合国家现行有关标准的规定。

⑤当无法准确判断钢筋品种、牌号时，应增加化学成分、晶粒度等检验项目。

(2)钢筋的表面应清洁、无损伤，油渍、漆污和铁锈应在加工前清除干净。带有颗粒状或片状老锈的钢筋不得使用。钢筋除锈后如有严重的表面缺陷，应重新检验该批钢筋的力学性能及其他相关性能指标。

(3)成型钢筋进场时，应检查成型钢筋的质量证明文件、成型钢筋所用材料质量证明文件及检验报告，并应抽样检验成型钢筋的屈服强度、抗拉强度、伸长率和重量偏差。检验批量可由合同约定，同一工程、同一原材料来源、同一组生产的成型钢筋，检验批量不宜大于 30 t。

钢筋调直后，应检查力学性能和单位长度重量偏差。但采用无延伸功能的机械设备调直的钢筋，可不进行此项检查。

(4)受力钢筋的弯折应符合下列规定。

①光圆钢筋末端应作 180°弯钩，弯钩的弯后平直部分长度应不小于钢筋直

径的 3 倍。作受压钢筋使用时，光圆钢筋末端可不作弯钩。

②光圆钢筋的弯弧内直径应不小于钢筋直径的 2.5 倍。

③335 MPa 级、400 MPa 级带肋钢筋的弯弧内直径应不小于钢筋直径的 4 倍。

(5)钢筋的接头宜设置在受力较小处。同一纵向受力钢筋不宜设置两个或两个以上的接头。接头末端至钢筋弯起点的距离应不小于钢筋公称直径的 10 倍。

(6)纵向受力钢筋机械连接接头及焊接接头连接区段的长度应为 35 d(d 为纵向受力钢筋的较大直径)且应不小于 500 mm，凡接头中点位于该连接区段长度内的接头均应属于同一连接区段。

3)混凝土工程施工质量控制

(1)混凝土结构施工宜采用预拌混凝土。

(2)混凝土所用原材料进场复验应符合下列规定。

①对水泥的强度、安定性、凝结时间及其他必要指标进行检验。同一生产厂家、同一品种、同一等级且连续进场的水泥袋装不超过 200 t 为一检验批，散装不超过 500 t 为一检验批。当在使用过程中对水泥质量有怀疑或水泥出厂日期超过 3 个月(快硬水泥超过 1 个月)时，应再次进行复验，并按复验结果使用。

②对粗骨料的颗粒级配、含泥量、泥块含量、针片状含量指标进行检验，压碎指标可根据工程需要进行检验。应对细骨料颗粒级配、含泥量、泥块含量指标进行检验。

(3)采用预拌混凝土时，供方应提供混凝土配合比通知单、混凝土抗压强度报告、混凝土质量合格证和混凝土运输单。

首次使用配合比应进行开盘鉴定，内容如下：

①混凝土的原材料与配合比所采用的原材料的一致性；

②出机混凝土工作性与配合比设计要求一致性；

③混凝土的强度；

④混凝土的凝结时间；

⑤工程有要求时，还应包括混凝土的耐久性能。

(4)预应力混凝土结构、钢筋混凝土结构中，严禁使用含氯化物的水泥；预应力混凝土结构中严禁使用含氯化物的外加剂；钢筋混凝土结构中，当使用含有氯化物的外加剂时，混凝土中氯化物的总含量必须符合现行国家标准的规定。

(5)混凝土浇筑前应先检查验收下列工作：

①隐蔽工程验收和技术复核；

②对操作人员进行技术交底；

③根据施工方案中的技术要求，检查并确认施工现场具备实施条件；

④应填报浇筑申请单，并经监理工程师签认。

(6)浇筑前应检查混凝土运输单，核对混凝土配合比，确认混凝土强度等级，检查混凝土运输时间，测定混凝土坍落度，必要时还应测定混凝土扩展度，在确认无误后再进行混凝土浇筑。

(7)混凝土浇筑：宜先浇筑高强度等级混凝土，后浇筑低强度等级混凝土。混凝土入模温度应不低于 5 ℃，且应不高于 35 ℃。混凝土在运输、输送、浇筑过程中严禁加水，在运输、输送、浇筑过程中散落的混凝土严禁用于结构浇筑。对混凝土的振捣，不应漏振、欠振、过振。

(8)在已浇筑的混凝土强度未达到 1.2 MPa 以前，不得在其上踩踏、堆放荷载或安装模板及支架。

(9)施工现场应具备混凝土标准试件制作条件，并应设置标准试件养护室或养护箱。同条件养护试件的养护条件应与实体结构部位养护条件相同，并应采取措施妥善保管。

(10)芯柱混凝土宜选用专用小砌块灌孔混凝土。浇筑芯柱混凝土应符合下列规定：

①每次浇筑的高度宜为半个楼层，但应不大于 1.8 m；

②浇筑芯柱混凝土时，砌筑砂浆的强度应大于 1 MPa；

③清除孔内掉落的砂浆及杂物，并用水冲淋孔壁；

④浇筑芯柱混凝土前，应先注入适量与芯柱混凝土成分相同的去石子砂浆；

⑤每浇筑 400～500 mm 高度捣实一次，或边浇筑边振捣。

4. 砌体结构工程施工质量控制

1)材料要求

(1)砌体结构工程所用的材料应有产品合格证书、产品性能型式检验报告，块体、水泥、钢筋、外加剂尚应有材料主要性能的进场复验报告，并应符合设计要求。

(2)当在使用中对水泥质量有怀疑或水泥出厂超过三个月(快硬硅酸盐水泥超过一个月)时，应复查试验，并按复验结果使用。不同品种的水泥，不得混合使用。

(3)施工现场砌块应按品种、规格堆放整齐，堆置高度不宜超过 2 m。

2)施工过程质量控制

(1)砌筑砂浆搅拌后的稠度以 30～90 mm 为宜。

(2)现场砌筑砂浆应随拌随用,拌制的砂浆应在 3 h 内使用完毕;当施工期间最高气温超过 30 ℃时,必须在拌成后 2 h 内使用完毕。

(3)砌筑砂浆应按要求随机取样,留置试块送实验室做抗压强度试验,每一检验批且不超过 250 m^3 砌体的各类、各强度等级的普通砂浆,每台搅拌机应至少抽检 1 次。由边长为 70.7 mm 的正方体试件,经过 28 d 的标准养护,测得一组三块试件抗压强度值来评定。预拌砂浆中的湿拌砂浆稠度应在进场时取样检验。

(4)施工采用的小砌块的产品龄期应不小于 28 d。

(5)砌筑前设立皮数杆。间距以 10～15 m 为宜,砌块应按皮数杆拉线砌筑。

(6)墙体砌筑前应先在现场进行试排块,排块的原则是上下错缝,砌块搭接长度不宜小于砌块长度的 1/3。

(7)填充墙砌体砌筑,应待承重主体结构检验批验收合格后进行。填充墙与承重主体结构间的空隙部位施工,应在填充墙砌筑 14 d 后进行。

(8)混凝土小型空心砌块墙体转角处和纵横交接处应同时砌筑。临时间断处应砌成斜槎,斜槎水平投影长度不应小于斜槎高度。施工洞口可预留直槎,但在补砌洞口时,应在直槎上下搭砌的小砌块孔洞内用强度等级不低于 Cb20 或 C20 的混凝土灌实。

(9)在厨房、卫生间、浴室等处,当采用轻骨料混凝土小型空心砌块或蒸压加气混凝土砌块砌筑填充墙时,墙底部宜现浇混凝土坎台,其高度宜为 150 mm。

(10)芯柱混凝土宜选用专用小砌块灌孔混凝土。浇筑芯柱混凝土应符合下列规定:

①每次浇筑的高度宜为半个楼层,但应不大于 1.8 m;

②浇筑芯柱混凝土时,砌筑砂浆的强度应大于 1 MPa;

③清除孔内掉落的砂浆及杂物,并用水冲淋孔壁;

④浇筑芯柱混凝土前,应先注入适量与芯柱混凝土成分相同的去石子砂浆;

⑤每浇筑 400～500 mm 高度捣实一次,或边浇筑边振捣。

5.钢结构工程施工质量控制

1)钢材全数抽样复验的情况

(1)国外进口钢材。

(2)钢材混批。

(3)板厚等于或大于 40 mm,且设计有 Z 向性能要求的厚板。

(4)建筑结构安全等级为一级,大跨度钢结构中主要受力构件所采用的钢材。

(5)设计有复验要求的钢材。

(6)对质量有疑义的钢材厂钢材复验内容包括力学性能试验和化学成分分析。

2)钢结构焊接施工过程质量控制

严禁在焊缝区以外的母材上打火引弧。当引弧板、引出板和衬垫板为钢材时,应选用屈服强度不大于被焊钢材标称强度的钢材,且焊接性相近。

焊缝同一部位的缺陷返修次数不宜超过两次,返修后的焊接接头区域应增加磁粉或着色检查。

3)钢结构紧固件连接质量要求

高强度大六角螺栓连接副和扭剪型高强度螺栓连接副出厂时应随箱带有扭矩系数和紧固轴力(预应力)的检验报告,并应在施工现场随机抽样检验其扭矩系数和预应力。

(1)高强度螺栓连接必须对构件摩擦面进行加工处理。处理后的抗滑移系数应符合设计要求,方法有喷砂、喷(抛)丸、酸洗、砂轮打磨。采用手工砂轮打磨时,打磨方向应与构件受力方向垂直,且打磨范围不小于螺栓孔径的 4 倍。

(2)普通螺栓连接紧固要求。

①普通螺栓紧固应从中间开始,对称向两边进行,大型接头宜采用复拧。

②普通螺栓作为永久性连接螺栓时,紧固时螺栓头和螺母侧应分别放置平垫圈,螺栓头侧放置的垫圈不多于 2 个,螺母侧放置的垫圈不多于 1 个。

③永久性普通螺栓紧固应牢固、可靠,外露丝扣应不少于 2 扣。对于承受动力荷载或重要部位的螺栓连接,设计有防松动要求时,应采取有防松动装置的螺母或弹簧垫圈,弹簧垫圈放置在螺母侧。紧固质量检验可采用锤敲检验。

(3)高强度螺栓应自由穿入螺栓孔,不应气割扩孔。其最大扩孔量应不超过 $1.2d$ (d 为螺栓直径)。

高强度螺栓安装时应先使用安装螺栓和冲钉,不得用高强度螺栓兼作安装螺栓。

(4)高强度螺栓紧固要求。

①高强度螺栓应在构件安装精度调整后进行拧紧。

②扭剪型高强度螺栓安装时，螺母带圆台面的一侧应朝向垫圈有倒角的一侧。

③大六角头高强度螺栓安装时，螺栓头下垫圈有倒角的一侧应向螺栓头，螺母带圆台面的一侧应朝向垫圈有倒角的一侧。

④施拧及检验用的扭矩扳手在班前应进行校正标定，班后校验，施拧扳手扭矩精度误差应不超过±5%，检验用扳手扭矩精度误差应不超过±3%。

⑤施拧时，应在螺母上施加扭矩。

⑥高强度螺栓的紧固顺序应使螺栓群中所有螺栓都均匀受力，从节点中间向边缘施拧，初拧和终拧都应按一定顺序进行。当天安装的螺栓应在当天终拧完毕，外露丝扣应为 2～3 扣。

⑦扭剪型高强度螺栓，以拧掉尾部梅花卡头为终拧结束。初拧或复拧后应对螺母进行颜色标记。

⑧高强度大六角头螺栓连接副的初拧、复拧、终拧宜在 24 h 内完成。

4)钢结构安装

(1)首节以上的钢柱定位轴线应从地面控制轴线直接引上，不得从下层柱的轴线引上；钢柱校正垂直度时，应考虑钢梁接头焊接的收缩量，预留焊缝收缩变形值。

(2)单跨结构宜从跨端一侧向另一侧、中间向两端或两端向中间的顺序进行吊装。多跨结构，宜先吊主跨、后吊副跨；当有多台起重机共同作业时，也可多跨同时吊装。

6. 建筑防水、保温工程施工质量控制

1)屋面保温施工质量控制

(1)倒置式屋面保温层铺设前，应先对施工完的防水层进行淋水或蓄水试验，合格后才能进行保温层铺设。

(2)现浇泡沫混凝土保温：泡沫混凝土应按设计的厚度设定浇筑面标高线，找坡时宜采取挡板辅助措施，泵送时应采取低压泵送。泡沫混凝土应分层浇筑，每次浇筑厚度不宜超过 200 mm，终凝后应进行保湿养护，养护时间不得少于 7 d。

(3)外保温工程施工期间以及完工后 24 h 内，基层及环境空气温度应不低于 5 ℃。

2)室内防水施工质量控制

(1)防水基层阴阳角圆弧处、穿墙管、预埋件、变形缝、施工缝、后浇带等部位,应用密封材料及胎体增强材料进行密封和加强,然后再大面积施工。

(2)防水层所用材料进场时,必须有出厂合格证和质量检验报告,同时在现场使用前做见证抽样复验。进场的防水卷材应检验下列项目。

①高聚物改性沥青防水卷材的可溶物含量、拉力、最大拉力时延伸率、耐热度、低温柔性、不透水性。

②合成高分子防水卷材的断裂拉伸强度、扯断伸长率、低温弯折性、不透水性。

③厕浴间、厨房的墙体,宜设置高出楼地面 150 mm 以上的现浇混凝土泛水。主体为装配式房屋结构的厕所、厨房等部位的楼板应采用现浇混凝土结构。

④二次埋置的套管,其周围混凝土抗渗等级应比原混凝土提高一级(0.2 MPa)。

⑤厕浴间、厨房四周墙根防水层泛水高度应不小于 250 mm,浴室花洒及临近墙面防水层高度应不小于 1.8 m。

⑥蓄水试验高度应不小于 20 mm,时间不得少于 24 h;墙面间歇淋水试验不得低于 30 min。

7.墙面、吊顶与地面工程施工质量管理

1)轻质隔墙工程质量验收的一般规定

(1)同一品种的轻质隔墙工程每 50 间(大面积房间和走廊按轻质隔墙的墙面 30 m^2 为一间)划分为一个检验批,不足 50 间也应划分为一个检验批。

(2)板材隔墙与骨架隔墙每个检验批应至少抽查 10%,并不得少于 3 间;不足 3 间时应全数检查。

2)吊顶工程质量验收的一般规定

(1)同一品种的吊顶工程同楼层每 50 间(大面积房间和走廊按吊顶面积 30 m^2为一间)应划分一个检验批,不足 50 间也应划分一个检验批。

(2)每个检验批应至少抽查 10%,并不得少于 3 间,不足 3 间时应全数检查。

(3)吊顶标高、尺寸、起拱和造型应符合设计要求。

(4)木龙骨应进行防腐、防火处理。

8. 建筑幕墙工程质量验收的一般规定

(1)相同设计、材料、工艺和施工条件的幕墙工程每500～1000 m^2应划分为一个检验批，不足500 m^2也应划分为一个检验批。

(2)同一单位工程的不连续的幕墙工程应单独划分检验批。

(3)每个检验批每100 m^2应至少抽查一处，每处不得小于10 m^2。

9. 门窗与细部工程施工质量管理

1)门窗与细部工程质量验收的一般规定

(1)同一品种、类型和规格的木门窗、金属门窗、塑料门窗及门窗玻璃每100樘应划分为一个检验批，不足100樘也应划分为一个检验批。

(2)同一品种、类型和规格的特种门每50樘应划分为一个检验批，不足50樘也应划分为一个检验批。

2)门窗工程进行复验的材料及其性能指标

(1)人造木板的甲醛含量。

(2)建筑外墙金属窗、塑料窗的抗风压性能、空气渗透性能和雨水渗漏性能。

3)门窗工程进行验收的隐蔽工程项目

(1)预埋件和锚固件。

(2)隐蔽部位的防腐、填嵌处理。

14.2　造价与成本管理

14.2.1　工程造价的构成与计算

按照《建筑安装工程费用项目组成》(建标〔2013〕44号)的规定，建筑安装工程费用项目组成可按费用构成要素来划分，也可按造价形成划分。

1)按费用构成要素划分

建筑安装工程费按照费用构成要素划分：人工费、材料(包含工程设备，下同)费、施工机具使用费、企业管理费、利润、规费和税金。其中人工费、材料费、施工机具使用费、企业管理费和利润包含在分部分项工程费、措施项目费、其他项目费中。

(1)人工费:按工资总额构成规定,支付给从事建筑安装工程施工的生产工人和附属生产单位工人的各项费用。内容包括计时工资或计件工资、奖金、津贴补贴、加班加点工资、特殊情况下支付的工资。

(2)材料费:施工过程中耗费的原材料、辅助材料、构配件、零件、半成品或成品、工程设备的费用。内容包括材料原价、运杂费、运输损耗费采购及保管费。

(3)施工机具使用费:施工作业所发生的施工机械、仪器仪表使用费或其租赁费。内容包括施工机械使用费(含折旧费、大修理费、经常修理费、安拆费及场外运费人工费、燃料动力费、税费)和仪器仪表使用费。

(4)企业管理费:建筑安装企业组织施工生产和经营管理所需的费用。内容包括管理人员工资、办公费、差旅交通费、固定资产使用费、工具用具使用费、劳动保险和职工福利费、劳动保护费、检验试验费、工会经费、职工教育经费、财产保险费、财务费、稳金(指企业按规定缴纳的房产税、车船使用税、土地使用税、印花税等)、其他(包括技术转让费、技术开发费、投标费、业务招待费、绿化费、广告费、公证费、法律顾问费、审计费、咨询费、保险费等)。

(5)利润:施工企业完成所承包工程获得的盈利。

(6)规费:按国家法律、法规规定,由省级政府和省级有关权力部门规定必须缴纳或计取的费用。内容包括社会保险费(含养老保险费、失业保险费、医疗保险费、生育保险费、工伤保险费)、住房公积金、工程排污费,其他应列而未列入的规费,按实际发生计取。

(7)税金:国家税法规定的应计入建筑安装工程造价内的增值。

2)按造价形成划分

建筑安装工程费按照工程造价形成划分:分部分项工程费、措施项目费、其他项目费、规费、税金。分部分项工程费、措施项目费、其他项目费包含人工费、材料费、施工机具使用费、企业管理费和利润。

(1)分部分项工程费:各专业工程的分部分项工程应予列支的各项费用。内容包括专业工程(指按现行国家计量规范划分的房屋建筑与装饰工程、仿古建筑工程、通用安装工程、市政工程、园林绿化工程、矿山工程、构筑物工程、城市轨道交通工程、爆破工程等各类工程)、分部分项工程(指按现行国家计量规范对各专业工程划分的项目,如房屋建筑与装饰工程划分的土石方工程、地基处理与桩基

工程、砌筑工程、钢筋及钢筋混凝土工程等）。各类专业工程的分部分项工程划分见现行国家或行业计量规范。

（2）措施项目费：为完成建设工程施工，发生于该工程施工前和施工过程中的技术、生活、安全、环境保护等方面的费用。内容包括安全文明施工费（含环境保护费、文明施工费、安全施工费、临时设施费）、夜间施工增加费、二次搬运费、冬雨季施工增加费、已完工程及设备保护费、工程定位复测费、特殊地区施工增加费、大型机械设备进出场及安拆费、脚手架工程费。

（3）其他项目费。内容包括暂列金额、计日工、总承包服务费。

14.2.2　工程施工成本的构成

根据现行成本管理制度的规定，成本核算从传统的完全成本法改为制造成本法。两者的区别在于对期间费用的处理。前者将企业在生产经营过程所发生的全部费用（包括企业管理费用）都计入产品成本，形成产品的完全成本，也称全部成本。而后者是将企业在生产经营活动中所发生的费用分为制造成本及期间费用两部分：制造成本作为产品成本进行归类，而期间费用在发生的合计期间直接计入当期损益的减项。如此，更好地贯彻权责发生制，更符合收入费用与配比原则的要求。建筑工程施工成本即人工费、材料费、施工机具使用费、企业管理费、规费之和。

直接成本是指施工过程中耗费的构成工程实体的各项费用，这些费用可以直接计入成本核算之中，由人工费、材料费、机械费和措施费构成；间接成本是指非构成工程实体的各项费用，包括企业管理费和规费。

直接成本与间接成本之和构成工程项目的全费用成本。

14.2.3　工程量清单计价规范的运用

下列影响合同价款的因素出现，应由发包人承担：

①国家法律、法规、规章和政策变化；

②省级或行业建设主管部门发布的人工费调整。

建设工程发承包必须在招标文件、合同中明确计价中的风险内容及范围，不得采用无限风险或类似语句规定计价中的风险内容及范围。

发承包双方竣工结算的工程量应以承包人按照现行国家计量规定的计算规

则计算的实际完成应给予计量的工程量确定，而非招标工程量清单所列工程量。若发现招标工程量清单中出现缺项、工程量偏差，或因工程变更引起工程量的增减，应按承包人在履行合同义务中完成的工程量计算。

实行工程量清单招标的，投标人的投标总价应当与组成工程量清单的分部分项工程费、措施项目费、其他项目费、规费、税金的合计金额一致。不能进行投标总价优惠（降价或让利），有则必须反映在相应清单项目的综合单价中。

14.2.4 合同价款的约定与调整

1. 合同价款的约定

（1）单价合同。固定单价不调整的合同称为固定单价合同，一般适用于虽然图纸不完备但是采用标准设计的工程项目。固定单价可以调整的合同称为可调单价合同，一般适用于工期长、施工图不完整、施工过程中可能发生各种不可预见因素较多的工程项目。

（2）总价合同。适用于虽然工程规模小、技术难度小、图纸设计完整、设计变更少，但是工期一般在一年之上的工程项目。

（3）成本加酬金合同。适用于灾后重建、新型项目或对施工内容、经济指标不确定的工程项目。

2. 合同价款的调整

引起工程合同价款的调整因素是多种多样的，例如国家政策调整、法律法规变化、市场价格波动、不可抗力发生、开发及设计变更、承建双方未尽责任与义务等。

发包人提供的工程量清单，应被认为是准确的和完整的。出现下列情形之一时，发包人应予以修正，并相应调整合同价格：

①工程量清单存在缺项、漏项的；

②工程量清单偏差超出专用合同条款约定的工程量偏差范围的；

③未按照国家现行计量规范强制性规定计量的。

变更估价程序如下。承包人应在收到变更指示后 14 d 内，向监理人提交变更估价申请。监理人应在收到承包人提交的变更估价申请后 7 d 内审查完毕并报送发包人，监理人对变更估价申请有异议，通知承包人修改后重新提交。发包人应在承包人提交变更估价申请后 14 d 内审批完毕。发包人逾期未完成审批

或未提出异议的，视为认可承包人提交的变更估价申请。因变更引起的价格调整应计入最近一期的进度款中支付。

变更价款原则如下。除专用合同条款另有约定外，变更估价按照本款约定处理：

①已标价工程量清单或预算书有相同项目的，按照相同项目单价认定；

②已标价工程量清单或预算书中无相同项目，但有类似项目的，参照类似项目的单价认定；

③变更导致实际完成的变更工程量与已标价工程量清单或预算书中列明的该项目工程量的变化幅度超过15%的，或已标价工程量清单或预算书中无相同项目及类似项目单价的，按照合理的成本与利润构成原则，由合同当事人进行商定，或者总监理工程师按照合同约定审慎做出公正的确定。任何合同一方当事人对总监理工程师的确定有异议时，按照合同约定的争议解决条款执行。

14.2.5　预付款与进度款的计算

工程预付款用于承包人为合同所约定的工程施工购置材料、工程设备、购置或租赁施工设备、修建临时设施以及组织施工队伍进场等所用的费用。预付款不得用于与本合同工程无关的事项，具有专款专用的性质。工程预付款的比例不宜高于合同价款(不含其他项目费)的30%。

承包人应在签订合同或向发包人提供与预付款等额预付款保函(如合同中有此约定)后向发包人提交预付款支付申请。发包人应在收到申请后的7 d内进行核实，然后向承包人发出工程预付款支付证书，并在签发支付证书后的7 d内向承包人支付预付款。

发包人没有按时支付预付款的，承包人可催告发包人支付；发包人在付款期满后的7 d内仍未支付的，承包人可在付款期满后的第8 d起暂停施工。发包人应承担由此增加的费用和延误的工期，并向承包人支付合理的利润。

在达到工程预付款回扣条件后，发包人在每次向承包人支付工程进度款中按约定扣回预付款，直至扣回金额达到预付款支付额度为止。

1. 预付款额度的确定方法

百分比法：百分比法是按年度工作量或合同造价(不含暂列金额)的一定比例确定预付备料款额度的一种方法，由各地区各部门根据各自的条件从实际出发分别制定预付备料款比例。建筑工程一般不得超过当年建筑(包括水、电、暖、卫等)工程工作量的25%,大量采用预制构件以及工期在6个月以内的工程,可以适当增加;安装工程一般不得超过当年安装工作量的10%,安装材料用量较大的工程,可以适当增加;小型工程(一般指30万元以下)可以不预付备料款,直接分阶段拨付工程进度款等。

数学计算法:数学计算法是根据主要材料(含结构件等)占年度承包工程总价的比重、材料储备定额天数和年度施工天数等因素,通过数学公式计算预付备料款额度的一种方法。其计算公式如下。

$$工程备料款数额=\frac{工程总价\times材料比重(\%)}{年度施工天数}\times材料储备天数 \quad (14.1)$$

式中:年度施工天数按365日历天计算;材料储备天数由当地材料供应的在途天数、加工天数、整理天数、供应间隔天数、保险天数等因素决定。

2. 预付备料款的回扣

在实际工作中,预付备料款的回扣方法可由发包人和承包人通过洽商用合同的形式予以确定,也可针对工程实际情况具体处理。如有些工程工期较短、造价较低,就无须分期扣还;有些工期较长,如跨年度工程,其备料款的占用时间很长,根据需要可以少扣或不扣。

$$起扣点=承包工程价款总额-(预付备料款/主要材料所占比重) \quad (14.2)$$

3. 工程进度款的计算

在确认计量结果后14 d内,发包人应向承包人支付进度款。协议应明确延期支付的时间和从计量结果确认后第15 d起计算应付款的贷款利息。

14.2.6 工程竣工结算

1. 工程竣工结算

工程竣工验收报告经发包人认可后28 d内承包人向发包人提交竣工结算报告及完整的竣工结算资料,双方按照协议书约定的合同价款及专用条款约定的合同,价款调整内容,进行工程竣工结算。之后,发包人在其后的28 d内进行核实、确认后,通知经办银行向承包人结算。承包人收到竣工结算价款后14 d内将竣工工程交付发包人。如果发包人在28 d之内无正当理由不支付竣工结算价款,从第29 d起按承包人同期向银行贷款利率支付拖欠工程款利息并承担违约责任。

2. 竣工调值公式法

用调值公式法调价，按下式计算：

$$P = P_0(a_0 + a_1 A/A_0 + a_2 B/B_0 + a_3 C/C_0 + a_4 D/D_0) \tag{14.3}$$

式中：P 为工程实际结算价款；P_0 为调值前工程进度款；a_0 为不调值部分比重；a_1、a_2、a_3、a_4 为调值因素比重；A、B、C、D 为现行价格指数或价格；A_0、B_0、C_0、D_0 为基期价格指数或价格。

应用调值公式时注意以下几点：

①计算物价指数的品种只选择对总造价影响较大的少数几种；

②在签订合同时要明确调价品种和波动到何种程度可调整(一般为 10%)；

③考核地点一般在工程所在地或指定某地的市场；

④确定基期时点价格指数或价格、计算期时点价格指数或价格。

14.2.7　成本控制方法在建筑工程中的应用

工程成本控制一般包括以下几个基本程序。

(1)根据施工定额制定工程成本标准，并据之制定各项降低成本的技术组织措施。工程成本标准是对各项费用开支和资源消耗规定的数量界限，是成本控制和成本考核的依据。工程成本标准可以根据成本形成的不同阶段和成本控制的不同对象确定，主要有目标成本、计划指标、消耗定额和费用预算等。

(2)执行标准：对工程成本的形成过程进行具体的计算和监督。根据工程成本指标，审核各项费用的开支和各种资源的消耗，实施降低成本的技术组织措施，保证工程成本计划的实现。

(3)确定差异：核算实际消耗脱离工程成本指标的差异，分析工程成本发生差异的程度和性质，确定产生差异的原因和责任归属。

(4)消除差异：组织挖掘增产节约的潜力，提出降低工程成本的新措施或修订工程成本标准的建议。

(5)考核奖惩：考核工程成本指标执行的结果，把工程成本指标的考核纳入经济责任制，实行物质奖励。

1. 用价值工程控制成本的原理

按价值工程的公式 $V = F/C$ 分析，提高价值的途径有 5 条：

(1)功能提高，成本不变；

(2)功能不变,成本降低;

(3)功能提高,成本降低;

(4)降低辅助功能,大幅度降低成本;

(5)成本稍有提高,大大提高功能。

其中(1)、(3)的途径是提高价值,同时也降低成本的途径。应当选择价值系数低、降低成本潜力大的工程作为价值工程的对象,寻求对成本的有效降低。

2. 建筑工程成本分析

成本分析的依据是统计核算、会计核算和业务核算的资料。

建筑工程成本分析方法有两类八种:第1类是基本分析方法,有比较法、因素分析法、差额分析法和比率法;第2类是综合分析法,包括分部分项成本分析、月(季)度成本分析、年度成本分析、竣工成本分析。

因素分析法最为常用。这种方法的本质是分析各种因素对成本差异的影响,采用连环替代法。该方法首先要排序。排序的原则:先工程量,后价值量;先绝对数,后相对数。然后逐个用实际数替代目标数,相乘后,用所得结果减替代前结果,差数就是该替代因素对成本差异的影响。

14.3 招投标与合同管理

14.3.1 建筑工程施工招标投标管理

1. 施工招标投标管理要求

1)施工招标的主要管理要求

《中华人民共和国招标投标法实施条例》(简称《招标投标法实施条例》)自2012年2月1日起施行。任何单位和个人不得将依法必须进行招标的项目化整为零或者以其他任何方式规避招标,招投标活动应当遵循公开、公平、公正和诚实信用的原则。

招标分为公开招标和邀请招标。邀请招标,是指招标人以投标邀请书的方式邀请特定的法人或者其他组织投标。公开招标的项目应该发布招标公告、编制招

标文件。国有投资的工程，招标人编制并公布的招标控制价，是工程招标时能接受的投标人报价的最高限价。招标人对招标工程量清单的准确性、完整性负责。

在中华人民共和国境内进行下列工程建设项目包括项目的勘察、设计、施工、监理以及与工程建设有关的重要设备、材料等的采购，必须进行招标：

(1)大型基础设施、公用事业等关系社会公共利益、公众安全的项目；

(2)全部或者部分使用国有资金投资或者国家融资的项目；

(3)使用国际组织或者外国政府贷款、援助资金的项目。

有下列情形之一的，可以不进行招标：

(1)需要采用不可替代的专利或者专有技术；

(2)采购人依法能够自行建设、生产或者提供；

(3)已通过招标方式选定的特许经营项目投资人依法能够自行建设，生产或者提供；

(4)需要向原中标人采购工程、货物或者服务，否则将影响施工或者功能配套要求；

(5)国家规定的其他特殊情形。

2)施工投标的主要管理要求

招标人应当在招标文件中载明投标有效期。投标有效期从提交投标文件的截止之日起算。招标人应当确定投标人编制投标文件所需要的合理时间；但是，依法必须进行招标的项目，自招标文件开始发出之日起至投标人提交投标文件截止之日止，最短不得少于 20 d，招标人不得组织单个或者部分潜在投标人踏勘项目现场。

投标文件一般包括经济标和技术标。

投标人应当在招标文件要求提交投标文件的截止时间前，将投标文件送达投标地点。招标人收到投标文件后，应当签收保存，不得开启。投标人少于 3 个的，招标人应当依法重新招标。在招标文件要求提交投标文件的截止时间后送达的投标文件，招标人应当拒收。

两个以上法人或者其他组织可以组成一个联合体，以一个投标人的身份共同投标。联合体各方均应当具备承担招标项目的相应能力；国家有关规定或者招标文件对投标人资格条件有规定的，联合体各方均应当具备规定的相应资格条件。由同一专业的单位组成的联合体，按照资质等级较低的单位确定资质等级。联合体各方应当签订共同投标协议，明确约定各方拟承担的工作和责任，并将共同投标协议连同投标文件一并提交招标人。联合体中标的，联合体各方应当共同与招标人签订合同，就中标项目向招标人承担连带责任。

投标人撤回已提交的投标文件，应当在投标截止时间前书面通知招标人。招标人已收取投标保证金的，应当自收到投标人书面撤回通知之日起 5 d 内退还。投标截止后投标人撤销投标文件的，招标人可以不退还投标保证金。

2. 施工招标条件与程序

1)招标条件

依法必须招标的工程建设项目，应当具备下列条件才能进行施工招标：

(1)招标人已经依法成立；

(2)初步设计及概算应当履行审批手续的，已经批准；

(3)招标范围、招标方式和招标组织形式等应当履行核准手续的，已经核准；

(4)有相应资金或资金来源已经落实；

(5)有招标所需的设计图纸及技术资料。

2)招标程序

工程项目招标条件具备以后，通常按照以下程序进行招标。

(1)招标准备：①建设工程项目报建；②组织招标工作机构；③招标申请；④资格预审文件、招标文件的编制与送审；⑤工程标的价格的编制；⑥刊登资格预审通告、招标通告；⑦资格预审。

(2)招标实施：①发售招标文件以及对招标文件的答疑；②勘察现场；③投标预备会；④接受投标单位的投标文件；⑤建立评标组织。

(3)开标定标：①召开开标会议、审查投标文件；②评标，决定中标单位；③发出中标通知书；④与中标单位签订中标合同。

3. 施工投标条件与程序

1)投标主要程序

(1)研究并决策是否参加工程项目投标；

(2)报名参加投标；

(3)按照要求填报资格预审书；

(4)领取招标文件；

(5)研究招标文件；

(6)调查投标环境；

(7)按照招标文件要求编制投标文件;

(8)投送招标文件;

(9)参加开标会议;

(10)订立施工合同。

2)投标报价

投标人在投标报价中填写的工程量清单的项目编码、项目名称、项目特征、计量单位、工程数量必须与招标人招标文件中提供的一致。综合单价中要考虑招标人规定的风险内容、范围和风险费用。在施工过程中,当出现的风险内容及其范围在合同约定的范围内,合同价款不做调整。投标人的优惠必须体现在清单的综合单价或相关的费用中,不得以总价下浮方式进行报价,否则以废标处理。

措施项目费由投标人自主确定,但其中安全文明施工费必须按国家或省级、行业建设主管部门的规定确定。

14.3.2　建设工程施工合同管理

1.施工合同的组成与内容

1)建设工程施工合同简介

《建设工程施工合同(示范文本)》(GF—2017—0201)由合同协议书、通用合同条款和专用合同条款 3 部分组成。该文本同时包含 3 个附件,分别为“承包人承揽工程项目一览表”“发包人供应材料设备一览表”和“工程质量保修书”。

2)施工合同文件的构成

协议书与下列文件一起构成合同文件:

(1)中标通知书(如果有);

(2)投标函及其附录(如果有);

(3)专用合同条款及其附件;

(4)通用合同条款;

(5)技术标准和要求;

(6)图纸;

(7)已标价工程量清单或预算书;

(8)其他合同文件。

在合同订立及履行过程中形成的与合同有关的文件均构成合同文件组成部分。

上述各项合同文件包括合同当事人就该项合同文件所作出的补充和修改，属于同一类内容的文件，应以最新签署文件为准。专用合同条款及其附件须经合同当事人签字或盖章。

2. 施工合同的签订与履行

1)施工合同的签订

《中华人民共和国民法典》第四百六十九条规定，当事人订立合同，可以采用书面形式、口头形式或者其他形式。第七百八十九条规定，建设工程合同应当采用书面形式。

2)签订合同应注意的问题

《中华人民共和国民法典》第四百九十七条规定，有下列情形之一的，该格式条款无效：

(1)具有本法第一编第六章第三节和本法第五百零六条规定的无效情形；

(2)提供格式条款一方不合理地免除或者减轻其责任、加重对方责任、限制对方主要权利；

(3)提供格式条款一方排除对方主要权利。

《中华人民共和国民法典》第五百条规定，当事人在订立合同过程中有下列情形之一，造成对方损失的，应当承担赔偿责任：

(1)假借订立合同，恶意进行磋商；

(2)故意隐瞒与订立合同有关的重要事实或者提供虚假情况；

(3)有其他违背诚信原则的行为。

《中华人民共和国民法典》第五百零六条规定，合同中的下列免责条款无效：

(1)造成对方人身损害的；

(3)因故意或者重大过失造成对方财产损失的。

3)合同的履行

建筑工程施工合同的履行，应遵循全面履行、诚实信用的原则。

承包人的合同管理应遵循下列程序：

(1)合同评审；

(2)合同订立；

(3)合同实施计划；

(4)合同实施控制；

(5)合同综合评价；

(6)有关知识产权的合法使用。

4)合同缺陷的处理原则

对于生效后没有进行约定或约定不明确的合同内容，应按以下办法进行处理：

(1)协议补充；

(2)按照合同有关条款或者交易习惯确定。

①质量要求不明确条件下的建筑施工合同的履行。

对于施工合同中质量要求不明确的，应按照国家标准、行业标准履行；没有国家标准、行业标准的，按照通常标准或者符合合同目的的特定标准履行。

②价款或报酬约定不明确条件下的建筑工程合同的履行。

对于价款或者报酬约定不明确的，应按订立施工合同时履行地的市场价格履行，依法应当执行政府定价或者政府指导价格的，按照规定履行。在执行政府定价或政府指导价的情况下，在履行合同过程中，当价格发生变化时，处理如下。

a. 执行政府定价或者政府指导价格的，在合同约定的交付期限内政府价格调整时，按照交付的价格计价。

b. 逾期交付标的物的，遇到价格上涨时，按照原价履行；价格下降时，按照新价格履行。

c. 逾期提取标的物或者逾期付款的，遇到价格上涨时，按照新价格履行；价格下降时，按照原价格履行。

③履行期限不明确条件下的建筑工程施工合同的履行。

履行合同工期应进行明确，如果在合同中没有明确，根据《中华人民共和国合同法》的规定合同履行中的“必要准备时间”，一般应参照工期定额、工程实际情况和相类似工程项目案例进行确定。

3. 专业分包合同的应用

专业工程分包是指施工总承包企业(以下简称承包人)将其所承包工程中的专业工程发包给具有相应资质的其他建筑业企业(以下简称分包人)完成的活动。

专业承包企业资质设 2～3 个等级，60 个资质类别，其中常用类别有地基与基础、建筑装饰装修、建筑幕墙、钢结构、机电设备安装、电梯安装、消防设施、建筑防水、防腐保温、园林古建筑、爆破与拆除、电信工程、管道工程等。

1)承包人的工作

(1)向分包人提供根据总包合同由发包人办理的与分包工程相关的各种证件、批件、各种相关资料,向分包人提供具备施工条件的施工场地。

(2)按本合同专用条款约定的时间,组织分包人参加发包人组织的图纸会审,向分包人进行设计图纸交底。

(3)提供本合同专用条款中约定的设备和设施,并承担因此发生的费用。

(4)随时为分包人提供确保分包工程的施工所要求的施工场地和通道等,满足施工运输的需要,保证施工期间的畅通。

(5)负责整个施工场地的管理工作,协调分包人与同一施工场地的其他分包人之间的交叉配合,确保分包人按照经批准的施工组织设计进行施工。

(6)承包人应做的其他工作,双方在本合同专用条款内约定。

2)分包人的工作

(1)分包人应按照分包合同的约定,对分包工程进行设计(分包合同有约定时)、施工、竣工和保修。分包人在审阅分包合同和(或)总包合同时,或在分包合同的施工中,如发现分包工程的设计或工程建设标准、技术要求存在错误、遗漏、失误或其他缺陷,应立即通知承包人。

(2)按照合同专用条款约定的时间,完成规定的设计内容,报承包人确认后在分包工程中使用。承包人承担由此发生的费用。

(3)在合同专用条款约定的时间内,向承包人提供年、季、月度工程进度计划及相应进度统计报表。分包人不能按承包人批准的进度计划施工时,应根据承包人的要求提交一份修订的进度计划,以保证分包工程如期竣工。

(4)分包人应在专用条款约定的时间内,向承包人提交一份详细施工组织设计,承包人应在专用条款约定的时间内批准,分包人方可执行。

(5)遵守政府有关主管部门对施工场地交通、施工噪声以及环境保护和安全文明生产等的管理规定,按规定办理有关手续,并以书面形式通知承包人,承包人承担由此发生的费用,因分包人责任造成的罚款除外。

(6)分包人应允许承包人、发包人、工程师及其三方中任何一方授权的人员在工作时间内,合理进入分包工程施工场地或材料存放的地点,以及施工场地以外与分包合同有关的分包人的任何工作或准备地点,分包人应提供方便。

(7)已竣工工程未交付承包人之前,分包人应负责已完分包工程的成品保护

工作，保护期间发生损坏，分包人自费予以修复；对承包人要求分包人采取特殊措施保护的工程部位和相应地追加合同价款，双方在合同专用条款内约定。

分包人应当按照本合同协议书签订的开工日期开工。分包人不能按时开工，应当不迟于本合同协议书约定的开工日期前 5 d，以书面形式向承包人提出延期开工的理由。承包人应当在接到延期开工申请后的 48 h 内以书面形式答复分包人。承包人在接到延期开工申请后 48 h 内不答复，视为同意分包人要求，工期相应顺延。承包人不同意延期要求或分包人未在规定时间内提出延期开工要求，工期不予顺延。

因承包人原因不能按照本合同协议书约定的开工日期开工，项目经理应以书面形式通知分包人，推迟开工日期。承包人赔偿分包人因延期开工造成的损失，并相应顺延工期。

因下列原因之一造成分包工程工期延误，经总包项目经理确认，工期相应顺延：

①承包人根据总包合同从工程师处获得与分包合同相关的竣工时间延长；

②承包人未按本合同专用条款的约定提供图纸、开工条件、设备设施、施工场地；

③承包人未按约定日期支付工程预付款、进度款，致使分包工程施工不能正常进行；

④项目经理未按分包合同约定提供所需的指令、批准或所发出的指令错误，致使分包工程施工不能正常进行；

⑤非分包人原因的分包工程范围内的工程变更及工程量增加；

⑥不可抗力的原因；

⑦本合同专用条款中约定或项目经理同意工期顺延的其他情况。

分包人应在上述约定情况发生后 14 d 内，就延误的工期以书面形式向承包人提出报告。承包人在收到报告后 14 d 内予以确认，逾期不予确认也不提出修改意见，视为同意顺延工期。

⑧总包单位与分包单位应在分包合同中明确安全防护、文明施工费用由总包单位统一管理。安全防护、文明施工措施由分包单位实施的，由分包单位提出专项安全防护措施及施工方案，经总包单位批准后及时支付所需费用。

4. 劳务分包合同

1)劳务分包

劳务作业分包：施工总承包企业或者专业承包企业（以下简称工程承包人）

将其承包工程中的劳务作业发包给劳务分包企业(以下简称劳务分包人)完成的活动。

劳务分包企业资质设1～2个等级,13个资质类别其中常用类别有木工作业、砌筑作业、抹灰作业、油漆作业、钢筋作业、混凝土作业、脚手架作业、模板作业、焊接作业、水暖电安装作业等。如同时发生多类作业可划分为结构劳务作业、装修劳务作业、综合劳务作业。

2)劳务分包合同中工程承包人义务

(1)组建与工程相适应的项目管理班子,全面履行总(分)包合同,组织实施施工管理的各项工作,对工程的工期和质量向发包人负责。

(2)除非合同另有约定,工程承包人完成劳务分包人施工前期的下列工作并承担相应费用:

①向劳务分包人交付具备本合同项下劳务作业开工条件施工场地;

②完成水、电、热、电信等施工管线和施工道路,并满足完成本合同劳务作业所需的能源供应、通信及施工道路畅通;

③向劳务分包人提供相应的工程地质和地下管网线路资料;

④完成办理下列工作手续(包括各种证件、批件、规费,但涉及劳务分包人自身的手续除外);

⑤向劳务分包人提供相应的水准点与坐标控制点位置;

⑥向劳务分包人提供下列生产、生活临时设施。

(3)负责编制施工组织设计,统一制定各项管理目标,组织编制年、季、月施工计划、物资需用量计划表,实施对工程质量、工期、安全生产、文明施工,计量检测、试验化验的控制、监督、检查和验收。

(4)负责工程测量定位、沉降观测、技术交底,组织图纸会审,统一安排技术档案资料的收集整理及交工验收。

(5)统筹安排、协调解决非劳务分包人独立使用的生产、生活临时设施、工作用水、用电及施工场地。

(6)按时提供图纸,及时交付应供材料、设备,所提供的施工机械设备、周转材料、安全设施保证施工需要。

(7)按合同约定,向劳务分包人支付劳动报酬。

(8)负责与发包人、监理、设计及有关部门联系,协调现场工作关系。

3)劳务分包人义务

(1)对合同劳务分包范围内的工程质量向工程承包人负责,组织具有相应资

格证书的熟练工人投入工作;未经工程承包人授权或允许,不得擅自与发包人及有关部门建立工作联系;自觉遵守法律法规及有关规章制度。

(2)劳务分包人根据施工组织设计中总进度计划的要求,每月月底前提交下月施工计划,有阶段工期要求的提交阶段施工计划,必要时按工程承包人要求提交旬、周施工计划,以及与完成上述阶段、时段施工计划相应的劳动力安排计划,经工程承包人批准后严格实施。

(3)严格按照设计图纸、施工验收规范、有关技术要求及施工组织设计精心组织施工,确保工程质量达到约定的标准。

(4)自觉接受工程承包人及有关部门的管理、监督和检查。

(5)按工程承包人统一规划堆放材料、机具。

(6)按时提交报表、完整的原始技术经济资料,配合工程承包人办理交工验收。

(7)做好施工场地周围建筑物、构筑物和地下管线和已完工程部分的成品保护工作,因劳务分包人责任发生损坏,劳务分包人自行承担由此引起的一切经济损失及各种罚款。

(8)妥善保管、合理使用工程承包人提供或租赁给劳务分包人使用的机具、周转材料及其他设施。

(9)劳务分包人须服从工程承包人转发的发包人及工程师的指令。

5. 施工合同变更与索赔

施工合同索赔包括经济补偿和工期补偿两种情况。

由于工程索赔是双向的,合同的任何一方均有权向对方提出索赔。索赔通常分为工期索赔和费用索赔。

1)工期索赔的计算方法

(1)网络分析法:网络分析法通过分析延误前后的施工网络计划,比较两种工期计算结果,计算出工程应顺延的工程工期。

(2)比例分析法:比例分析法通过分析增加或减少的单项工程量(工程造价)与合同总量(合同总造价)的比值,推断出增加或减少的工程工期。

(3)其他方法:工程现场施工中,可以按照索赔事件实际增加的天数确定索赔的工期;通过发包方与承包方协议确定索赔的工期。

2)费用索赔计算方法

(1)总费用法:又称为总成本法,通过计算出某单项工程的总费用,减去单项工程的合同费用,剩余费用为索赔的费用。

(2)分项法:按照工程造价的确定方法,逐项进行工程费用的索赔。可以按人工费、机械费、管理费、利润等分别计算索赔费用。

3)建筑工程施工合同反索赔

施工索赔包括索赔和反索赔,一般将承包方向发包方提出的补偿要求称为索赔,而将发包方向承包方进行的索赔称为反索赔。

14.4　现场管理与安全管理

14.4.1　建筑工程施工现场管理

1.现场消防管理

1)施工现场消防的一般规定

(1)施工现场的消防安全工作应以“预防为主、防消结合”为方针,健全防火组织,认真落实防火安全责任制。

(2)施工单位在编制施工组织设计时,必须包含防火安全措施内容。

(3)施工现场要有明显的防火宣传标志,必须设置临时消防车道,保持消防车道畅通无阻。

(4)施工现场应明确划分固定动火区和禁火区,现场动火必须严格履行动火审批程序,并采取可靠的防火安全措施,指派专人进行安全监护。

(5)施工现场使用的电气设备必须符合防火要求,临时用电系统必须安装过载保护装置。

(6)施工现场使用的安全网、防尘网、保温材料等必须符合防火要求,不得使用易燃、可燃材料。

(7)施工现场严禁工程明火保温施工。

(8)生活区的设置必须符合防火要求,宿舍内严禁明火取暖。

(9)施工现场食堂用火必须符合防火要求,火点和燃料源不能在同一房间内。

(10)施工现场应配备足够的消防器材,并应指派专人进行日常维护和管理,确保消防设施和器材完好、有效。

(11)施工现场应认真识别和评价潜在的火灾危险,编制防火安全应急预案,

并定期组织演练。

(12)房屋建设过程中，临时消防设施应与在建工程同步设置，与主体结构施工进度差距应不超过 3 层。

(13)在建工程可利用已具备使用条件的永久性消防设施作为临时消防设施。

(14)施工现场的消火栓泵应采用专用消防配电线路，且应从现场总配电箱的总断路上端接入，保持不间断供电。

(15)临时消防系统的给水池、消火栓泵、室内消防竖管及水泵接合器应设置醒目标识。

2)施工现场动火等级的划分

凡属下列情况之一的动火，均为一级动火。

(1)禁火区域内。

(2)油罐、油箱、油槽车和储存过可燃气体、易燃液体的容器及与其连接在一起的辅助设备。

(3)各种受压设备。

(4)危险性较大的登高焊、割作业。

(5)比较密封的室内、容器内、地下室等场所。

(6)现场堆有大量可燃和易燃物质的场所。

凡属下列情况之一的动火，均为二级动火。

(1)在具有一定危险因素的非禁火区域内进行临时焊、割等用火作业。

(2)小型油箱等容器。

(3)登高焊、割等用火作业。

在非固定的、无明显危险因素的场所进行用火作业，均属三级动火作业。

3)施工现场动火审批程序

(1)一级动火作业由项目负责人组织编制防火安全技术方案，填写动火申请表，报企业安全管理部门审查批准后，方可动火。

(2)二级动火作业由项目责任工程师组织拟定防火安全技术措施，填写动火申请表，报项目安全管理部门和项目负责人审查批准后，方可动火。

(3)三级动火作业由所在班组填写动火申请表，经项目责任工程师和项目安全管理部门审查批准后，方可动火。

(4)动火证当日有效，如动火地点发生变化，则须重新办理动火审批手续。

4)在建工程及临时用房应配置灭火器的场所

(1)易燃易爆危险品存放及使用场所；

(2)动火作业场所;

(3)可燃材料存放、加工及使用场所;

(4)厨房操作间、锅炉房、发电机房、变配电房、设备用房、办公用房、宿舍等临时用房;

(5)其他具有火灾危险的场所。

5)施工现场消防器材的配备

(1)一般临时设施区,每100 m^2配备两个10 L的灭火器,大型临时设施总面积超过1200 m^2的,应备有消防专用的消防桶、消防栓、消防钩、盛水桶(池)、消防砂箱等器材设施。

(2)临时木工加工车间、油漆作业间等,每25 m^2应配置一个种类合适的灭火器。

(3)仓库、油库、危化品库或堆料厂内,应配备足够组数、种类的灭火器,每组灭火器应不少于4个,每组灭火器之间的距离应不大于30 m。

(4)高度超过24 m的建筑工程,应保证消防水源充足,设置具有足够扬程的高压水泵,安装临时消防竖管,管径不得小于75 mm,每层必须设消火栓口,并配备足够的水龙带。

6)施工现场灭火器的摆放

(1)灭火器应摆放在明显和便于取用的地点,且不得影响到安全疏散。

(2)灭火器应摆放稳固,其铭牌必须朝外。

(3)手提式灭火器应使用挂钩悬挂,或摆放在托架上、灭火箱内,其顶部离地面高度应小于1.5 m,底部离地面高度宜大于0.15 m。

7)施工现场消防车道

施工现场内应设置临时消防车道,临时消防车道与在建工程、临时用房、可燃材料堆场及其加工场的距离,不宜小于5 m,且不宜大于40 m;施工现场周边道路满足消防车通行及灭火救援要求时,施工现场内可不设置临时消防车道。

(1)临时消防车道宜为环形,如设置环形车道确有困难,应在消防车道尽端设置尺寸不小于12 m×12 m的回车场;

(2)临时消防车道的净宽度和净空高度均应不小于4 m。

8)临时消防车道的设置

下列建筑应设置环形临时消防车道,设置环形临时消防车道确有困难时,除设置回车场外,还应设置临时消防救援场地。

(1)建筑高度大于 24 m 的在建工程；

(2)建筑工程单体占地面积大于 3000 m 的在建工程；

(3)超过 10 栋，且为成组布置的临时用房。

9)现场消防安全教育

施工人员进场前，应进行消防安全教育和培训。防火安全教育和培训应包括下列内容：

(1)施工现场消防安全管理制度、防火技术方案、灭火及应急疏散预案的主要内容；

(2)施工现场临时消防设施的性能及使用、维护方法；

(3)扑灭初起火灾及自救逃生的知识和技能；

(4)报火警、接警的程序和方法。

10)技术交底

施工作业前，施工现场管理人员应向作业人员进行消防安全技术交底。消防安全技术交底应包括下列主要内容：

(1)施工过程中可能发生火灾的部位或环节；

(2)施工过程应采取的防火措施及应配备的临时消防设施；

(3)初起火灾的扑救方法及注意事项；

(4)逃生方法及路线。

11)现场消防检查

现场消防检查施工过程中，应定期对施工现场的消防安全进行检查。消防安全检查应包括下列主要内容：

(1)可燃物及易燃易爆危险品的管理是否落实；

(2)动火作业的防火措施是否落实；

(3)用火、用电、用气是否存在违章操作，电、气焊及保温防水施工是否执行操作规程；

(4)临时消防设施是否完好有效；

(5)临时消防车道及临时疏散设施是否畅通。

2. 现场文明施工管理

1)现场文明施工主要内容

规范场容、场貌，保持作业环境整洁卫生；创造文明有序和安全生产的条件和氛围；减少施工过程对居民和环境的不利影响；树立绿色施工理念，落实项目文化建设。

2)现场文明施工管理基本要求

(1)施工现场应当做到围挡、大门、标牌标准化、材料码放整齐化(按照现场平面布置图确定的位置集中、整齐码放)，安全设施规范化、生活设施整洁化、职工行为文明化、工作生活秩序化。

(2)施工现场要做到工完场清、施工不扰民、现场不扬尘、运输无遗撒、垃圾不乱弃，努力营造良好的施工作业环境。

3)现场文明施工管理要点

(1)现场必须实施封闭管理，现场出入口应设大门和保安值班室，大门或门头设置企业名称和企业标识，车辆和人员出入口应分设，车辆出入口应设置车辆冲洗设施，人员进入施工现场的出入口应设置闸机，建立完善的保安值班管理制度，严禁非施工人员任意进出；场地四周必须采用封闭围挡，围挡要坚固、整洁、美观，并沿场地四周连续设置。一般路段的围挡高度不得低于 1.8 m，市区主要路段的围挡高度不得低于 2.5 m。

(2)现场出入口明显处应设置“五牌一图”，即工程概况牌、管理人员名单及监督电话牌、消防保卫牌、安全生产牌、文明施工和环境保护牌及施工现场总平面图。

(3)现场的施工区域应与办公、生活区划分清晰，并应采取相应的隔离防护措施，在建工程内严禁住人。

(4)施工场地应硬化处理，有条件时可对施工现场进行绿化布置。

(5)现场应建立防火制度和火灾应急响应机制，落实防火措施，配备防火器材。明火作业应严格执行动火审批手续和动火监护制度。高层建筑要设置专用的消防水源和消防立管，每层留设消防水源接口。

(6)现场应按要求设置消防通道，并保持畅通。

(7)现场应设宣传栏、报刊栏，悬挂安全标语和安全警示标志牌，加强安全文明施工宣传。

(8)在建工程内、伙房、库房不得兼作宿舍。宿舍必须设置可开启式外窗，床铺不得超过 2 层，通道宽度不得小于 0.9 m。宿舍内净高不得小于 2.5 m，住宿人员人均面积不得小于 2.5 m^2，且每间宿舍居住人员不得超过 16 人。

(9)针对社区服务工作应做好。夜间施工前必须经相关机构批准方可进行

施工；施工现场严禁烧各类废弃物；施工现场应制定防粉尘、防噪音、防光污染等政策；制定施工不扰民的措施。

3. 现场成品保护管理

根据产品的特点，可以分别对成品、半成品采取"护、包、盖、封"等具体保护措施。

(1)"护"就是提前防护。针对被保护对象采取相应的防护措施。例如，对楼梯踏步，可以采取钉上木板进行防护。

(2)"包"就是进行包裹。将被保护物包裹起来，以防损伤或污染。例如，对镶面大理石柱可用立板包裹捆扎保护；铝合金门窗可用塑料布包扎保护等。

(3)"盖"就是表面覆盖。例如，对地漏、排水管落水口等安装就位后加以覆盖。

(4)"封"就是局部封闭。例如，房间水泥地面或地面砖铺贴完成后，可将该房间局部封闭，以防人员进入损坏地面。

4. 现场环境保护

环境是指组织运行活动的外部存在，包括空气、水、土地、自然资源、植物、动物、人，以及它们之间的相互关系。环境因素是指一个组织的活动、产品或服务中能与环境发生相互作用的要素。

环境影响是指全部或部分由组织的活动、产品或服务给环境造成的任何有害或有益的变化。

1)施工现场常见的重要环境影响因素

(1)施工机械作业、模板支拆、清理与修复作业、脚手架安装与拆除作业等产生的噪声排放。

(2)施工场地平整作业，土、灰、砂、石搬运及存放，混凝土搅拌作业等产生的粉尘排放。

(3)现场渣土、商品混凝土、生活垃圾、建筑垃圾、原材料运输等过程中产生的遗撒。

(4)现场油品、化学品库房、作业点产生的油品、化学品泄漏。

(5)现场废弃的涂料桶，油桶，油手套，机械维修保养废液、废渣等产生的有毒有害废弃物排放。

(6)城区施工现场夜间照明造成的光污染。

(7)现场生活区、库房、作业点等处发生的火灾、爆炸。

(8)现场食堂,厕所、搅拌站、洗车点等处产生的生活、生产污水排放。

(9)现场钢材、木材等主要建筑材料的消耗。

(10)现场用水、用电等能源的消耗。

2)施工现场环境保护实施要点

(1)施工现场必须建立环境保护、环境卫生管理和检查制度。教育培训、考核应包括环境保护、环境卫生、绿色施工等有关法律、法规和政策的内容。

(2)在城市市区范围内从事建筑工程施工,项目必须在工程开工前 7 d 向工程所在地县级以上地方人民政府环境保护管理部门申报登记。施工期间的噪声排放应当符合国家规定的建筑施工场界噪声排放标准。夜间施工的,须办理夜间施工许可证明,并公告附近社区居民。

(3)施工现场污水排放要与所在地县级以上人民政府市政管理部门签署污水排放许可协议、申领临时排水许可证。雨水排入市政雨水管网,污水经沉淀处理后二次使用或排入市政污水管网。现场产生的泥浆、污水未经处理不得直接排入城市排水设施、河流、湖泊、池塘。

(4)现场产生的固体废弃物应在所在地县级以上地方人民政府环卫部门申报登记,分类存放。建筑垃圾和生活垃圾应与所在地垃圾消纳中心签署环保协议,及时清运处置。有毒有害废弃物应运送到专门的有毒有害废弃物中心消纳。

(5)现场的主要道路必须进行硬化处理,土方应集中堆放。裸露的场地和集中堆放的土方应采取覆盖、固化或绿化等措施。现场土方作业应采取防止扬尘措施。

(6)拆除建筑物、构筑物时,应采用隔离、洒水等措施,并应在规定期限内将废弃物清理完毕。建筑物内施工垃圾的清运,必须采用相应的容器倒运,严禁凌空抛掷。

(7)现场使用的水泥和其他易飞扬的细颗粒建筑材料应密闭存放或采取覆盖等措施。混凝土搅拌场所应采取封闭、降尘措施。

(8)除有符合环保要求的设施外,施工现场内严禁烧各类废弃物,禁止将有毒有害废弃物作土方回填。

(9)在居民和单位密集区域进行爆破、打桩等施工作业前,施工单位除按规定报告申请批准外,还应将作业计划、影响范围、程度及有关情况向周边居民和单位通报说明,取得协作和配合。对于施工机械噪声与振动扰民,应有相应的降噪减振控制措施。

(10)施工时发现的文物、爆炸物、不明管线电缆等,应当停止施工,保护好现场,及时向有关部门报告,按照有关规定处理后方可继续施工。

(11)夜间施工的(22 时至次日 6 时,特殊地区可由当地政府部门另行规定)。

(12)食堂应设置隔油池,并应及时清理;厕所的化粪池应做抗渗处理。

5. 职业健康安全管理

1)危险源

危险源是指可能导致人员伤害或疾病、物质财产损失、工作环境破坏的情况或这些情况组合的根源或状态。危险因素与危害因素同属于危险源。

2)施工现场主要职业危害

施工现场主要职业危害来自粉尘的危害、生产性毒物的危害、噪声的危害、振动的危害、紫外线的危害和环境条件危害等。

3)施工现场易引发的职业病类型

施工现场易引发的职业病有硅肺、水泥尘肺、电焊尘肺、锰及其化合物中毒、氮氧化物中毒、一氧化碳中毒、苯中毒、甲苯中毒、二甲苯中毒、五氯酚中毒、中暑、手臂振动病、电光性皮炎、电光性眼炎、噪声聋、白血病等。

4)施工现场卫生与防疫

(1)施工单位应根据法律、法规的规定,制定施工现场的公共卫生突发事件应急预案。

(2)施工现场应配备常用药品及绷带、止血带、颈托、担架等急救器材。

(3)施工现场生活区内应设置开水炉、电热水器或饮用水保温桶,施工区应配备流动保温水桶,水质应符合饮用水安全卫生要求。

(4)施工现场应结合季节特点,做好作业人员的饮食卫生和防暑降温、防寒取暖、防煤气中毒、防疫等各项工作。如发生法定传染病、食物中毒或急性职业中毒时,必须在 2 h 内向所在地建设行政主管部门和有关部门报告,并应积极配合调查处理;同时法定传染病应及时进行隔离,由卫生防疫部门进行处置。

(5)食堂必须有卫生许可证,炊事人员必须持身体健康证上岗。

(6)炊事人员上岗应穿戴洁净的工作服、工作帽和口罩,并应保持个人卫生。不得穿工作服出食堂,非炊事人员不得随意进入制作间。

按照国家有关规定,用于预防和治理职业病危害、工作场所卫生检测、健康监护和职业卫生培训等费用，应在生产成本中据实列支，专款专用。

6. 临时用电、用水管理

1)施工现场临时用电管理

(1)现场临时用电的范围包括临时动力用电和临时照明用电。

(2)现场临时用电设施和器材必须使用正规厂家生产的、并经过国家级专业检测机构认证的合格产品。

(3)电工作业应持有效证件，电工作业由2人以上配合进行，并按规定穿绝缘鞋、戴绝缘手套、使用绝缘工具，严禁带电作业和带负荷插拔插头等。

(4)项目部应建立临时用电安全技术档案。临时用电安全技术档案内容如下：

①用电组织设计的全部资料；

②修改用电组织设计的资料；

③用电技术交底资料；

④用电工程检查验收表；

⑤电气设备的试、检验凭单和调试记录；

⑥接地电阻、绝缘电阻和漏电保护器漏电动作参数测定记录表；

⑦定期检(复)查表；

⑧电工安装、巡检、维修、拆除工作记录。

施工现场临时用电设备在5台及以上或设备总容量在50 kW及以上的，应编制用电组织设计；否则应制定安全用电和电气防火措施。临时用电组织设计应由电气工程技术人员组织编制，经相关部门审核及具有法人资格企业的技术负责人批准后实施。使用前必须经编制、审核、批准部门和使用单位共同验收，合格后方可投入使用。

项目部应按规定对临时用电工程进行定期检查，并应按分部、分项工程进行；对安全隐患必须及时处理，并应履行复查验收手续。

2)施工现场临时用水管理

(1)现场临时用水包括生产用水、机械用水、生活用水和消防用水。

(2)现场临时用水必须根据现场工况编制临时用水方案，建立相关的管理文件和档案。

(3)消防用水一般利用城市或建设单位的永久消防设施。如自行设计，消防

干管直径应不小于 100 mm，消火栓处昼夜要有明显标志，配备足够的水龙带，周围 3 m 内不准存放物品。

(4)高度超过 24 m 的建筑工程，应安装临时消防竖管，管径不得小于 75 mm，严禁消防竖管作为施工用水管线。

(5)消防供水要保证足够的水源和水压。消防泵应使用专用配电线路，保证消防供水。

7. 安全警示牌布置原则

1)施工现场安全警示牌的类型

安全标志分为禁止标志、警告标志、指令标志和提示标志四大类型。

2)安全警示牌的作用和基本形式

(1)禁止标志是用来禁止人们不安全行为的图形标志。基本形式是红色带斜杠的圆边框，图形是黑色，背景为白色。

(2)警告标志是用来提醒人们对周围环境引起注意，以避免发生危险的图形标志。基本形式是黑色正三角形边框，图形是黑色，背景为黄色。

(3)指令标志是用来强制人们必须做出某种动作或必须采取一定防范措施的图形标志。基本形式是黑色圆形边框，图形是白色，背景为蓝色。

(4)提示标志是用来向人们提供目标所在位置与方向性信息的图形标志。基本形式是矩形边框，图形文字是白色，背景是所提供的标志，为绿色；消防设施提示标志用红色。

3)施工现场安全警示牌的设置原则

施工现场安全警示牌的设置应遵循“标准、安全、醒目、便利、协调、合理”的原则。

(1)“标准”是指图形、尺寸、色彩、材质应符合标准。

(2)“安全”是指设置后其本身不能存在潜在危险，应保证安全。

(3)“醒目”是指设置的位置应醒目。

(4)“便利”是指设置的位置和角度应便于人们观察和捕获信息。

(5)“协调”是指同一场所设置的各种标志牌之间应尽量保持其高度、尺寸与周围环境的协调统一。

(6)“合理”是指尽量用适量的安全标志反映出必要的安全信息，避免漏设和滥设。

4)施工现场使用安全警示牌的基本要求

(1)现场存在安全风险的重要部位和关键岗位必须设置能提供相应安全信息的安全警示牌。根据有关规定,现场出入口、施工起重机械、临时用电设施、脚手架、通道口、楼梯口、电梯井口、孔洞、基坑边沿、爆炸物及有毒有害物质存放处等属于存在安全风险的重要部位,应当设置明显的安全警示标牌。例如,在爆炸物及有毒有害物质存放处设“禁止烟火”等禁止标志。安全警示牌应设置在所涉及的相应危险地点或设备附近的最容易被观察到的地方。

(2)多个安全警示牌在一起布置时,应按警告、禁止、指令、提示类型的顺序,先左后右、先上后下进行排列。各标志牌之间的距离至少应为标志牌尺寸的20%。有触电危险的场所,应选用由绝缘材料制成的安全警示牌。

(3)有触电危险的场所,应选用由绝缘材料制成的安全警示牌。

8.施工现场综合考评

1)施工现场综合考评的内容

建设工程施工现场综合考评的内容,分为建筑业企业的施工组织管理、工程质量管理、施工安全管理、文明施工管理和建设、监理单位的现场管理五个方面。

2)施工现场综合考评办法及奖罚

(1)对于施工现场综合考评发现问题,由主管考评工作的建设行政主管部门根据责任情况,向建筑业企业、建设单位或监理单位提出警告。

(2)对于一个年度内同一个施工现场被两次警告的,给予通报批评的处罚。

(3)对于一个年度内同一个施工现场被三次警告的,根据责任情况,给予建筑业企业或监理单位降低资质一级的处罚;给予项目经理、监理工程师取消资格的处罚;责令该施工现场停工整顿。

14.4.2 建筑工程施工安全管理

1.基坑工程安全管理

1)应采取支护措施的基坑(槽)

(1)基坑深度较大,且不具备自然放坡施工条件。

(2)地基土质松软,并有地下水或丰富的上层滞水。

(3)基坑开挖会危及邻近建(构)筑物、道路及地下管线安全与使用。

2)基坑工程监测

基坑工程监测包括支护结构监测和周围环境监测。

(1)支护结构监测。

①对围护墙侧压力、弯曲应力和变形的监测;

②对支撑(锚杆)轴力、弯曲应力的监测;

③对腰梁(围檩)轴力、弯曲应力的监测;

④对立柱沉降、抬起的监测等。

(2)周围环境监测。

①坑外地形的变形监测;

②邻近建筑物的沉降和倾斜监测;

③地下管线的沉降和位移监测等。

3)地下水的控制方法

地下水的控制方法主要有集水明排、真空井点降水、喷射井点降水、管井降水、截水和回灌等。

4)基坑发生坍塌之前的主要迹象

(1)周围地面出现裂缝,并不断扩展。

(2)支撑系统发出挤压等异常响声。

(3)环梁或排桩、挡墙的水平位移较大,并持续发展。

(4)支护系统出现局部失稳。

(5)大量水土不断涌入基坑。

5)基坑支护安全控制要点

(1)基坑支护与降水、土方开挖必须编制专项施工方案,并出具安全验算结果,经施工单位技术负责人、监理单位总监理工程师签字后实施。

(2)基坑支护结构必须具有足够的强度、刚度和稳定性。

(3)控制好基坑支护(含锚杆施工)、降水与开挖的顺序和时间间隙。

(4)控制好坑外建筑物、道路和管线等的沉降、位移。

6)基坑施工应急处理措施

基坑工程施工前,应对施工过程中可能出现的支护变形、漏水等影响基坑安全的不利因素制定应急预案。

(1)基坑开挖过程渗水或漏水:根据水量大小,采用坑底设沟排水、引流修补、密实混凝土封堵、压密注浆、高压喷射注浆等方法及时处理。

(2)重力式支护结构位移超过设计估计值:做好位移监测,掌握发展趋势。如位移持续发展,超过设计值较多,则应采用水泥土墙背后卸载、加快垫层施工及垫层加厚和加设支撑等方法及时处理。

(3)悬臂式支护结构发生位移:悬臂式支护结构发生深层滑动应及时浇筑垫层,必要时也可加厚垫层,以形成下部水平支撑。

(4)支撑式支护结构发生墙背土体沉陷:增设坑内降水设备降低地下水、进行坑底加固、垫层随挖随浇、加厚垫层或采用配筋垫层、设置坑底支撑等方法及时处理。

(5)轻微的流沙现象:在基坑开挖后可采用加快垫层浇筑或加厚垫层的方法"压住"流砂。对较严重的流砂,应增加坑内降水措施。

(6)发生管涌:在支护墙前再打设一排钢板桩,在钢板桩与支护墙间进行注浆。

(7)邻近建筑物沉降的控制:一般可采用跟踪注浆的方法。对沉降很大,而压密注浆又不能控制的建筑,如果基础是钢筋混凝土的,则可考虑静力锚杆压桩的方法。

(8)基坑周围管线保护:打设封闭桩或开挖隔离沟、管线架空两种方法。

2. 脚手架工程安全管理

1)一般脚手架安全控制要点

(1)脚手架搭设之前,应根据工程的特点和施工工艺要求确定搭设(包括拆除)施工方案。

(2)单排脚手架搭设高度应不超过 24 m;双排脚手架搭设高度不宜超过 50 m,高度超过 50 m 的双排脚手架,应采用分段搭设的措施。

(3)脚手架必须设置纵、横向扫地杆。

(4)单、双排脚手架与满堂脚手架立杆接长,除顶层顶步外,其余各层各步接头必须采用对接扣件连接。

(5)高度在 24 m 以下的单、双排脚手架,均必须在外侧立面的两端各设置一道剪刀撑,并应由底至顶连续设置,中间各道剪刀撑之间的净距应不大于 15 m。24 m 以上的双排脚手架应在外侧全立面连续设置剪刀撑。剪刀撑斜杆与地面的倾角应在 45°～60°。

(6)高度在 24 m 以下的单、双排脚手架,宜采用刚性连墙件与建筑物可靠连接,亦可采用拉筋和顶撑配合使用的附墙连接方式,严禁使用仅有拉筋的柔性连墙件。24 m 及以上的双排脚手架,必须采用刚性连墙件与建筑物可靠连接,连墙件必须采用可承受拉力和压力的构造。不超过 50 m 的脚手架连墙件应按 3 步 3 跨进行布置,超过 50 m 的脚手架连墙件应按 2 步 3 跨进行布置。开口型脚手架的两端必须设置连墙件,连墙件的垂直间距应不大于建筑物的层高,并应不大于 4 m。连墙件应从架体底层第一步纵向水平杆处开始设置。

2)脚手架及其地基基础进行检查和验收的阶段

(1)基础完工后,架体搭设前。

(2)每搭设完 6～8 m 高度后。

(3)作业层上施加荷载前。

(4)达到设计高度后。

(5)遇有 6 级及以上大风或大雨后。

(6)冻结地区解冻后。

(7)停用超过一个月的,在重新投入使用之前。

3)脚手架定期检查的主要项目

(1)杆件的设置和连接,连墙件、支撑、门洞桁架等的构造是否符合要求。

(2)地基是否有积水,底座是否松动,立杆是否悬空。

(3)扣件螺栓是否有松动。

(4)高度在 24 m 及以上的脚手架,其立杆的沉降与垂直度的偏差是否符合技术规范的要求。

(5)架体的安全防护措施是否符合要求。

(6)是否有超载使用的现象等。

3. 模板工程安全管理

1)现浇混凝土工程模板支撑系统的选材及安装要求

(1)立柱底部支承结构必须具有支承上层荷载的能力。为合理传递荷载,立柱底部应设置木垫板,禁止使用砖及脆性材料铺垫。

(2)立柱接长严禁搭接,必须采用对接扣件连接,相邻两立柱的对接接头不得在同步内,且对接接头沿竖向错开的距离不宜小于 500 mm,各接头中心距主节点不宜大于步距的 1/3,严禁将上段的钢管立柱与下段钢管立柱错开固定在水平拉杆上。

(3)为保证立柱整体稳定,在安装立柱的同时,应加设水平拉结和剪刀撑。

(4)立柱的间距应经计算确定,按照施工方案要求进行施工。若采用多层支模,上下层立柱要保持垂直,并应在同一垂直线上。

(5)满堂支撑架搭设高度不宜超过 30 m。

2)影响模板钢管支架整体稳定性的主要因素

立杆间距、水平杆的步距、立杆的接长、连墙件的连接、扣件的紧固程度。

3)保证模板安装施工安全的基本要求

(1)5 级以上大风天气,不宜进行大块模板拼装和吊装作业。

(2)在架空输电线路下方进行模板施工,如果不能停电作业,应采取隔离防护措施。

(3)操作架子上、平台上不宜堆放模板,须短时间堆放时,数量必须控制在允许的荷载范围内。

(4)雨期施工,高耸结构的模板作业,要安装避雷装置。

4)保证模板拆除施工安全的基本要求

(1)现浇混凝土结构模板及其支架拆除时的混凝土强度应符合设计要求。当设计无要求时,应符合下列规定:

①承重模板,应在与结构同条件养护的试块强度达到规定要求时,方可拆除;

②后张预应力混凝土结构底模必须在预应力张拉完毕后,才能进行拆除。

(2)拆模之前必须要办理拆模申请手续,在同条件养护试块强度记录达到规定要求时,技术负责人方可批准拆模。

(3)各类模板拆除的顺序和方法,应根据模板设计的要求进行。如果模板设计无具体要求时,可按先支的后拆,后支的先拆,先拆非承重的模板,后拆承重的模板及支架的顺序进行。

(4)模板拆除应分段进行,严禁成片撬落或成片拉拆。

(5)用起重机吊运拆除模板时,模板应堆码整齐并捆牢,才可吊运。吊运大块或整体模板时,竖向吊运应不少于 2 个吊点,水平吊运应不少于 4 个吊点。

(6)后浇带附近的水平模板及支撑严禁随其他模板一起拆除,待后浇带浇筑并达到拆模要求后方可拆除。

4. 高处作业安全管理

1)高处作业

凡在坠落高度基准面 2 m 以上(含 2 m)有可能坠落的高处进行的作业，均称为高处作业。

2)高处作业的分级

国家标准规定建筑施工高处作业分为四个等级，具体如表 14.1。

表 14.1　建筑施工高处作业等级

作业高度/m	高处作业等级	坠落半径/m
2～5	一级	2
5～15	二级	3
15～30	三级	4
大于 30	四级	5

3)高处作业的基本安全要求

(1)高处作业危险部位应悬挂安全警示标牌。夜间施工时，应保证充足的照明并在危险部位设红灯示警。

(2)从事高处作业的人员不得攀爬脚手架或栏杆上下，所使用的工具、材料等严禁投掷。

(3)高处作业，上下应设联系信号或通信装置，并指定专人负责联络。

(4)在雨雪天气从事高处作业，应采取防滑措施。在六级及六级以上强风和雷电、暴雨、大雾等恶劣气候条件下，不得进行露天高处作业。

4)操作平台作业安全控制要点

移动式操作平台台面高度不得超过 5 m，台面脚手板要铺满钉牢，台面四周设置防护栏杆。平台移动时，作业人员必须下到地面，不允许带人移动平台。

5)交叉作业安全控制要点

(1)在拆除模板、脚手架等作业时，作业点下方不得有其他作业人员，防止落物伤人。拆下的模板等堆放时，不能过于靠近楼层边沿，应与楼层边沿留出不小于 1 m 的安全距离，码放高度也不宜超过 1 m。

(2)结构施工自二层起，凡人员进出通道口都应搭设符合规范要求的防护棚，高度超过 24 m 的交叉作业，通道口应设双层防护棚进行防护。

6)高处作业安全防护设施验收的主要项目

(1)所有临边、洞口等各类技术措施的设置情况。

(2)技术措施所用的配件、材料和工具的规格和材质。

(3)技术措施的节点构造及其与建筑物的固定情况。

(4)扣件和连接件的紧固程度。

(5)安全防护设施的用品及设备的性能与质量是否合格的验证。

5.洞口、临边防护管理

1)一般脚手架安全控制要点

脚手架搭设之前,应根据工程的特点和施工工艺要求确定搭设(包括拆除)施工方案。

(1)楼梯口、楼梯边应设置防护栏杆,或者用正式工程的楼梯扶手代替临时防护栏杆。

(2)电梯井口除设置固定的栅门外,还应在电梯井内每隔两层(不大于 10 m)设一道安全平网进行防护。

(3)在建工程的地面入口处和施工现场人员流动密集的通道上方,应设置防护棚,防止因落物产生物体打击事故。

(4)施工现场大的坑槽、陡坡等处,除须设置防护设施与安全警示标牌外,夜间还应设红灯示警。

2)洞口的防护设施要求

(1)楼板、屋面和平台等面上短边尺寸在 2.5～25 cm 范围的孔口,必须用坚实的盖板盖严,盖板要有防止挪动移位的固定措施。

(2)楼板面等处边长为 25～50 cm 的洞口、安装预制构件时的洞口以及因缺件临时形成的洞口,可用竹、木等作盖板,盖住洞口。

(3)位于车辆行驶通道旁的洞口、深沟与管道坑、槽,所加盖板应能承受不小于当地额定卡车后轮有效承载力 2 倍的荷载。

(4)下边沿至楼板或底面低于 80 cm 的窗台等竖向洞口,如侧边落差大于 2 m 时,应加设 1.2 m 高的临时护栏。

(5)墙面等处的竖向洞口,凡落地的洞口应加装开关式、固定式或工具式防护门,门栅网格的间距应不大于 15 cm,也可采用防护栏杆,下设挡脚板。

(6)边长在 150 cm 以上的洞口,四周必须设防护栏杆,洞口下张设安全平网

防护。

(7)垃圾井道和烟道,应随楼层的砌筑或安装逐一消除洞口,或按照预留洞口的做法进行防护。

3)临边作业安全防护基本规定

(1)在进行临边作业时,必须设置安全警示标牌。

(2)基坑周边、尚未安装栏杆或栏板的阳台周边等处必须设置防护栏杆、挡脚板,并封挂安全立网进行封闭。

(3)临边外侧靠近街道时,除设防护栏杆、挡脚板、封挂立网外,立面还应采取可靠的封闭措施,防止施工时落物伤人。

4)防护栏杆的设置要求

(1)防护栏杆应由上、下两道横杆及栏杆柱组成,上杆离地高度为 1.0～1.2 m,下杆离地高度为 0.5～0.6 m。除经设计计算外,横杆长度大于 2 m 时,必须加设栏杆柱。

(2)当栏杆在基坑四周固定时,可采用钢管打入地面 50～70 cm 深,钢管离边口的距离应不小于 50 cm。当基坑周边采用板桩时,钢管可打在板桩外侧。

(3)当栏杆在混凝土楼面、屋面或墙面固定时,可用预埋件与钢管或钢筋焊牢。

(4)防护栏杆必须自上而下用安全立网封闭,或在栏杆下边设置高度不低于 18 cm 的挡脚板或 40 cm 的挡脚笆,板与笆下边距离底面的空隙应不大于 10 mm。

6. 施工用电安全管理

1)施工用电安全管理一般规定

(1)施工现场临时用电设备在 5 台及以上或设备总容量在 50 kW 及以上的,应编制用电组织设计。临时用电设备在 5 台以下和设备总容量在 50 kW 以下的,应制定安全用电和电气防火措施。临时用电组织设计及安全用电和电气防火措施应由电气工程技术人员组织编制,经编制、审核、批准部门和使用单位共同验收合格后方可投入使用。

(2)施工现场与外电线路共用同一供电系统时,电气设备的接地、接零保护应与原系统保持一致,不得一部分设备做保护接零,另一部分设备做保护接地。

2)配电箱的设置

(1)施工用电配电系统应设置总配电箱(配电柜)、分配电箱、开关箱,并按照

“总—分—开”顺序作分级设置,形成三级配电模式。

(2)施工用电配电系统各配电箱、开关箱的安装位置要合理。总配电箱(配电柜)要尽量靠近变压器或外电电源处,以便于电源的引入。分配电箱应尽量安装在用电设备或负荷相对集中区域的中心地带,确保三相负荷保持平衡。开关箱安装的位置应视现场情况和工况尽量靠近其控制的用电设备。

(3)为保证临时用电配电系统三相负荷平衡,施工现场的动力用电和照明用电应形成两个用电回路,动力配电箱与照明配电箱应该分别设置。

(4)施工现场所有用电设备必须有各自专用的开关箱。

3)电器装置的选择与装配

(1)施工用电回路和设备必须加装两级漏电保护器,总配电箱(配电柜)中应加装总漏电保护器,作为初级漏电保护,末级漏电保护器必须装配在开关箱内。

(2)施工用电配电系统各配电箱、开关箱中应装配隔离开关,熔断器或断路器。隔离开关、熔断器或断路器应依次设置于电源的进线端。

(3)PE 线上严禁装设开关或熔断器,严禁通过工作电流,且严禁断线。

4)施工现场照明用电

(1)在坑、洞、井内作业,夜间施工或厂房、道路、仓库、办公室、食堂、宿舍、料具堆放场所及自然采光差的场所,应设一般照明、局部照明或混合照明。一般场所宜选用额定电压为 220 V 的照明器。照明变压器必须使用双绕组型安全隔离变压器,严禁使用自耦变压器。

(2)隧道、人防工程、高温、有导电灰尘、比较潮湿或灯具离地面高度低于 2.5 m等场所的照明,电源电压不得大于 36 V。

(3)潮湿和易触及带电体场所的照明,电源电压不得大于 24 V。

(4)特别潮湿场所、导电良好的地面、锅炉或金属容器内的照明,电源电压不得大于 12 V。

(5)室外 220 V 灯具距地面不得低于 3 m,室内 220 V 灯具距地面不得低于 2.5 m。

(6)碘钨灯及钠、铊、铟等金属卤化物灯具的安装高度宜在 3 m 以上,灯线应固定在接线柱上,不得靠近灯具表面。

(7)现场金属架(照明灯架、塔吊、施工电梯等垂直提升装置、高大脚手架)和各种大型设施必须按规定装设避雷装置。

7. 运输机械安全管理

1)物料提升机安全控制要点

(1)物料提升机的基础应按图纸要求施工。高架提升机基础应进行设计计算,低架提升机在无设计要求时,可按素土夯实后,浇筑 300 mm 厚 C20 混凝土条形基础。

(2)为保证物料提升机整体稳定采用缆风绳时,高度在 20 m 以下可设 1 组(不少于 4 根),高度在 30 m 以下不少于 2 组,超过 30 m 时不应采用缆风绳锚固方法,应采用连墙杆等刚性措施。

(3)物料提升机架体外侧应沿全高用立网进行防护。

(4)各层通道口处都应设置常闭型的防护门。地面进料口处应搭设防护棚,防护棚两侧应封挂安全立网。

(5)物料提升机组装后应按规定进行验收,合格后方可投入使用。

2)外用电梯安全控制要点

(1)外用电梯的安装和拆卸作业必须由取得相应资质的专业队伍进行,安装完毕经验收合格,取得政府相关主管部门核发的"准用证"后方可投入使用。

(2)外用电梯底笼周围 2.5 m 范围内必须设置牢固的防护栏杆,进出口处的上部应根据电梯高度搭设足够尺寸和强度的防护棚。

(3)外用电梯与各层站过桥和运输通道,除应在两侧设置安全防护栏杆、挡脚板并用安全立网封闭外,进出口处尚应设置常闭型的防护门。

(4)外用电梯在大雨、大雾和 6 级及以上大风天气时,应停止使用。暴风雨过后,应组织对电梯各有关安全装置进行一次全面检查。

3)塔式起重机安全控制要点

(1)塔吊的安装和拆卸作业必须制定详细的施工方案,必须由取得相应资质的专业队伍进行,安装完毕经验收合格,取得政府相关主管部门核发的"准用证"后方可投入使用。

(2)固定式塔吊基础施工应按设计图纸进行,其设计计算和施工详图应作为塔吊专项施工方案内容。

(3)塔吊的力矩限制器,超高、变幅、行走限位器,吊钩保险,卷筒保险,爬梯护圈等安全装置必须齐全、灵敏、可靠。

(4)施工现场多塔作业时,塔机间应保持安全距离,以免作业过程中发生碰撞。

(5)遇 6 级及以上大风等恶劣天气,应停止作业,将吊钩升起。行走式塔吊要夹好轨钳。雨雪过后,应先经过试吊,确认制动器灵敏可靠后方可进行作业。

8. 施工机具安全管理

1)木工机具安全控制要点

不得使用合用一台电机的多功能木工机具。平刨的护手装置、传动防护罩、接零保护、漏电保护等装置必须齐全有效,严禁拆除安全护手装置进行刨削。严禁戴手套进行操作。

2)钢筋加工机械安全控制要点

钢筋冷拉场地应设置警戒区,设置防护栏杆和安全警示标志。

3)电焊机安全控制要点

(1)露天使用的电焊机应设置在地势较高平整的地方,并有防雨措施。

(2)电焊机的接零保护、漏电保护和二次侧空载降压保护装置必须齐全有效。

(3)电焊机一次侧电源线应穿管保护,长度一般不超过 5 m,焊把线长度一般应不超过 30 m,并不应有接头,一二次侧接线端柱外应有防护罩。

(4)电焊机施焊现场 10 m 范围内不得堆放易燃、易爆物品。

4)搅拌机安全控制要点

露天使用的搅拌机应搭设防雨棚。当须在料斗下方进行清理和检修时,应将料斗提升至上止点,且必须用保险销锁牢或用保险链挂牢。

5)打桩机械安全控制要点

(1)桩机周围应有明显安全警示标牌或围栏,严禁闲人进入。

(2)高压线下两侧 10 m 以内不得安装打桩机。

(3)雷电天气无避雷装置的桩机应停止作业,遇有大雨、雪、雾和 6 级及以上强风等恶劣天气,应停止作业,并应将桩机顺风向停置,并增加缆风绳。

9. 施工安全检查与评定

1)安全管理检查评定项目

保证项目应包括安全生产责任制、施工组织设计及专项施工方案、安全技术

交底、安全检查、安全教育、应急救援。

一般项目应包括分包单位安全管理、持证上岗、生产安全事故处理、安全标志。

2)安全技术交底检查评定内容

(1)施工负责人在分派生产任务时，应对相关管理人员、施工作业人员进行书面安全技术交底。

(2)安全技术交底应由交底人、被交底人、专职安全员进行签字确认。

3)安全检查检查评定内容

(1)安全检查应由项目负责人组织，专职安全员及相关专业人员参加，定期进行并填写检查记录。

(2)对检查中发现的事故隐患应下达隐患整改通知单，定人、定时间、定措施进行整改。

4)应急救援

(1)应制定防触电、防坍塌、防高处坠落、防起重及机械伤害、防火灾、防物体打击等主要内容的专项应急救援预案。

(2)施工现场应建立应急救援组织，培训、配备应急救援人员，定期组织员工进行应急救援演练。

(3)按应急救援预案要求，应配备应急救援器材和设备。

5)分包单位安全管理

(1)总包单位应对承揽分包工程的分包单位进行资质、安全生产许可证和相关人员安全生产资格的审查。

(2)当总包单位与分包单位签订分包合同时，应签订安全生产协议书，明确双方的安全责任。

(3)分包单位应按规定建立安全机构，配备专职安全员。

6)文明施工

文明施工检查评定保证项目应包括现场围挡、封闭管理、施工场地、材料管理、现场办公与住宿、现场防火。一般项目应包括综合治理、公示标牌、生活设施、社区服务。

7)高处作业吊篮检查评定

(1)保证项目：①施工方案；②安全装置；③悬挂机构；④钢丝绳；⑤安装；⑥升降操作。

(2)一般项目:①交底与验收;②防护;③吊篮稳定;④荷载。

8)基坑工程检查评定

(1)保证项目:①施工方案;②基坑支护;③降排水;④基坑开挖;⑤坑边荷载;⑥安全防护。

(2)一般项目:①基坑监测;②支撑拆除;③作业环境;④应急预案。

9)基坑工程安全防护

(1)开挖深度超过 2 m 的基坑周边必须安装防护栏杆,防护栏杆的安装应符合规范要求。

(2)基坑内应设置供施工人员上下的专用梯道。梯道应设置扶手栏杆,梯道的宽度应不小于 1 m,梯道搭设应符合规范要求。

(3)降水井口应设置防护盖板或围栏,并应设置明显的警示标志。

10)模板支架检查评定

(1)保证项目:①施工方案;②立杆基础;③支架构造;④施工荷载;⑤交底与验收;⑥施工荷载。

(2)一般项目:①杆件连接;②底座与托撑;③支架拆除;④构配件材质。

11)施工用电检查评定

(1)保证项目:①外电防护;②接地与接零保护系统;③配电线路;④配电箱与开关箱。

(2)一般项目:①配电室与配电装置;②现场照明;③用电档案。

12)施工用电配电箱与开关箱

(1)施工现场配电系统应采用三级配电、二级漏电保护系统,用电设备必须有各自专用的开关箱。

(2)分配箱与开关箱间的距离应不超过 30 m,开关箱与用电设备间的距离应不超过 3 m。

13)起重吊装检查评定

(1)保证项目:①施工方案;②起重机械;③钢丝绳与地锚;④索具;⑤作业环境;⑥作业人员。

(2)一般项目:①起重吊装;②高处作业;③构件码放;④警戒监护。

14)施工安全检查评分方法

施工企业安全检查应配备必要的检查、测试器具,对存在的问题和隐患,应

定人、定时间、定措施组织整改，并应跟踪复查直至整改完毕。

(1)建筑施工安全检查评定中，保证项目应全数检查。

(2)建筑施工安全检查评定应符合各检查评定项目的有关规定。

15)建筑施工安全检查评定的等级划分规定

(1)优良。分项检查评分表无零分，汇总表得分值应在 80 分及以上。

(2)合格。分项检查评分表无零分，汇总表得分值应在 80 分以下，70 分及以上。

(3)不合格。包括以下两种情况：

①当汇总表得分值不足 70 分时；

②当有一分项检查评分表得零分时。

当建筑施工安全检查评定的等级为不合格时，必须限期整改达到合格。

14.5　建筑工程验收管理

14.5.1　检验批及分项工程的质量验收

1. 检验批的质量验收

检验批是按相同的生产条件或按规定的方式汇总起来供抽样检验用的。

(1)检验批是工程质量验收的最小单位，是分项工程直至整个建筑工程质量验收的基础。检验批是指按同一生产条件或按规定的方式汇总起来供检验用的，由一定数量样本组成的检验体，它代表了工程某一施工过程的材料、构配件或安装项目的质量。

(2)检验批可根据施工及质量控制和专业验收需要，按楼层、施工段、变形缝等进行划分。

(3)检验批的质量验收记录由施工项目专业质量检查员填写，监理工程师(建设单位项目专业技术负责人)组织项目专业质量员等进行验收，并填写检验批质量验收记录。

2. 检验批质量验收合格规定

(1)主控项目的质量经抽样检验均应合格；

(2)一般项目的质量经抽样检验合格;

(3)具有完整的施工操作依据、质量检查记录。

3. 分项工程的质量验收

(1)分项工程应接主要工种、材料、施工工艺、设备类型等进行划分并可由一个或若干检验批组成;

(2)分项工程应由监理工程师(建设单位项目专业技术负责人)组织项目专业质量(技术)负责人等进行验收,并填写分项工程质量验收记录。

4. 分项工程质量验收合格规定

(1)分项工程所含的检验批均应合格;

(2)分项工程所含的检验批的质量验收记录应完整。

14.5.2 分部工程的质量验收

1. 分部工程的划分

(1)分部工程的划分应按专业性质、建筑部位确定。

(2)当分部工程较大或较复杂时,可按材料种类、施工特点、施工程序专业系统及类别等划分为若干子分部工程。

2. 分部工程质量验收程序和组织

分部工程应由总监理工程师(建设单位项目负责人)组织施工单位项目负责人和技术、质量负责人等进行验收;地基与基础、主体结构分部工程的勘察、设计单位工程项目负责人和施工单位技术、质量部门负责人也应参加相关分部工程验收。

3. 分部工程质量验收合格规定

(1)分部(子分部)工程所含分项工程的质量均应验收合格。

(2)质量控制资料应完整。

(3)地基与基础、主体结构和设备安装等分部工程有关安全及功能的检验和抽样检测结果应符合有关规定。

(4)观感质量验收应符合要求。

14.5.3　室内环境质量验收

1. 根据控制室内环境污染要求分类

(1) Ⅰ类民用建筑工程：住宅、医院、老年建筑、幼儿园、学校教室等民用建筑工程；

(2) Ⅱ类民用建筑工程：办公楼、商店、旅馆、文化娱乐场所、书店、图书馆、展览馆、体育馆、公共交通等候室、餐厅、理发店等民用建筑工程。

2. 质量验收时间

民用建筑工程及室内装修工程的室内环境质量验收，应在工程完工至少 7 d 以后、工程交付使用前进行。

3. 室内环境污染物浓度检测

民用建筑工程验收时，必须进行室内环境污染物浓度检测，具体见表 14.2。

表 14.2　民用建筑工程室内环境污染物浓度限量

污染物	Ⅰ类民用建筑工程	Ⅱ类民用建筑工程
氡/(Bq/m^3)	≤200	≤400
游离甲醛/(mg/m^3)	≤0.08	≤0.1
苯/(mg/m^3)	≤0.09	≤0.09
氨/(mg/m^3)	≤0.2	≤0.2
总挥发性有机化合物 TVOC/(mg/m^3)	≤0.5	≤0.6

注：①表中污染物浓度限量，除氡外均指室内测量值扣除同步测定的室外上风向空气测量值（本底值）后的测量值；②表中污染物浓度测量值的极限值判定，采用全数值比较法。

4. 检测数量的规定

(1) 民用建筑工程验收时，应抽检有代表性的房间室内环境污染物浓度，检测数量不得少于 5%，并不得少于 3 间。房间总数少于 3 间时，应全数检测。

(2) 民用建筑工程验收时，凡进行了样板间室内环境污染物浓度测试结果合格的，抽检数量减半，并不得少于 3 间。

(3)民用建筑工程验收时,室内环境污染物浓度检测点数按房间面积设置,具体见表14.3。

表14.3 室内环境污染物浓度检测点数设置

房间使用面积/m^2	检测点数/个
<50	1
≥50,<100	2
≥100,<500	不少于3
≥500,<1000	不少于5
≥1000,<3000	不少于6
≥3000	不少于9

(4)当房间内有2个及以上检测点时,应采用对角线、斜线、梅花状均衡布点,并取各点检测结果的平均值作为该房间的检测值。

5. 检测方法的要求

(1)民用建筑工程验收时,环境污染物浓度现场检测点应距内墙面不小于0.5 m、距楼地面高度0.8～1.5 m。检测点应均匀分布,避开通风道和通风口。

(2)民用建筑工程室内环境中甲醛、苯、氨、总挥发性有机化合物(TVOC)浓度检测时,对采用集中空调的民用建筑工程,应在空调正常运转的条件下进行;对采用自然通风的民用建筑工程,检测应在对外门窗关闭1 h后进行。对甲醛、氨、苯取样检测时,装饰装修工程中完成的固定式夹具应保持正常使用状态。

(3)民用建筑工程室内环境中氡浓度检测时,对采用集中空调的民用建筑工程,应在空调正常运转的条件下进行;对采用自然通风的民用建筑工程,应在房间的对外门窗关闭24 h以后进行。

6. 检测结果的判定与处理

当室内环境污染物浓度检测结果不符合相关要求时,应查找原因并采取措施进行处理。采取措施进行处理后的工程,可对不合格项进行再次检测。再次检测时,抽检量应增加1倍,并应包含同类型房间及原不合格房间。再次检测结果全部符合本规范的规定时,应判定为室内环境质量合格。室内环境质量验收不合格的民用建筑工程,严禁投入使用。

14.5.4　节能工程质量验收

1. 节能分部工程质量验收的划分

建筑节能工程为单位建筑工程的一个分部工程。其分项工程和检验批的划分,应符合下列规定。

(1)建筑节能工程应按照分项工程进行验收。当建筑节能分项工程的工程量较大时,可以将分项工程划分为若干个检验批进行验收。

(2)当建筑节能工程验收无法按照上述要求划分分项工程或检验批时,可由建设、监理、施工等各方协商进行划分。

(3)建筑节能分项工程(见表 14.4)和检验批的验收应单独填写验收记录,节能验收资料应单独组卷。

表 14.4　建筑节能分项工程划分

分部工程	子分部工程	分项工程
建筑节能	维护系统节能	墙体节能、幕墙节能、门窗节能、屋面节能、地面节能
	供暖空调设备及管网节能	供暖节能、通风与空调设备节能、空调与供暖系统冷热源节能、空调与供暖系统管网节能
	电气动力节能	配电节能、照明节能
	监控系统节能	监测系统节能、控制系统节能
	可再生资源	地源热泵系统节能、太阳能光热系统节能、太阳能光伏节能

2. 节能分部工程质量验收的要求

建筑节能分部工程的质量验收,应在检验批、分项工程全部验收合格的基础上,进行外墙节能构造实体检验,严寒、寒冷和夏热冬冷地区的外窗气密性现场检测,以及系统节能性能检测和系统联合试运转与调试。

3. 节能工程检验批、分项及分部工程的质量验收程序

(1)节能工程的检验批验收和隐蔽工程验收应由监理工程师主持,施工单位相关专业的质量检查员与施工员参加。

(2)节能分项工程验收应由监理工程师主持,施工单位项目技术负责人和相

关专业的质量检查员、施工员参加；必要时可邀请设计单位相关专业的人员参加。

(3)节能分部工程验收应由总监理工程师(建设单位项目负责人)主持，施工单位项目经理、项目技术负责人和相关专业的质量检查员、施工员参加；施工单位的质量或技术负责人应参加；设计单位节能设计人员应参加。

4. 建筑节能分部工程质量验收合格规定

(1)分项工程应全部合格；

(2)质量控制资料应完整；

(3)外墙节能构造现场实体检验结果应符合设计要求；

(4)严寒、寒冷和夏热冬冷地区的外窗气密性现场实体检测结果应合格；

(5)建筑设备工程系统节能性能检测结果应合格。

5. 建筑节能工程验收时核查下列资料并纳入竣工技术档案

(1)设计文件、图纸会审记录、设计变更和洽商；

(2)主要材料、设备和构件的质量证明文件、进场检验记录、进场核查记录、进场复验报告、见证试验报告；

(3)隐蔽工程验收记录和相关图像资料；

(4)分项工程质量验收记录，必要时应核查检验批验收记录；

(5)建筑围护结构节能构造现场实体检验记录；

(6)严寒、寒冷和夏热冬冷地区外窗气密性现场检测报告；

(7)风管及系统严密性检验记录；

(8)现场组装的组合式空调机组的漏风量测试记录；

(9)设备单机试运转及调试记录；

(10)系统联合试运转及调试记录；

(11)系统节能性能检验报告；

(12)其他对工程质量有影响的重要技术资料。

14.5.5 消防工程竣工验收

对具备相应情形的特殊建设工程，建设单位必须向公安机关消防机构申请消防设计审核，并且在工程竣工后，向出具消防设计审核意见的公安机关消防机构申请消防验收。

须取得施工许可证的普通建设工程,建设单位应当在取得施工许可、工程竣工验收合格之日起七日内,通过省级公安机关消防机构网站进行消防设计、竣工验收消防备案,或者到公安机关消防机构业务受理场所进行消防设计、竣工验收消防备案。

依法不需要取得施工许可的建设工程,可以不进行消防设计、竣工验收消防备案。消防验收不合格的建设工程应当停止施工或者停止使用,组织整改后向公安机关消防机构申请复查

14.5.6　单位工程竣工验收

1. 单位工程质量验收合格规定

(1)单位(子单位)工程所含分部(子分部)工程的质量均应验收合格。

(2)质量控制资料应完整:①所含分部工程中有关安全、节能、环境保护和主要使用功能的检验资料应完整;②主要使用功能的抽查结果应符合相关专业验收规范的规定;③观感质量应符合要求。

2. 单位工程质量验收程序和组织

(1)单位工程完工后,施工单位应组织有关人员进行自检;

(2)总监理工程师应组织各专业监理工程师对工程质量进行竣工预验收;

(3)存在施工质量问题时,应由施工单位整改;

(4)预验收通过后,由施工单位向建设单位提交工程竣工报告,申请工程竣工验收;

(5)建设单位收到工程竣工报告后,应由建设单位项目负责人组织监理、施工、设计、勘察等单位项目负责人进行单位工程验收。

14.5.7　工程竣工资料的编制

1. 工程资料分类

建筑工程资料可分为工程准备阶段文件、监理资料、施工资料、竣工图和工程竣工文件 5 类。

(1)工程准备阶段文件可分为决策立项文件、建设用地文件、勘察设计文件、

招投标及合同文件、开工文件、商务文件 6 类；

(2)施工资料可分为施工管理资料、施工技术资料、施工进度及造价资料、施工物资资料、施工记录、施工试验记录及检测报告、施工质量验收记录、竣工验收资料 8 类；

(3)工程竣工文件可分为竣工验收文件、竣工决算文件、竣工交档文件、竣工总结文件 4 类。

2. 竣工图的编制与审核

(1)新建、改建、扩建的建筑工程均应编制竣工图；竣工图应真实反映工程的实际情况。

(2)竣工图的专业类别应与施工图对应。

(3)竣工图应依据施工图、图纸会审记录、设计变更通知单、工程洽商记录(包括技术核定单)等绘制。

(4)当施工图没有变更时，可直接在施工图上加盖竣工图章形成竣工图。

(5)竣工图的绘制应符合国家现行有关标准的规定。

(6)竣工图应有竣工图章和相关责任人签字。

(7)竣工图的绘制和装订应符合相关规定。

3. 工程资料移交与归档

(1)施工单位应向建设单位移交施工资料。

(2)实行施工总承包的，各专业承包单位应向施工总承包单位移交施工资料。

(3)监理单位应向建设单位移交监理资料。

(4)工程资料移交时应及时办理相关移交手续，填写工程资料移交书、移交目录。

(5)建设单位应按国家有关法规和标准规定向城建档案管理部门移交工程档案，并办理相关手续。有条件时，向城建档案管理部门移交的工程档案应为原件。

4. 工程资料归档规定

(1)工程参建各方的归档保存资料宜按《建筑工程资料管理规程》(JGJ/T 185—2009)要求办理，也可根据当地城建档案管理部门的要求组建归档资料。

(2)工程资料归档保存期限应符合国家现行有关标准的规定；当无规定时，

不宜少于 5 年。

(3)建设单位工程资料归档保存期限应满足工程维护、修缮、改造、加固的需要。

(4)施工单位工程资料归档保存期限应满足工程质量保修及质量追溯的需要。

14.6 绿色智能建筑的项目管理

对比传统建筑,绿色建筑更加强调建筑材料的循环利用、对于环境的保护、在施工过程中和建筑使用过程中的节能。智能则更加强调建筑使用功能的凸显,满足居住、使用的便捷化、人性化等多样化的需求。当然,对于建筑来说,绿色和智能相互作用、相互促进。

14.6.1 绿色智能建筑的主要基础

1. 必须立足建筑的社会性

绿色智能建筑更加强调建筑的节能、居住的舒适、使用功能的智能和高效。其社会性除了取决于建筑的设计理念、特点布局、整体结构以及制度管理,还包含了价值观等层面的内容。其中设计理念是基础,其余部分更强调系统性、整体性和安全性的特点。同时,应注重绿色智能建筑中智能网络、技术的相互匹配和融合。

2. 必须紧紧以技术为依托和支撑

建筑绿色智能的实现需要紧紧依靠现代科技的发展。正是现代科技的进步,建筑绿色智能概念才得以及时提出。绿色技术属于环保的范围,涉及能源的节约、资源的利用、水资源、土地资源的科学利用,包括新能源的采用等。这些无一不与现代科技相关联。智能技术是在以互联网和计算机技术为代表的信息科技发展的前提下提出的,其中包括云计算、大数据、通信控制、监控视频等技术。智能技术应用到智能建筑中就是实现智能化运用、内外部的联动以及技术协调运用等,更好地与建筑结构结合。

14.6.2 绿色智能建筑施工管理现存问题

从目前我国建筑市场发展现状来看,对于绿色智能要素体现还不够凸显,存在一些问题亟待解决,主要体现在3个方面。

(1)节能环保意识不强。近年来,我国建筑行业发展迅速,规模不断扩大,但与此同时,建筑节能却并未跟上行业的发展步伐。据国家权威部门数据显示,在我国已建建筑中,达到建筑节能标准的仅占5%,而对于新建建筑来说,90%以上的建筑均为高能耗建筑。现阶段,我国建筑行业能耗在社会总能耗中占比27.5%,预计2020—2030年建筑能耗可达到30%~40%。若不及时采取有效节能措施对其加以控制,将严重影响建筑行业的可持续发展。此外,诸如渣土、废砖、废瓦、废混凝土、建筑材料废弃物等工程建筑垃圾问题也较为突出。

(2)建立绿色智能管理体系较为困难。①由于绿色智能建筑项目具有明显的特殊性,项目施工建设多为一次性,在施工过程中容易受到外界各种因素的影响,且开工前许多工程设计人员无法准确预测或有效识别环境因素。②在工程建设领域有许多环境法律法规及相关的建筑标准规范,对于同一工程建设,政府部门与业主对建筑的要求各不相同,其环境建设目标、环境方针、环境指标以及环境管理方案的确立须综合考虑多项因素,但现阶段,由于大多数企业的建设目标主要是经济效益,而环境治理成本较高、难度较大,就目前情况来看各建筑项目施工管理中要想确立一个科学、合理的环境目标与指标较为困难。

(3)智能化水平有待进一步提升。目前一些大的建筑企业也提出了建筑智能化的概念,但从实际运用来看,存在“三多三少”的问题:①沿袭老套技术的多,新的智能技术采用少;②建筑智能化建设研究浮于表面的多,深入开展针对性研发的少;③智能化单独设计的多,与建筑整体结构一并思考、统筹建设的少。

14.6.3 推动绿色智能建筑项目管理的措施

1.健全法规制度

建设项目开展绿色施工的关键在于建立科学系统的法规和完善的制度体系,这是有效实现绿色施工技术应用的关键。当前人们还没有完全认识到绿色施工的重要性,因此需要依靠政府部门来进行参与和引导,通过权力机关制定和健全法律法规,推行绿色施工。制定具有明显前瞻性的法规体系和市场规则,形成一个由上到下的强有力的推力,同时形成一个由下到上的积极反馈。绿色施工法规的制定是一个系统的、全面的工程,因此需要健全相应的法规制定,促进绿色施工有效进行。

2. 优化激励政策，加强财政税收经济杠杆作用

促进绿色施工的长效发展离不开科学、有效的经济体制。采取一定的政策扶持措施和开展税收调节工作，加大对绿色施工技术和绿色施工方法的研发和利用，将有效降低应用成本。制定完善的激励政策能够提高施工承包商的积极性，积极应用绿色施工技术能够促进建设项目顺利完成。当前《绿色施工导则》就有专门的一个章节介绍绿色施工应用示范工程，通过在每个地区建立相应的示范工程和建设试点，更好地引导建设项目开展绿色施工。建立示范工程这一有效的平台，可推动绿色施工技术的发展，更好地促进建设工程项目顺利完成。为了能够更好地实现建设工程项目绿色施工的快速发展，应该优化相关的激励政策，通过加强财政税收的经济杠杆作用，实现绿色施工的有效应用。

3. 健全施工管理体系

要想有效地实现建设工程项目的绿色施工，应该遵循《建筑工程绿色施工评价标准》(GB/T 50640—2010)中的规定，通过建立绿色施工管理制度和施工管理体系来促进建设项目的绿色施工。在建设项目施工之前，应该将施工的内容和方法在施工组织设计和施工方案中明确。落实绿色施工的关键在于做好管理措施，施工组织关系和施工管理项目存在差异，因此就需要健全施工管理体系，促进工程建设项目的快速发展。工程建设项目的现场技术管理人员应该在进行施工组织设计编制工作时融合绿色管理理念，通过采取现场管理等有效措施来实现绿色施工。

4. 建筑节能全过程监督管理

(1)明确监督管理机构及其权责。

作为工程建设项目的行政主管部门应该切实做好建筑工程节能的监督管理工作，通过制定一系列有效的节能审查管理办法，以法规的具体形式对建筑节能审查机构的相关权利和责任进行确定，并明确规定工程建设项目每个阶段的具体节能标准和审核办法，完善审查和监管机制。

(2)加强节能执法队伍建设。

素质过硬的节能执法队伍是政府对环境进行有效监管的保障。要建立节能目标责任制和考核评价体系、完善节能管理体系，让执法人员都熟知有关建筑节能的各种技术规范和国家的节能法律法规和标准、规范，以及政府对建筑节能的各种管理制度、业务流程，定期开展节能检查，特别是节能强制性标准的检查活动。

(3)项目建设各阶段的监管要点。

在建筑设计方案的招标阶段，设计单位应该根据相关的节能建设条例来增减建设项目的节能设计工作，在设计阶段就规定建筑方案的具体能耗标准。建设项目的设计要点应由注重视觉效果转变为节能建设，使传统的建设项目逐渐向节能环保和经济适用过渡，同时还要做好图纸的审查工作。

招标、施工阶段要督促施工单位制定节能管理制度，严格按审核的节能设计方案进行材料、设备招标。严格对待各类建筑材料进场，确保材料、设备的质量和节能指标达到设计要求，特别是强制性标准的要求。在设计变更、深化设计的过程中，都应进行节能审查；按照《建筑节能工程施工质量验收标准》(GB 50411—2019)中规定，设计不得降低建筑节能效果。当设计变更涉及建筑节能效果时，应经原施工图设计审查机构审查，在实施前应办理设计变更手续，并应获得监理或建设单位的确认。

竣工验收阶段各地区要按有关的节能验收规范开展建筑节能验收。如国家颁布的《建筑节能工程施工质量验收标准》(GB 50411—2019)等规范，各省、市可根据此规范的要求，结合自身经济社会的发展状况，制定本地区的建筑节能工程施工质量验收标准。

参考文献

[1] 陈义新. 建筑工程施工技术[M]. 北京：中国石油大学出版社，2015.

[2] 全国造价工程师职业资格考试培训教材编审委员会. 建设工程技术与计量(土木建筑工程)[M]. 北京：中国计划出版社，2019.

[3] 李伟，王飞. 建筑工程施工技术[M]. 北京：机械工业出版社，2006.

[4] 郝俊，李仙兰. 建筑工程技术综合[M]. 北京：中国电力出版社，2010.

[5] 李晓芳. 建筑防水工程施工[M]. 北京：中国建筑工业出版社，2005.

[6] 刘伊生. 建设工程项目管理理论与实务[M]. 北京：中国建筑工业出版社，2011.

[7] 刘喆，刘志君. 建设工程信息管理[M]. 北京：化学工业出版社，2005.

[8] 吕宗斌. 建设工程技术资料管理[M]. 3 版. 武汉：武汉理工大学出版社，2014.

[9] 马天华，聂增民. 建设工程项目管理与实践[M]. 北京：石油工业出版社，2008.

[10] 孟波. 建筑工程施工技术手册[M]. 武汉：华中科技大学出版社，2008.

[11] 彭尚银. 工程项目管理[M]. 北京：建筑工业出版社，2005.

[12] 田元福. 建设工程项目管理[M]. 2 版. 北京：清华大学出版社，2010.

[13] 王吉强，高化水. 建筑工程施工技术[M]. 北京：中国石油大学出版社，2016.

[14] 王守剑. 建筑工程施工技术[M]. 北京：冶金工业出版社，2009.

[15] 王望珍，陈悦华，余群舟. 建筑结构主体工程施工技术[M]. 北京：机械工业出版社，2004.

[16] 王志毅. 建设工程项目管理新论与实务[M]. 北京：中国建材工业出版社，2012.

[17] 吴涛. 建设工程项目管理案例选编[M]. 北京：中国建筑工业出版社，2013.

[18] 谢秉正. 低碳节约型建筑工程技术[M]. 南京：东南大学出版社，2010.

[19] 谢秉正. 绿色智能建筑工程技术[M]. 南京：东南大学出版社，2007.

[20] 许剑平. 建设工程项目管理一本通[M]. 上海：同济大学出版社，2012.

[21] 杨南方，尹辉. 建筑工程施工技术措施 2[M]. 北京：中国建筑工业出版社，1999.

[22] 英鹏程,闫兵.建筑工程施工技术[M].西安:西北工业大学出版社,2014.
[23] 张飞涟.建设工程项目管理[M].武汉:武汉大学出版社,2015.
[24] 张桦,朱盛波.建设工程项目管理与案例解析[M].上海:同济大学出版社,2008.
[25] 张先玲.建筑工程技术经济[M].重庆:重庆大学出版社,2007.
[26] 赵振宇,刘伊生.基于伙伴关系(Partnering)的建设工程项目管理[M].北京:中国建筑工业出版社,2006.
[27] 赵资钦.房屋建筑工程施工技术指南[M].北京:中国建筑工业出版社,2005.
[28] 郑少瑛,周东明,王东升.建筑工程施工技术与管理[M].北京:中国矿业大学出版社,2010.
[29] 中国建筑业协会,清华大学,中国建筑工程总公司.建筑工程技术[M].北京:中国建筑工业出版社,2005.
[30] 周栩.建筑工程项目管理手册[M].长沙:湖南科学技术出版社,2004.
[31] 周云,曾昭炎,曹华先.现代建筑工程技术研究与应用[M].广州:华南理工大学出版社,2001.
[32] 朱正国,徐猛勇,宋文学.建筑工程施工技术与组织[M].北京:中国水利水电出版社,2011.

后　记

建筑工程施工技术有着重要的作用，其能够采取措施有效解决工程建设中的各类问题。因此工程建筑施工技术水平的提高需要长期坚持，结合实际施工情况健全管理制度和体系，在实践中不断积累经验，紧跟时代发展步伐，积极解决现存技术问题，采取合适的策略提高应用效果，不断提升整体的施工建设效率，使工程建设能够符合预期要求。同时做好建筑工程施工项目管理，设置合理的综合管理制度，采取科学的管理手段，充分确保工程施工安全，提升工程施工质量，从而推动建筑工程施工企业的健康发展。